普通高等学校"十四五"规划智能制造工程专业精品教材
中国人工智能学会智能制造专业委员会规划教材

U0183596

工业机器人技术及应用

主　编　王廷军　　卢桂萍　　刘欢欢
副主编　唐矫燕　　谷明信　　张　蕾
　　　　黄剑锋　　孙培禄

华中科技大学出版社
中国·武汉

内 容 简 介

本书围绕工业机器人技术及应用,通过应用案例介绍了工业机器人的基础理论、机械结构、驱动与传动系统、感知系统、控制及示教、机器人编程、机器人工作站系统集成与应用、工业机器人的管理维护等内容,并配有详尽例图,使读者能够对工业机器人的硬件、软件,机器人与外部设备集成功能单元及工业机器人的管理和维护有一个全面的认识。同时,本书还引入了关于工业机器人的一些最新研究成果和技术,以及我国先进的、打破国外垄断的细分技术。编写时注重产教融合,案例、项目多为我国先进的机器人企业实例以及国外ABB、FANUC 等机器人企业应用实例。

本书案例丰富,实用性强,可作为普通高等院校特别是应用型本科院校的机械类、机械电子工程、智能制造工程等专业的教学用书或参考用书,也可作为从事机械设计制造、智能制造、自动化产线生产、工业机器人应用、机电设备管理与维护等行业的技术人员的参考书。

图书在版编目(CIP)数据

工业机器人技术及应用/王廷军,卢桂萍,刘欢欢主编.—武汉:华中科技大学出版社,2023.9
ISBN 978-7-5680-9506-8

Ⅰ.①工… Ⅱ.①王… ②卢… ③刘… Ⅲ.①工业机器人-高等学校-教材 Ⅳ.①TP242.2

中国国家版本馆 CIP 数据核字(2023)第 171849 号

工业机器人技术及应用

Gongye Jiqiren Jishu ji Yingyong

王廷军　卢桂萍　刘欢欢　主编

策划编辑:万亚军
责任编辑:姚同梅
封面设计:原色设计
责任监印:周治超

出版发行:华中科技大学出版社(中国·武汉)　　电话:(027)81321913
　　　　　武汉市东湖新技术开发区华工科技园　　邮编:430223
录　　排:武汉正风天下文化发展有限公司
印　　刷:武汉科源印刷设计有限公司
开　　本:787mm×1092mm　1/16
印　　张:17.25
字　　数:451千字
版　　次:2023 年 9 月第 1 版第 1 次印刷
定　　价:49.80 元

前　言

工业机器人是现代工业自动化生产、智能制造的核心部分,现代工业生产中大规模应用工业机器人正成为企业重要的发展策略。"十三五"期间,我国机器人产业规模快速增长,年均复合增长率为15%,其中工业机器人产量从7.2万套增长到21.2万套,年均增长31%。从技术和产品上看,精密减速器、智能控制器等关键技术和部件加快突破,创新成果不断涌现,整机性能大幅提升,功能愈加丰富,产品质量日益优化。同时,工业机器人应用水平大幅提高,应用领域覆盖汽车、电子等52个行业大类143个行业中类。当前,以智能制造为主导的工业4.0浪潮席卷全球,工业机器人自动化生产线成套设备已成为自动化装备的主流及未来的发展方向。新一轮科技革命和产业变革加速演进,人工智能、大数据、云计算等新一代信息技术与机器人产业深度融合,机器人智能化和网络化水平提高,机器人产业也迎来了升级换代、跨越发展的窗口期,助力企业发展为智慧工厂。

为了适应当前培养高素质应用型本科人才的教学要求,编者根据普通高等学校国家级教材出版规划要求,依托华中科技大学出版社,组织相关应用型本科高校有关教师编写了这本教材。本教材具有以下几个特点:第一,落实立德树人根本任务,融入了有关机器人的课程思政案例。同时,书中较多地收录了目前工业机器人的一些最新研究成果和技术,特别是我国先进的、打破国外垄断的细分技术,在减速器、控制器、伺服系统等关键核心零部件领域解决的部分难题与核心零部件国产化实例。第二,全书以工业机器人技术及应用为主线,从机器人学基础理论到工业机器人的关键零部件、控制系统及编程、维护与保养,从工业机器人单机到工业机器人系统集成和机器人工作站,由简单到复杂、层次分明、循序渐进地介绍了机器人设计制造、系统集成的基础知识、基本理论及实际应用。第三,教材注重产教融合,全书配有大量详尽的例图,案例、项目多为ABB、FANUC等机器人企业应用案例和我国先进的机器人企业实际案例。

全书共分7章。第1章主要介绍工业机器人的基本概念、基本构成、应用及发展趋势;第2章介绍工业机器人末端执行器及腕部结构、手臂及基座、工业机器人的驱动与传动;第3章简要介绍机器人学基础,包括工业机器人的运动学、动力学分析基础与轨迹规划;第4章介绍工业机器人常用的内部传感器和外部传感器、感知技术与感知系统,以及机器人的位置及位移检测技术;第5章介绍机器人控制系统、机器人控制的示教再现、工业机器人运动控制、离线编程和在线编程;第6章介绍工业机器人产业链、机器人系统集成、工业机器人工作站及其仿真设计,以及常见的焊接机器人工作站、搬运机器人工作站和装配机器人工作站;第7章介绍工业机器人的维护与保养有关内容。

本书可作为普通高等院校的智能制造工程、机械电子工程、机械设计制造及其自动化、机器人工程等专业的教材,以及机械类和非机械类相关专业的教材和参考书,也可作为企业和科研单位从事机械设计制造、智能制造、自动化生产线生产、工业机器人应用、工业机器人设备管理与维护等相关工作的技术人员的参考书。

本书由上海电机学院王廷军、北京理工大学珠海学院卢桂萍、天津理工大学中环信息学院刘欢欢担任主编,由上海电机学院唐矫燕、重庆文理学院谷明信、上海电机学院张蕾、惠州学院黄剑锋、运城学院孙培禄担任副主编。具体编写分工为:张蕾编写第 1 章,刘欢欢编写第 2 章,唐矫燕编写第 3 章,谷明信编写第 4 章,黄剑锋、卢桂萍编写第 5 章,王廷军编写第 6 章,孙培禄编写第 7 章。全书由王廷军统稿。

上海发那科机器人有限公司资深培训师樊晓雯为本书的编写提供了大力支持,并提出了许多宝贵的意见,在此致以诚挚的谢意。在本书编写过程中,我们还得到了许多专家和学者的支持和帮助,参考和借鉴了大量有关工业机器人的教材和参考资料,在此对相关作者表示衷心的感谢。

由于编者水平有限,书中难免存在错误与不足之处,敬请读者批评指正。

编　者

2023 年 6 月

目　　录

第1章 绪　论

机器人是当代高端智能装备和高新技术的突出代表,对制造业的发展至关重要,是衡量一个国家制造业水平和核心竞争力的重要标志。当前,工业机器人已经成为一种标准化设备,得到了工业界的广泛应用,工业机器人自动化生产线成套装备已成为自动化装备的主流及未来的发展方向,工业机器人产业得到了蓬勃发展。工业机器人现已广泛应用在汽车、电子、金属制品、轻工、冶金、石化、医药、橡胶及塑料等行业。

本章学习目标

1) 知识目标

(1) 掌握机器人的定义和种类。

(2) 了解工业机器人的发展历史、应用和发展趋势。

(3) 掌握工业机器人的组成部分和主要技术参数。

2) 能力目标

(1) 能够正确辨别具体的应用场合中的工业机器人及其类型。

(2) 能够正确识别工业机器人各组成部分。

(3) 能够将工业机器人的自由度、精度、作业范围、最大工作速度和负载能力等技术参数与应用场景需求相匹配。

1.1 机器人的定义

"robot"(机器人)一词最早出现在 1920 年捷克作家卡雷尔·卡佩克(Karel Capek)所写的一个剧本《罗萨姆的万能机器人》(*Rossum's Universal Robots*)中。剧中的人造劳动者名为 Robota,捷克语的意思是"苦力""奴隶",英语的"robot"一词由此而来。

机器人问世已有几十年,但现在对机器人仍然没有一个统一的定义,原因之一是机器人还在发展,新的机型、新的功能一直在不断涌现。同时,机器人涉及了人的概念,这使得什么是机器人成为一个难以回答的哲学问题。人们对机器人充满了幻想。也许正是机器人定义的模糊,才给了人们充分的想象和创造空间,因而才有各式各样机器人的诞生。

随着机器人技术的飞速发展和信息时代的到来,机器人所涵盖的内容越来越丰富,机器人的定义也得到了不断的充实和创新。国际标准化组织(ISO)对机器人的定义是:"机器人是具有两个或两个以上可编程的轴,以及一定程度的自主能力,可在其环境内运动以执行预期任务的执行机构。"

机器人的特征如下:

(1) 机器人的动作机构具有类似于人或其他生物体某些器官的功能;

(2) 机器人具有通用性,可完成的工作种类多样,动作程序灵活易变;

（3）机器人具有不同程度的智能，如记忆、感知、推理、决策、学习等能力；

（4）机器人具有独立性，完整的机器人系统在工作中可以不依赖于人的干预。

为了防止机器人伤害人类，科幻作家阿西莫夫（Asimov）在其于 1940 年发表的作品 *Runaround* 中提出了机器人的伦理性纲领——"机器人三原则"：

（1）机器人不应伤害人类；

（2）机器人应遵守人类的命令，与（1）违背的命令除外；

（3）机器人应能保护自己，与（1）、（2）相抵触者除外。

1.2　机器人的分类

按照不同的分类方式，机器人可以有不同的划分。

1.2.1　按照从低级到高级的发展程度分类

按照从低级到高级的发展程度，机器人可分为三类：

（1）第一代机器人（first generation robot）：可编程的示教再现型工业机器人，已进入商品化、实用化阶段。

（2）第二代机器人（second generation robot）：装备有一定的传感装置，能获取作业环境、操作对象的简单信息，通过计算机处理、分析，能进行简单的推理，对动作进行反馈的机器人，通常称为感觉型机器人，又称低级智能机器人。

（3）第三代机器人（third generation robot）：具有高度适应性的自治机器人。它具有多种感知功能，可进行复杂的逻辑思维、判断决策，能在作业环境中独立行动。第三代机器人称为智能型机器人，目前正处于蓬勃发展阶段，其应用范围也在不断拓展。

1.2.2　按照结构形态、负载能力和动作空间分类

按照结构形态、负载能力和动作空间，机器人可分为以下五类。

（1）超大型机器人：负载能力在 1000 kg 以上。

（2）大型机器人：负载能力为 100～1000 kg，工作空间大小在 10 m^2 以上。

（3）中型机器人：负载能力为 10～100 kg，工作空间大小为 1～10 m^2。

（4）小型机器人：负载能力为 0.1～10 kg，工作空间大小为 0.1～1 m^2。

（5）超小型机器人：负载能力为 0.1 kg 以下，工作空间大小在 0.1 m^2 以下。

1.2.3　按照控制方式分类

按照控制方式，机器人可分为操作机器人、程序机器人、示教再现机器人、智能机器人和综合机器人。

（1）操作机器人　操作机器人的典型代表是在核电站处理放射性物质时进行远距离操作的机器人。在这种机器人中，具有人手操纵功能的部分称为主动机械手，完成动作的部分称为从动机械手。从动机械手要大一些，它是用经过放大的力进行作业的；主动机械手要小一些。

（2）程序机器人　程序机器人可以按预先给定的程序、条件、位置进行作业。

（3）示教再现型机器人 示教再现型机器人可以将所教的操作过程自动地记录存储器中,当需要再现操作时,则重复示教过的动作过程。

（4）智能机器人 智能机器人既可以完成预先设定的动作,也可以根据工作环境的改变而变换动作。

（5）综合机器人 综合机器人是将操纵机器人、示教再现型机器人、智能机器人的功能组合而形成的机器人。

1.2.4 按照用途分类

国际机器人联合会(International Federation of Robotics,IFR)按照用途和目的将机器人分为工业机器人和服务机器人。工业机器人用于制造业生产环境,主要包括人机协作机器人和工业移动机器人;而服务机器人一般用于非制造业环境。中国电子学会结合中国机器人产业发展特性,将机器人分为工业机器人、服务机器人、特种机器人三类。工业机器人按用途可分为焊接机器人、搬运机器人、码垛机器人、装配机器人、喷涂机器人、切割机器人等。服务机器人又分为公共服务机器人、个人/家用服务机器人等。特种机器人应用于专业领域,辅助或代替人执行任务,包括军用机器人、特殊环境作业机器人及其他机器人。

图 1-1 所示为机器人的具体分类。

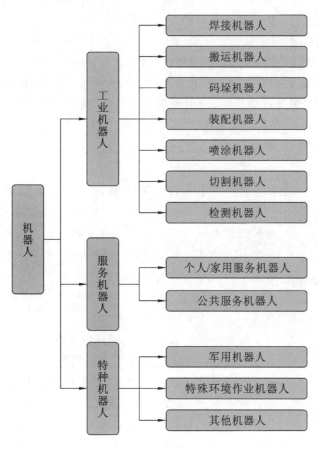

图 1-1 机器人按用途分类

1. 工业机器人

在工业领域内应用的机器人被称为工业机器人。工业机器人是机器人家族中的重要一员，也是目前在技术上发展最成熟、应用最多的一类机器人。世界各国对工业机器人的定义不尽相同，目前多采用的是国际标准化组织(ISO)对工业机器人的定义：工业机器人是一种能自动控制的、可重复编程的多功能操作机，具有三个或更多可编程的轴，能够借助编制的程序处理各种工业自动化应用任务。为了适应不同的用途，机器人最后一个轴的机械接口通常是一个连接法兰，可接装不同工具(或称末端执行器)。我国现行的推荐性国家标准《机器人与机器人装备 词汇》(GB/T 12643—2013)沿用了国际标准化组织对工业机器人的定义。

历史上第一台工业机器人用于通用汽车的材料处理工作。随着机器人技术的不断进步与发展，工业机器人可以做的工作也变得多样化起来。目前工业机器人已广泛应用于现代化的工厂和柔性加工系统。

1) 按用途分类

工业机器人根据用途不同可以细分为焊接机器人、搬运/码垛机器人、装配机器人、喷涂机器人等。

(1) 焊接机器人　焊接加工的生产环境差、危险性高。焊接加工对焊工技术水平的要求也是比较高的，它要求焊工必须具有熟练的操作技能、丰富的实践经验和稳定的焊接水平。焊接机器人的出现，使人们能够从极为恶劣的工作环境中解脱出来，减轻焊工的劳动强度，同时也可以提高焊接的质量和效率。

焊接机器人是在末轴法兰装接焊钳或焊(割)枪，能进行焊接、切割工作的工业机器人。焊接机器人主要包括机器人和焊接设备两部分。机器人由机器人本体和控制柜(硬件及软件)组成。而焊接设备，以弧焊及点焊为例，则由焊接电源(包括其控制系统)、送丝机(弧焊)、焊枪(钳)等部分组成。智能焊接机器人则还应有感知系统，如激光或摄像传感器及其控制装置等。

根据焊接过程的特点，焊接机器人可以分为点焊机器人、弧焊机器人和激光焊接机器人三类。

图 1-2　点焊机器人

世界上第一台点焊机于 1965 年开始使用，是美国 Unimation 公司推出的 Unimate 机器人。中国在 1987 年自行研制成功第一台点焊机器人——华宇-Ⅰ型点焊机器人。点焊机器人由于在工作的时候与工件之间采取的是点接触形式，点和工件的准确定位是非常重要的。点焊机器人不仅应负载能力强，而且在点与点之间移位时速度要快捷，动作要平稳，定位要准确，以缩短移位的时间，提高工作效率。图 1-2 所示为点焊机器人。

随着技术的不断提高，原来比较单一的汽车装配点焊很快发展为汽车零部件和装配过程中的电弧焊。因为机器人电弧焊具有可通过程序随时改变焊接轨迹和焊接顺序的特点，因此最合适用于工件品种变化大、焊缝短而多、形状复杂的产品，而这种产品又大多出现在汽车车体上，正好符合汽车制造业的特点。弧焊机器人的工序要比点焊机器人的工序复杂得多，工具中心点(TCP)即焊丝端头的运动轨迹、焊枪姿态、焊接参数都要求精确控制，所以，弧焊用机器人还必须具备一些满足弧焊要求的功能。虽然从理论上讲，五轴的机器人就可以用于电弧焊，但是形状复杂的焊缝采用五轴机器人来焊接会有困难。因此，除非焊缝比较简单,否则应尽量选用六轴机器人。图 1-3 所示为弧焊机器人。

激光焊接机器人以聚焦的激光束作为热源熔化并连接工件,通过激光实行局部非接触式焊接。激光焊接解决了细微焊接的一大难题,已越来越广泛地应用于手机、笔记本电脑等电子设备的摄像头零件的焊接。图 1-4 所示为激光焊接机器人。

图 1-3 弧焊机器人

图 1-4 激光焊接机器人

表 1-1 所示为三种焊接机器人的优缺点比较。

表 1-1 三种焊接机器人的优缺点比较

焊接机器人	成本	应用领域	应用要求
点焊	较低	定位焊接	负载能力要求高,同时要求速度快捷、动作平稳、定位精准
弧焊	适中	通用机械、金属结构焊接	负载能力要求较低,但要求速度快捷、动作稳定、定位精准,具备焊接异常检测、坡口填充等功能
激光焊接	昂贵	通用机械、金属结构焊接,精磨焊接加工	与弧焊相比,焊缝要求精度更高、负载能力要求高,可实现高速度通信,具备良好的振动抑制功能、控制和修正功能

实际焊接机器人只有少数是专为实现某种焊接方式设计的,而大多数的焊接机器人是在通用的工业机器人基础上装上某种焊接工具而构成的。在多任务环境中,一台机器人不仅可以完成焊接作业,甚至可以完成包括焊接在内的取物、搬运及安装等多种任务。机器人可以根据程序指令自动更换机械手上的工具来完成相应的任务。

(2)搬运/码垛机器人 物料搬运和码垛是物流领域随处可见的工作,存在于各行各业,但看似不起眼的简单工作背后,却有着长期性、基础性的企业需求,还时常受到人员、成本及效率等因素的限制。在这样的情况下,搬运/码垛机器人应运而生,出现在各行各业的搬运工作岗位,为企业的发展带来新的契机。在工业制造、仓储物流、烟草、医药、食品、化工等行业领域,在邮局、图书馆、港口码头、机场、停车场等场景,都可以见到搬运/码垛机器人的身影。搬运/码垛机器人现已越来越普遍地应用在生产作业过程中,用于解决搬运、码垛、装车、入库等问题,让生产过程更加顺畅。

搬运/码垛机器人的特点主要有:

① 可以进行高精度的包装工作。

通过搬运/码垛机器人和其他设备的整合,原先烦琐的打包工作可以由机器人轻松实现,从而为企业节省大量的人工,有助于企业生产作业走向现代化。

② 针对企业量身定制,工作效率很高。

只要设计合理,搬运/码垛机器人就可以 24 小时不间断地工作,不会感到劳累与疲乏,更不会有消极怠工的现象。

③ 与流水线配合紧密。

搬运/码垛在生产作业中通常还要使用叉车、输送机、打包机等一系列设备,这就对搬运/码垛机器人提出了很高的配合要求。在实际操作过程中,不仅对搬运/码垛机器人的操作时间间隔有一定的要求,还对机器人完成码垛的时间有很高的要求。

图 1-5 所示为搬运/码垛机器人。

图 1-5　搬运/码垛机器人

(3) 装配机器人　装配机器人是工业生产中用于装配生产线,对零件或部件进行装配的一类工业机器人,是柔性自动化装配系统的核心设备。装配是一个比较复杂的作业过程,不仅要检测装配作业过程中的误差,而且要试图纠正这种误差。因此,通常装配机器人本体与搬运、焊接、喷涂机器人本体在制造精度上有一定的差别。焊接、喷涂机器人在完成焊接、喷涂作业时不与作业对象接触,只需要示教机器人运动轨迹即可;装配机器人需与作业对象直接接触,并进行相应动作。搬运机器人在移动物料时运动轨迹多为开放性的,而装配作业是一种约束运动类操作。带有传感器的装配机器人可以更好地完成销、轴、螺钉、螺栓等柔性化装配作业。

与一般工业机器人相比,装配机器人具有精度高、柔顺性好、作业空间小、能与其他系统配套使用等特点。在汽车装配行业中,人工装配已基本上被自动化生产线所取代,这样既节约了劳动成本,降低了劳动强度,又提高了装配质量并保证了装配安全。图 1-6 所示为轿车生产线装配机器人。小型、精密、垂直装配主要采用关节式装配机器人中的 SCARA(平面关节型)机器人和并联机器人,其中 SCARA 机器人在这方面具有很大优势。实现多品种、少批量生产方式的需求及提高产品质量和生产效率的生产工艺需求,成为推动装配机器人发展的直接动力。

图 1-7 所示为关节式装配机器人与并联装配机器人。

(4) 喷涂机器人　在传统的汽车行业,油漆喷涂的生产线非常浪费人力和物力,并且生产效率比较低下,产品合格率也不高,此外,手工的油漆喷涂会对工人的健康造成一定危害,有悖于企业绿色环保的发展原则。喷涂机器人(spray painting robot)又称喷漆机器人,是可进行

图 1-6 轿车生产线装配机器人

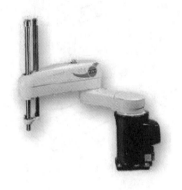

（a）KUKA KR 10 SCARA R600　　（b）FANUC M-2iA

图 1-7 关节式装配机器人与并联装配机器人

自动喷漆或其他涂料喷涂的工业机器人，1969 年由挪威 Trallfa 公司（后并入 ABB 集团）发明。喷漆机器人主要由机器人本体、计算机和相应的控制系统组成，液压驱动的喷漆机器人还包括液压油源，其腕部一般有 2～3 个自由度，可灵活运动。较先进的喷漆机器人采用柔性手腕，这种手腕类似人的手腕，既可向各个方向弯曲，又可转动，能方便地通过较小的孔伸入工件内部，喷涂其内表面。喷涂机器人一般采用液压驱动，具有动作速度快、防爆性能好等特点，可采用手把手示教和点位示教两种示教方式。喷涂机器人广泛用于汽车、仪表、电器等工业生产部门，基于环保、高效、快捷、安全的生产方式，将给企业产品带来质的飞越。

　　喷涂机器人在技术方面主要有以下几个优势。首先，漆膜性能好，通过涂料流量、雾化空气压力、扇形空气压力、机器人行走速度的协同控制，保证了漆膜的性能及均匀一致性；其次，涂料利用率高，机器人行走轨迹精度高、速度均匀，扇形叠加量一致，有效避免了过喷、漏喷及无效喷涂现象，提高了涂料利用率；最后，喷涂效率高，可 24 小时无间断工作，大大提高了生产效率。

　　图 1-8 所示为喷涂机器人。

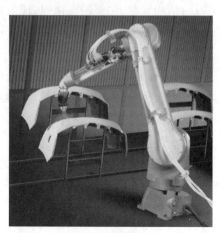

图 1-8 喷涂机器人

此外,工业机器人还包括切割机器人、检测机器人等。

2）按空间坐标形式分类

按空间坐标形式,可以把工业机器人分为以下几种类型。

（1）直角坐标型机器人（见图1-9）　这一类机器人手部空间位置的改变通过沿三个互相垂直的轴线的移动来实现,即沿着 X 轴的纵向移动、沿着 Y 轴的横向移动及沿着 Z 轴的升降。这类机器人的位置精度高,控制无耦合、简单,避障性好,但结构较庞大,工作空间小,灵活性差,难以与其他机器人协调;移动轴的结构较复杂,且占地面积较大。

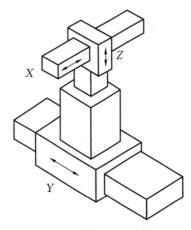

图 1-9　直角坐标型机器人

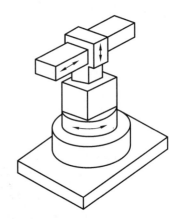

图 1-10　圆柱坐标型机器人

（2）圆柱坐标型机器人（见图1-10）　这类机器人通过两个移动和一个转动实现手部空间位置的改变,Versatran 机器人是此类机器人的典型代表。Versatran 机器人手臂的运动由垂直立柱平面内的伸缩和沿立柱的升降两个直线运动及手臂绕立柱的转动复合而成。圆柱坐标型机器人的位置精度仅次于直角坐标型,控制简单,避障性好,但结构也较庞大,难以与其他机器人协调工作,两个移动轴的设计较复杂。

（3）球坐标型机器人（见图1-11）　这类机器人手臂的运动由一个直线运动和两个转动所组成,即沿手臂方向（X 方向）的伸缩,绕 Y 轴的俯仰和绕 Z 轴的回转。这类机器人占地面积较小,结构紧凑,位置精度尚可,能与其他机器人协调工作,质量较小,但避障性差,存在平衡方面的问题,位置误差与臂长有关。Unimate 机器人是这类机器人的典型代表。

（4）关节坐标型机器人（见图1-12）　关节坐标型机器人主要由立柱、前臂和后臂组成,机器人的运动由前、后臂的俯仰及立柱的回转构成。此类机器人结构最紧凑,灵活性大,占地面积最小,工作空间最大,能与其他机器人协调工作,避障性好,但位置精度较低,存在平衡方面的问题,控制存在耦合,故比较复杂。此类机器人目前应用得最多,PUMA 机器人是其代表。

2. 服务机器人

国际机器人联合会对服务机器人的定义是:服务机器人是一种半自主或全自主工作的机器人,它能完成有益于人类的服务工作,但不包括从事生产的设备。如清洁机器人、家用机器人、娱乐机器人、医用及康复机器人、老年及残疾人护理机器人、办公及后勤服务机器人、建筑机器人、救灾机器人、酒店售货及餐厅服务机器人等等。服务机器人的应用范围很广,主要从事维护保养、修理、运输、清洗、保安、监护等工作。

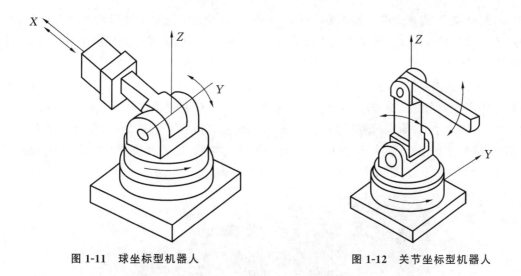

图 1-11 球坐标型机器人   图 1-12 关节坐标型机器人

我国对服务机器人的定义范围要窄一些,指用于完成对人类和社会有用的服务工作(制造操作除外)的自主或半自主机器人。智能服务机器人是在非结构环境下为人类提供必要服务的多种高技术集成的智能化装备。

服务机器人按应用环境,可分为个人/家用服务机器人和公共服务机器人两大类,如图 1-13 所示。工业机器人主要用于以工厂为代表的第二产业,而个人/家用机器人则主要用于第三产业——服务业,在普通家庭应用方面有巨大的潜力。

(1) 个人/家用服务机器人 在一般家庭中普及机器人的设想源于两个出发点:其一是以年轻人为中心的家庭成员的价值观的变化,即从"以工作为中心"转变为"以自我为中心",追

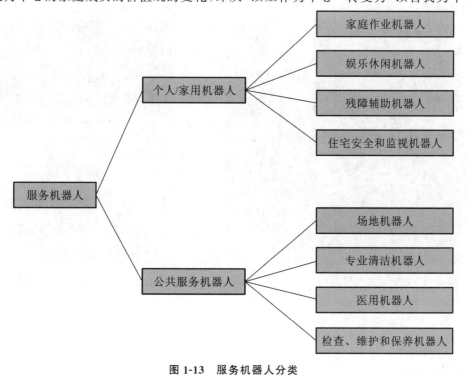

图 1-13 服务机器人分类

求生活的高质量,追求家务劳动的省力化,实现家庭自动化。这就需要借助个人/家用机器人的服务。其二是整个社会的老龄化。随着人口出生率的下降,人类将呈现出老龄化态势,形成老年人多、年轻人少的社会。从社会福利的角度考虑,需要为许多老人配以家庭助手。但因工资、劳动条件等因素的影响,加之前述年轻人价值观的变化,在供不应求的劳动力市场上很难找到自然人作为家庭助手,故需个人/家用服务机器人来补充劳动力市场。如在家务劳动自动化方面,可借助个人/家用服务机器人来完成清扫作业、餐后清理、洗涤等;在帮助老人的作业自动化方面,可利用个人/家用服务机器人来帮助搬运重物、监护独身老人生活、帮助老人起床等。图 1-14 至图 1-16 所示是几种个人/家用服务机器人。

图 1-14　家庭清扫机器人

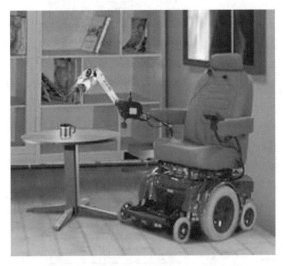

图 1-15　助老助残机器人——智能轮椅

图 1-16　第一代助行机器——导盲犬机器人

　　(2) 公共服务机器人　这类服务机器人的应用场景和个人/家用服务机器人不同,其主要用在一些公共场合,例如医院、展览馆、工厂厂区内部等。图 1-17 至图 1-20 所示是几种公共服务机器人。

图 1-17 迎宾机器人——2010 年上海世博会
"海宝"迎宾机器人

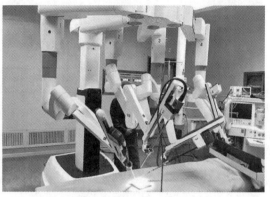

图 1-18 医用机器人——达芬奇手术机器人

图 1-19 医用机器人——"妙手 A"手术机器人

图 1-20 安防机器人——保安巡逻机器人

3. 特种机器人

特种机器人在机器人家族发展最早,且体系庞大,其由于能进入人类无法到达的领域帮助人类完成各种复杂工作而备受各国政府的重视。特种机器人主要应用于人们难以进入的核电站、海底、宇宙空间等场合。按用途不同,特种机器人可以划分为如下几类(见图 1-21)。

(1)军用机器人 军用机器人可以代替士兵完成各种极限条件下特殊的军事任务,使得战争中绝大多数军人免遭伤害,所以在现代军事战争中占有非常重要的地位。未来战场注定是无人系统的世界,世界各国都将发展军用机器人列入 21 世纪军事安全重点战略。图 1-22 所示是我国的"紫金猎手"机器人。图 1-23 所示为侦查机器人。

(2)特殊环境作业机器人 这一类机器人主要包括水下机器人、空间探测机器人,如月球车、火星车、灾害救援机器人、核电站机器人等。图 1-24 是中科院沈阳自动化研究所研制的一种救援机器人——废墟搜救可变形机器人,其可配备不同的任务载荷(如救灾工具、生命探测传感器等),应用于地震、飓风等自然灾害的灾后搜索与救援,还可用在反恐防爆、作战侦查等方面。

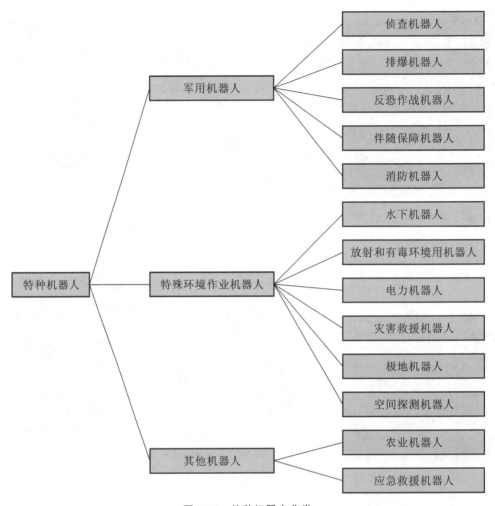

图 1-21　特种机器人分类

图 1-22　国产"紫金猎手"机器人

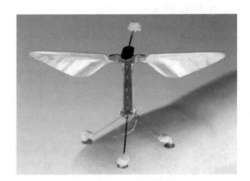

图 1-23　侦查机器人

（3）其他机器人　其他机器人有农业机器人、应急救援机器人等。

随着机器人技术的发展，农业机器人的品种日趋丰富，性能也日益卓越。同时，农业机器人的应用越来越广泛，播种、收脱、采摘、喷药、施肥、灌溉、插秧等基本农活都可由机器人来完成。图 1-25 所示是我国自主研发生产的无人驾驶联合收获机，它是世界上第一台超过 300 马

图 1-24　救援机器人

力(1 米制马力＝735.498 75 W)的大型无人谷物联合收获机。它能收割水稻,然后脱粒、清选,同时将秸秆打碎,直接还田,一气呵成;能 24 小时持续工作,8～10 小时就能收割完 500 亩(1 亩＝666.667 m²)的水稻。

图 1-25　无人驾驶联合收获机

安防机器人通常具备实时监控、自主导航巡逻、异常行为预警等安防功能,能协助人类完成安全防护工作。

1.3　工业机器人发展概况

作为人类历史上最伟大的科技成就之一,工业机器人在制造业中的广泛应用使人类生活发生了百年来最为深刻的变化。工业机器人因其低成本、高精度与高效率,必将推动社会取得更多革命性的发展。

1.3.1　工业机器人的发展历史

工业机器人技术的发展经历了三个阶段:

(1) 产生和初步发展阶段:1958—1970 年。

(2) 技术快速进步与商业化规模运用阶段:1970—1984 年。这一时期的技术相较于此前有很大进步,工业机器人开始具有一定的感知功能和自适应能力,可以通过离线编程来作业,并且可以根据作业对象的状况改变作业内容。伴随着技术的快速发展,这一时期的工业机器人还表现出商业化应用发展迅猛的特点。工业机器人"四大家族"——KUKA(库卡)、ABB、YASKAWA(安川)、FANUC(发那科)公司分别在 1974 年、1976 年、1978 年和 1979 年开始了全球专利的布局。

(3) 智能机器人阶段:1985 年至今。智能机器人带有多种传感器,可以将传感器得到的信息进行融合,有效地适应变化的环境,因而具有很强的自适应能力、学习能力和自治功能。

以下是工业机器人发展历程中比较重要的里程碑事件。

● 1954 年,世界上第一个机器人公司成立。

乔治·德沃尔申请了一个"可编程关节式转移物料装置"的专利,与约瑟夫·恩格尔伯格合作成立了世界上第一个机器人公司 Unimation。"Unimation"是由"Universal"的前面部分和"Automation"的后面部分组合而成的。德沃尔和恩格尔伯格也被称为工业机器人之父。

● 1959 年,第一台工业机器人 Unimate(意思是万能、自动的)诞生。

这台 Unimate 工业机器人由 Unimation 公司研制,其重达 2 t,采用液压系统驱动。

● 1961 年,Unimate 工业机器人被应用到汽车生产线上。

Unimate 工业机器人被应用到美国通用汽车生产线上,用于将铸件中的零件取出。

● 1962 年,第一台圆柱坐标型工业机器人诞生。

该圆柱坐标型工业机器人由美国机械与铸造(American Machine and Foundry,AMF)公司制造,被命名为 Versatran(意思是"万能搬动")。同年,AMF 公司制造的 6 台 Versatran 机器人被应用到美国坎顿(Canton)的福特汽车生产厂。

● 1967 年,欧洲安装第一台工业机器人。

这台 Unimate 机器人被安装于瑞典 Metallverken 的 Uppsland Väsby,成为在欧洲安装并运行的第一台工业机器人。

● 1969 年,首台点焊机器人投入使用。

该点焊机器人为 Unimate 机器人,由通用汽车公司安装于洛兹敦(Lordstown)装配厂。Unimate 点焊机器人大大提高了生产率,90%以上的车身焊接作业可通过机器人来自动完成。

● 1969 年,日本生产出该国第一台工业机器人。

1967 年,Unimation 公司与日本川崎重工业公司(Kawasaki Heavy Industries,简称川崎重工)签订许可协议,由日本川崎重工生产 Unimate 机器人专供亚洲市场销售。川崎重工成为日本在工业机器人领域的先驱。1969 年,川崎重工成功开发了 Kawasaki-Unimate 2000 机器人,生产出该国的第一台工业机器人。

● 1970 年,美国第一届工业机器人研讨会召开。

美国第一届工业机器人研讨会在美国芝加哥举行。后来该研讨会升级为国际工业机器人研讨会(International Symposium on Industrial Robots,ISIR),1997 年,更名为国际机器人研讨会(International Symposium on Robotics,ISR)。现在的 ISR 配合国际机器人展每年举办一次,由美国、欧洲或亚洲的某个国家机器人协会主办。

● 1971 年,世界上第一个国家机器人协会成立。

1971 年,日本机器人协会(Japanese Robot Association)成立。这是世界上第一个国家机器人协会。

● 1972 年,世界上第一条点焊机器人生产线投入运行。

该点焊机器人生产线由意大利的菲亚特汽车公司(FIAT)和日本日产汽车公司(Nissan)联合安装。

● 1973 年,世界上第一台安装有动态视觉传感器的工业机器人问世。

这台工业机器人是日本日立(Hitachi)公司开发出的混凝土桩行业使用的自动螺栓连接机器人。它在移动的同时能够识别浇铸模具上螺栓的位置,并且能和浇铸模具同步移动,完成螺栓拧紧和拧松工作。

● 1974 年,世界上第一台由小型计算机控制的工业机器人走向市场。

该工业机器人由美国辛辛那提米拉克龙(Cincinnati Milacron)公司的理查德·霍恩(Richard Hohn)开发,被命名为 T3(the tomorrow tool)。

● 1974 年,世界上第一台全电力驱动、微处理器控制的工业机器人诞生。

该工业机器人被命名为 IRB 6,由瑞典通用电动机公司(ASEA,ABB 公司的前身)开发。IRB 6 主要应用于工件的取放和物料的搬运,首台 IRB 6 运行于瑞典南部的一家小型机械工程公司。IRB 6 采用仿人化设计,其手臂动作模仿人类的手臂,载重 6 kg,有 5 个运动轴。IRB 6 的 S1 控制器采用了英特尔 8 位微处理器,内存容量为 16 KB。控制器有 16 个数字 I/O 接口,通过 16 个按键编程,并具有四位数的 LED 显示屏。

● 1975 年,世界上第一台直角坐标型工业机器人诞生。

该直角坐标型机器人被命名为"西格玛"(SIGMA),由 Olivetti 公司开发。它是应用于组装领域的工业机器人。

● 1978 年,通用工业机器人 PUMA 诞生。

美国 Unimation 公司推出通用工业机器人(programmable universal machine for assembly,PUMA)后,将其应用于通用汽车装配线。这标志着工业机器人技术已经完全成熟。PUMA 至今仍然工作在工厂第一线。

● 1978 年,世界上首款拥有独立控制系统的工业机器人问世。

这款拥有独立控制系统的六轴机器人 RE15 由德国徕斯(Reis)机器人公司开发,在德国杜塞尔多夫(Duesseldorf)举办的国际铸造贸易博览会(GIFA)上首次被展示出来。

● 1979 年,世界上第一台由电动机驱动的工业机器人问世。

该工业机器人由日本不二越株式会社(Nachi)研制。电动机驱动的工业机器人的问世,开创了电力驱动机器人的新纪元。

● 1981 年,世界第一台直接驱动机器人手臂问世。

该直接驱动机器人手臂(direct drive robotic arm)由美国卡内基·梅隆大学的 Takeo Kanade 设计开发。它是当时设计最好的机械臂,因为它免去了电动机和载荷之间的传输机械机构,因而不会出现由于使用减速器和铰链而产生的不平滑运动,可以自由、平稳地移动,从而可以高速完成精密的动作。该机器人手臂的设计完成于 1981 年,但几年以后才成功获得专利。

● 1981 年,世界上第一台龙门式工业机器人由美国 PaR Systems 公司推出。

龙门式机器人的运动范围比基座式机器人(pedestal robot)大很多,可取代多台机器人。

● 1984 年,美国 Adept Technology 公司开发出第一台直接驱动的选择顺应性装配机器手臂(SCARA)。

该 SCARA 工业机器人被命名为 AdeptOne。直接驱动是 AdeptOne 机器人最主要的特点,AdeptOne 的电力驱动马达和机器手臂直接连接,省去了中间齿轮和链条系统。由于消除了存在于传统间接驱动方式中的机械间隙摩擦及低刚度等不利因素,从而简化了控制模型,提高了伺服刚度及响应速度,因此,AdeptOne 机器人能显著提高机器人合成速度及定位精度。

● 1985 年,德国 KUKA 公司开发出世界上第一款 Z 型机器人手臂。

该机器人手臂摒弃了传统的平行四边形造型设计,共有 6 个自由度,可实现 3 个方向的平移运动和 3 个方向的旋转运动,可大大节省制造工厂的场地空间。

● 1987 年,国际机器人联合会成立。

在 1987 年举办的第 17 届国际工业机器人研讨会上,来自 15 个国家的机器人组织共同成立了国际机器人联合会(International Federation of Robotics,IFR)。IFR 是一个非营利性的专业化组织,以推动机器人领域里的研究、开发、应用和国际合作为己任,在与机器人技术相关的活动中已成为一个重要的国际组织。IFR 开展的主要活动包括:对全世界机器人技术的使用情况进行调查、研究和统计分析,提供主要数据;主办年度国际机器人研讨会;协作制定国际标准;鼓励新兴机器人技术领域里的研究与开发;与其他的国家或国际组织建立联系并开展积极合作;通过与制造商、用户、大学和其他有关组织的合作,促进机器人技术的应用和传播。

● 1992 年,瑞典 ABB 公司推出世界上第一款开放式控制系统(S4)。

S4 控制器的设计,改善了人机界面并提升了机器人的技术性能。

● 1992 年,世界第一台 Delta 机器人投入使用。

瑞士的 Demaurex 公司将其第一台应用于包装领域的 Delta 机器人出售给了罗兰(Roland)公司。Delta 机器人是并联机器人,由洛桑联邦理工学院(Federal Institute of Technology of Lausanne,EPFL)的 Reymond Clavel 教授于 1985 年发明。Delta 机器人的基座安装在工作平台上,从基座延伸出 3 个互相连接的机器人手臂。这些机器人手臂的两端连接到一个小三角平台上,机器人手臂可沿 X、Y 或 Z 方向的三角平台移动。最初,Delta 机器人主要应用于包装行业,目前广泛应用于包装工业、医疗和制药行业等。

● 1996 年,德国 KUKA 公司开发出第一台基于个人计算机的机器人控制系统。

该机器人控制系统配置有一个集成 6D 鼠标的控制面板,操纵鼠标便可实时控制机械臂的运动。

● 2003 年,机器人参与火星探险计划。

两台漫游者机器人于 2003 年开始被用于探索火星表面。

● 2003 年,德国 KUKA 公司开发出世界上第一台娱乐机器人 Robocoaster。

KUKA 是第一个使人与机器人能密切接触的机器人制造商。Robocoaster 机器人可在空中旋转并允许乘客在其旋转时坐在其内部,它是现代游乐园空中旋转机器最初的原型。

● 2011 年,第一台仿人机器人进入太空。

2011 年 2 月 14 日,在美国佛罗里达州的肯尼迪航天中心,美国宇航局的 Robonaut(R2B)机器人搭乘航天飞机进入太空探索。R2B 是首个被应用在太空探索中的仿人机器人。

1.3.2　工业机器人应用现状

随着其技术应用范围的延伸和扩大,工业机器人现在已可代替人从事危险、有害、有毒、低温和高热等恶劣环境中的工作并代替人完成繁重、单调的重复劳动,并可提高劳动生产率,保证产品质量。工业机器人主要有以下应用：

（1）恶劣或危险工作环境中的作业。工业机器人可代替人，应用于压铸车间及核工业车间等有害于身体健康甚至危及生命，或不安全因素很大而不宜由人去完成的作业，如核工业中沸水式反应堆燃料自动交换机的操作等。

（2）特殊作业和极限作业。机器人可用于火山探险、深海探密和空间探索等场合，以完成人类力所不能及的任务，如用在航天飞机上以回收卫星等。

（3）自动化生产。早期的工业机器人在生产上主要用于机床上下料、点焊和喷漆。随着柔性自动化的出现，机器人在自动化生产领域扮演了更重要的角色。工业机器人与数控加工中心、自动搬运小车以及自动检测系统可组成柔性制造系统（FMS）和计算机集成制造系统（CIMS），实现生产自动化。

工业机器人广泛应用于汽车、3C 电子、金属加工、塑料及化学制品、食品饮料、生物制药等行业的自动化生产。按照中国情报网在 2019 年做的统计分析（见图 1-26），汽车行业仍然是工业机器人下游应用中占比最高的行业，汽车行业所应用的工业机器人约占整个工业机器人市场出货量的 35%，其中在汽车零部件装配车间和汽车整车装配车间中的应用占比分别为 23% 和 12%。3C 电子行业紧随其后，其所应用的工业机器人占整个工业机器人市场出货量的 23%，排在第二位。金属加工行业排在第三位，其所应用的工业机器人占整个工业机器人市场出货量的 12.2%。应用在食品饮料行业、锂电行业、家电行业、光伏行业等长尾行业的工业机器人占比仍然较小，分别只有 5.9%、5.6%、5% 和 3.1%，但这些领域应用的工业机器人数量的增速远高于汽车、3C 电子这些工业机器人应用较为成熟的行业。随着下游行业应用场合的进一步增多，未来工业机器人的应用在这些长尾行业将有更大的增长空间。

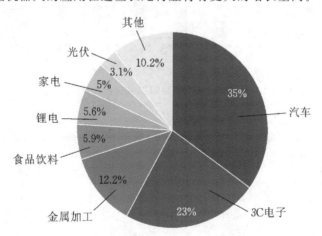

图 1-26　2019 年我国工业机器人下游行业占比统计

工业机器人的应用给人类带来了诸多好处：减少劳动力费用，提高生产率，改进产品质量，增加制造过程的柔性，减少材料浪费，控制和加快库存的周转，降低生产成本，消除工作环境危险和恶劣的劳动岗位等等。

1. 我国工业机器人应用现状

我国工业机器人研究起步于 20 世纪 70 年代初，工业机器人发展过程大致可分为三个阶段：70 年代的萌芽阶段、80 年代的开发阶段、90 年代的实用化阶段。经过多年的发展，我国工业机器人产业已经初具规模。当前我国已生产出部分机器人关键元器件，开发出弧焊、点焊、码垛、装配、搬运、注塑、冲压、喷漆工业机器人等。一批国产工业机器人已服务于国内诸多企业的生产线；一批机器人技术的研究人才也涌现出来；一些相关科研机构和企业已掌握了工业机器人操作机的优化设计制造技术，工业机器人控制、驱动系统的硬件设计技术，机器人软件的设计和编程技术，运动学和轨迹规划技术，弧焊、点焊及大型机器人自动生产线与周边配套设备的开发和制备技术等。某些关键技术已达到或接近世界领先水平。

我国已经成为全球最大的工业机器人消费国。IFR 数据显示：2020 年我国工业机器人出货量为 168400 台，居世界第一位；工业机器人销售规模达到 422.5 亿元，同比增长 18.9%，我国制造业机器人密度达到 246 台/万人，是全球平均水平的近 2 倍。国家统计局发布的数据显示，2021 年我国规模以上企业工业机器人产量为 36.30 台，同比增长 44.9%。预计到 2025 年我国工业机器人销售规模将达到 1051 亿元左右。图 1-27 所示为 2012—2021 年我国工业机器人产量及增速。图 1-28 所示为 2020 年全球工业机器人出货量的前 15 名。

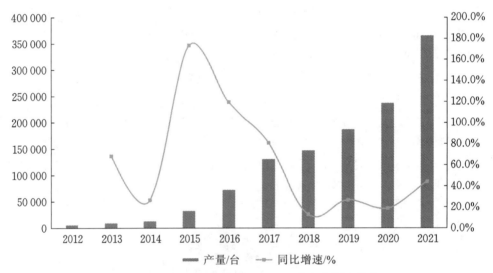

图 1-27 　2012—2021 年我国工业机器人产量及增速

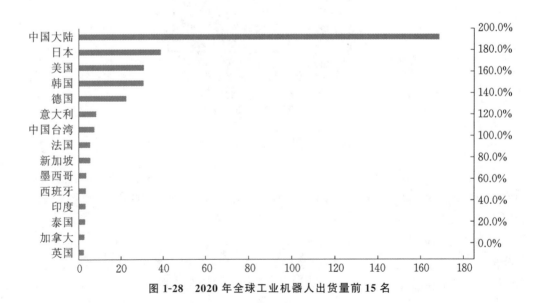

图 1-28 　2020 年全球工业机器人出货量前 15 名

从工业机器人的机械结构看,垂直多关节机器人在我国应用最为广泛。据 MiR(Mobile Industrial Robots)统计:2020 年垂直多关节机器人在我国市场的销量在各机型中依然位居首位,占全年各种工业机器人总销量的 63%;SCARA 机器人销量占比为 30%,协作机器人与 Delta 机器人销量占比分别为 4%与 3%。图 1-29 所示为我国四类工业机器人销量占比。

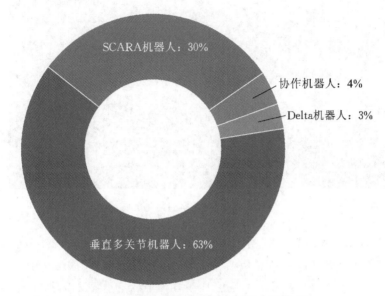

图 1-29 2020 年我国四类工业机器人销量占比

当前,新一轮科技革命和产业变革加速演进,新一代信息技术、生物技术、新能源技术、新材料技术等与机器人技术深度融合,机器人产业迎来升级换代、跨越式发展的窗口期。2021 年年底,我国发布了《"十四五"机器人产业发展规划》,推动我国机器人产业在"十四五"时期迈向中高端水平。

我国高度重视机器人技术的发展,近年来,在国家政策的支持下,机器人市场规模持续快速增长,机器人企业逐步发展壮大,已经初步形成完整的机器人产业链,"机器人+"应用不断拓展深入,工业机器人密度不断提高,产量和销售额逐年增长。未来,随着工业机器人国产化进程的加速,工业机器人行业发展空间巨大。

中国骄傲

太空灵巧手——我国"天宫"空间站机械臂

2022 年 12 月,中国空间站全面建成运行,仰望星空,从"嫦娥"探月到"天问一号"探火,从"天宫一号""天宫二号"到空间站天和核心舱,我国太空探索取得了举世瞩目的成就。

空间站机械臂(见图 1-30)是"天宫"空间站的关键设备之一。"天宫"空间站有两个机械臂。大型太空机械臂安装在天和核心舱上,称为天和机械臂;小型机械臂安装在实验舱上,称为问天机械臂。天和机械臂和问天机械臂是拥有"智慧"的机器人,是我国复杂度最高、规模与技术难度最大、控制精度最高的空间智能机械系统,主要承担舱段转位、舱外悬停飞行器捕获和辅助对接、辅助航天员出舱活动、舱外货物搬运、舱外状态巡检、舱外设备安装和维护、空间环境试验平台照料等重要任务。其可以实现在三维空间的位姿控制,具备任务规划、路径规划、自主避障、运动控制和信息处理能力，从性能指标上来说与国际先进水平相当，从操控精度、负载自重比、精度和和扩展性等关键指标上来说处于国际领先水平。

图 1-30　"天宫"空间站机械臂

　　天和机械臂具有肩部三个关节、肘部一个关节，腕部三个关节，有七个自由度和重定位能力，其中央控制器位于肘部。机械臂由两根臂杆组成，展开长度达 10.2 m，末端定位精度为 45 mm，能够抓取 25 t 重的航天器。机械臂肩部与腕部各有一个末端执行器，通过末端执行器与舱体表面的目标适配器进行对接，实现舱外自主爬行；通过末端执行器与载人飞船、货运飞船等其他航天器的目标适配器进行对接，实现与其他航天器的对接与分离。机械臂具有视觉系统，在肘部、肩部、腕部均装有高精度视觉相机，为舱外设备巡检和手动操控提供精准服务。此外，大小机械臂通过级联装置联合，组成长达 15 m 的组合臂，协同开展舱外作业。

　　大型七自由度太空机械臂是中国空间站在轨建造能力水平的重要标志，我国航天工作者发扬"特别能吃苦、特别能战斗、特别能攻关、特别能奉献"的载人航天精神，自立自强、创新超越，独立自主研制、自主创新突破了机械臂的关键技术，全部核心部件国产化，引领重大装备国产化自主创新发展。

2. 国外工业机器人应用现状

　　美国是机器人的诞生地，早在 1962 年就研制出世界上第一台工业机器人，比日本起步至少要早五六年。20 世纪 60 年代到 70 年代期间，美国的工业机器人主要处于研究阶段。考虑到当时失业率的影响，美国政府并未把工业机器人列入重点发展项目。70 年代后期，美国政府和企业界虽对工业机器人的制造和应用认识有所改变，但仍将技术路线的重点放在研究机器人软件及军事、宇宙、海洋、核工程等特殊领域的高级机器人的开发上，致使日本的工业机器人技术后来居上。进入 20 世纪 80 年代之后，美国政府感到形势紧迫，才开始真正重视机器人，并制定和采取了相应的政策和措施。一方面鼓励工业界发展和应用机器人，另一方面制订计划、提高投资、增加机器人的研究经费，使美国的机器人工业迅速发展。与其他国家相比，美国的机器人技术更加全面、先进，适应性也很强。目前，美国军用无人机、宇宙探测器等尖端领域的机器人技术领先全球。Adept Technology、American Robot、Emerson Industrial Automation、SVT Robotics、iRobot、Remotec 等都是美国著名的机器人生产企业。

　　日本号称机器人王国。如前文所述，1967 年，日本川崎重工从美国 Unimation 公司引进机器人及技术,并于 1969 年试制出第一台该国生产的 Unimate 机器人。由于产业应用的迫切需求,日本的工业机器人很快进入实用化阶段。1980 年是日本机器人普及元年,从这一年起日本开始在各个领域推广使用机器人,工业机器人应用领域由汽车业逐步扩展到其他制造业及非制造业。目前,日本在工业机器人及其主要零部件方面依然在全世界拥有遥遥领先的优势,继续保持机器人大国地位。FANUC、YASKAWA 都是日本著名的工业机器人生产企业。

德国引进工业机器人的时间稍晚于日本。1971 年,用于戴姆勒-奔驰汽车侧板加工的第一条机器人自动焊接生产线在德国诞生,其中使用的也是美国 Unimation 公司的五轴机器人。鉴于汽车工业对高可靠性机器人的需求,德国 KUKA 公司在 1973 年研制开发了第一台 KUKA 工业机器人。20 世纪 70 年代中后期,德国政府开始推行了改善劳动条件计划,强制规定部分有危险、有毒、有害的工作岗位必须以机器人来代替人工,打开了机器人应用市场。20 世纪 80 年代,德国开始在汽车、电子等行业大量使用工业机器人。机器人不仅可以大幅降低生产成本,还可以提高产品制造精度和品质,促进了强大的德国制造品牌的形成。2013 年,德国政府开始推行"工业 4.0"战略,致力于构建智能工厂,打造智能生产方式。而用于实现智能生产方式的物理实体就是机器人,通过智能机器人、机器设备,以及机器人与人之间的相互合作,提高生产过程的智能性。目前,德国机器人在人机交互、机器视觉、机器互联等领域处于全球领先水平。

1.3.3　工业机器人发展趋势

从整体上来看,工业机器人的发展趋势具有以下几个特点:

(1)工业机器人技术融合升级,机器人性能不断提升——高速度、高精度、高可靠性,便于操作和维修。在信息技术、材料技术、感知技术等多种技术融合创新的驱动下,机器人愈加智能、灵活。

(2)机械结构向模块化、可重构化方向发展。如由关节模块、连杆模块用重组方式构造机器人整机、模块化装配机器人等。

(3)控制系统向开放型控制器方向发展,便于标准化、网络化,器件集成度提高,系统的可靠性、可操作性和可维修性大大提高。

(4)新型传感器的应用与多传感器的融合。除采用传统的位置、速度传感器外,装配机器人还应用了视觉、力觉传感器等。

(5)机器人更趋智能化。人工智能技术与工业机器人技术相互融合,机器人智能化趋势明显。随着工业机器人智能水平的提升,其功能从完成搬运、焊接、装配等操作性任务向完成加工型任务逐步拓展,人机协作成为工业机器人未来研发的重要方向。

(6)要求多机协作。在许多大型生产线中,同一个生产过程需要多个机器人协同工作来完成。而随着生产规模的不断扩大,生产线对多机协作的要求愈加迫切,使得在现代加工制造系统中,每一个机器人不再是一个单独的个体,各个机器人通过智能设备相连,形成一个大整体,进行相互配合、协同工作。

(7)"机器人+"应用场景不断拓展深入,应用领域向更多细分行业拓展。在我国,继汽车、3C 行业后,卫浴陶瓷、金属加工、家具家电等通用工业领域开始成为工业机器人的新增市场主力。

1.4　工业机器人基本组成与技术参数

1.4.1　基本组成

现代工业机器人由三大部分六个子系统组成。三大部分分别是机械部分、控制部分和传感部分。六个子系统分别是驱动系统、机械结构系统、人机交互系统、控制系统、感受(传感)系统、机器人与环境交互系统。三大部分六个子系统是一个统一的整体。

1. 机械部分

机械部分是机器人的"血肉"组成部分,也称为机器人的本体,主要可分为两个子系统:驱动系统、机械结构系统。

(1)驱动系统　要使机器人运行起来,就需要在各个关节安装传动装置,以使执行机构产生相应的动作,这就是驱动系统。它的作用是提供机器人各部分、各关节动作的原动力。驱动系统的传动部分可以是液压传动系统、电动传动系统、气动传动系统,或者是几种系统结合起来的综合传动系统。

(2)机械结构系统　工业机器人的机械结构主要由三大部分构成:基座、手臂和手部。每个部分具有若干的自由度,从而构成一个多自由度的机械系统。手部也称末端执行器,是直接安装在手腕上的一个重要部件,它可以是多手指的手爪,也可以是喷漆枪或者焊具等作业工具。

2. 控制部分

控制部分相当于机器人的大脑,可以直接或者通过人工对机器人的动作进行控制。控制部分也可以分为两个子系统:人机交互系统、控制系统。

(1)人机交互系统　人机交互系统是使操作人员参与机器人控制并与机器人进行联系的装置,包括计算机的标准终端、指令控制台、信息显示板、危险信号警报器、示教盒等。简单来说该系统可以分为两大部分:指令给定系统和信息显示装置。

(2)控制系统　控制系统的主要任务是根据机器人的作业指令程序以及从传感器反馈回来的信号支配执行机构去完成规定的运动和功能。根据控制原理,控制系统可以分为程序控制系统、适应性控制系统和人工智能控制系统三种。根据运动形式,控制系统可以分为点位控制系统和轨迹控制系统两大类。

3. 传感部分

传感部分相当于人类的五官,机器人可以通过传感部分来获取机器人自身和外部环境信息,从而实现更加精确的定位。传感部分主要分为两个子系统:感受(传感)系统、机器人与环境交互系统。

(1)感受(传感)系统　感受系统由内部传感器模块和外部传感器模块组成,用于获取机器人内部和外部环境状态中有意义的信息。智能传感器可以提高机器人的机动性、适应性和智能化水平。对于一些特殊的信息,传感器的灵敏度甚至可以超越人类的感觉系统。

(2)机器人与环境交互系统　机器人与环境交互系统是实现工业机器人与外部环境中的设备相互联系和协调的系统。工业机器人与外部设备集成为一个功能单元,如加工制造单元、焊接单元、装配单元等;也可以是多台机器人、多台机床设备或者多个零件存储装置集成为一个能执行复杂任务的功能单元。

1.4.2　技术参数

各种工业机器人的种类、用途以及用户对工业机器人的要求都不尽相同,但工业机器人的主要技术参数都应包括以下几种:自由度、精度、作业范围、最大工作速度和负载能力。以 IRB 1200 机器人为例,IRB 1200 是 ABB 公司最新一代六轴工业机器人中的一种,有效负载为 5～7 kg,专为制造行业而设计。该机器人采用了开放式结构,应用较为灵活,并且可以与外部系统进行广泛通信。表 1-2 为两种不同型号工业机器人的参数。

表 1-2　两种 IRB 1200 型工业机器人技术参数

参数名称			IRB 1200-7/0.7	IRB 1200-5/0.9
规格	触及范围		703 mm	901 mm
	有效载荷		7 kg	5 kg
	手臂载荷		0.3 kg	0.3 kg
轴运动	轴 1 旋转动作	运动范围	$+170°\sim-170°$	$+170°\sim-170°$
		最大速度	288(°)/s	288(°)/s
	轴 2 手臂动作	运动范围	$+135°\sim-100°$	$+130°\sim-100°$
		最大速度	240(°)/s	240(°)/s
	轴 3 手臂动作	运动范围	$+70°\sim-200°$	$+70°\sim-200°$
		最大速度	297(°)/s	297(°)/s
	轴 4 手腕动作	运动范围	$+270°\sim-270°$	$+270°\sim-270°$
		最大速度	400(°)/s	400(°)/s
	轴 5 弯曲动作	运动范围	$+130°\sim-130°$ $+128°\sim-128°$	$+130°\sim-130°$
		最大速度	405(°)/s	405(°)/s
	轴 6 转向动作	运动范围	$+400°\sim-400°$	$+400°\sim-400°$
		最大速度	600(°)/s	600(°)/s
性能 (1 kg 拾料 节拍)	最大 TCP 速度		7.3 m/s	8.9 m/s
	最大 TCP 加速度		35 m/s²	36 m/s²
	加速时间(0～1 m/s)		0.06 s	0.06 s

1. 自由度

自由度指机器人所具有可独立运动坐标轴的数目(一般不包括手爪的开合自由度)。机器人的自由度越大,机械结构运动的灵活性越强,机器人的通用性就越强。但是自由度增大,会使机械臂结构变得复杂,从而降低机器人的刚度。当机械臂自由度大于完成工作所需的自由度时,多余的自由度就可以为机器人提供一定的避障能力。目前大部分机器人都具有 3～6 个自由度,可以根据实际工作的复杂程度进行选择。

2. 定位精度和重复定位精度

定位精度和重复定位精度是机器人的两个精度指标。定位精度是指机器人末端执行器的实际位置与目标位置之间的偏差，它由机械误差、控制算法与系统分辨率等部分组成。重复定位精度是指在同一环境、同一条件、同一目标动作、同一命令之下，机器人连续重复运动若干次时，其位置的分散情况，是关于精度的统计数据。因重复定位精度不受工作载荷变化的影响，故通常用重复定位精度这一指标作为衡量示教再现型工业机器人水平的重要指标。图 1-31 为定位精度和重复定位精度示意图。

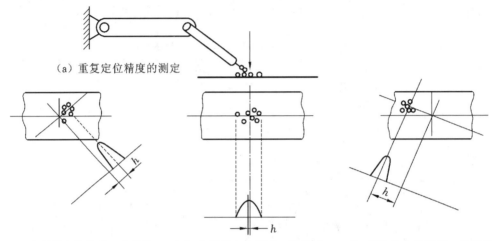

（a）重复定位精度的测定

（b）合理的定位精度，良好的　　（c）良好的定位精度，很差的　　（d）很差的定位精度，良好的
　　重复定位精度　　　　　　　　　重复定位精度　　　　　　　　　重复定位精度

图 1-31　定位精度和重复定位精度

3. 作业范围

作业范围是机器人运动时手臂末端或手腕中心所能到达的所有点的集合。由于末端执行器的形状和尺寸是多种多样的，为真实反映机器人的特征参数，作业范围通常是指不安装末端执行器时的工作区域。作业范围的大小不仅与机器人各连杆的尺寸有关，而且与机器人的总体结构形式有关。图 1-32 所示为 IRB 1200-5/0.9 的作业范围。

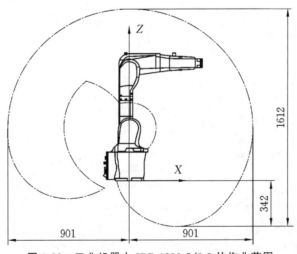

图 1-32　工业机器人 IRB 1200-5/0.9 的作业范围

4. 工作速度和最大工作速度

工作速度指的是工业机器人在合理的工作载荷之下，在匀速运动的过程中，机械接口中心或者工具中心点（TCP）在单位时间内转动的角度或者移动的距离。简单来说，最大工作速度愈高，工业机器人工作效率就愈高，但是就要花费更多的时间加速或减速，或者对工业机器人的最大加速度或最大减速度的要求就更高。

不同厂家对"最大工作速度"的定义可能不同，如有的指工业机器人主要自由度上最大的稳定速度，有的则指手臂末端最大的合成速度。因此，厂家需要在技术参数说明书中对"最大工作速度"的定义加以说明。

5. 工作载荷

工作载荷是指工业机器人在规定的性能范围内工作时，机器人腕部所能承受的最大负载。工作载荷不仅取决于负载的质量，而且与机器人运行的速度和加速度的大小、方向有关。为保证安全，将工作载荷这一技术指标确定为工业机器人高速运行时的负载能力。通常，工作载荷不仅包括负载质量，也包括机器人末端执行器的质量。

1.5 工业机器人的坐标系

机器人坐标系是为确定机器人的位置和姿态（简称位姿）而在机器人或其他空间上设定的位姿指标系统，如图 1-33 所示。工业机器人上的坐标系包括六种：大地坐标系（world coordinate system）、基坐标系（base coordinate system）、关节坐标系（joint coordinate system）、工具坐标系（tool coordinate system）、工件坐标系（work object coordinate system）和用户坐标系（user coordinate system）。

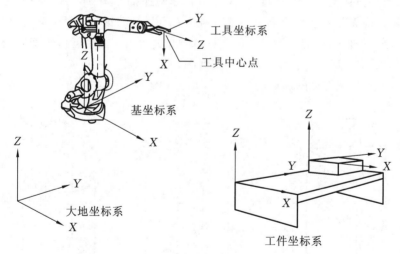

图 1-33 机器人坐标系

（1）大地坐标系：又称世界坐标系，是固定在空间中的标准直角坐标系，其原点通常是选定的一个固定点。用户坐标系是基于该坐标系而设定的。

（2）基坐标系：基坐标系由机器人基座基点与坐标方位组成，该坐标系是机器人其他坐标系的基础。

（3）关节坐标系：关节坐标系是设定在机器人关节中的坐标系，它用于确定每个轴相对其原点位置的绝对角度,如图 1-34 所示。

（4）工具坐标系:工具坐标系用来确定工具的位姿,它的原点为工具中心点。工具坐标系必须事先设定。在没有定义的时候,系统将采用默认工具坐标系。

（5）工件坐标系:工件坐标系用来确定工件的位姿,它的原点为工件原点。

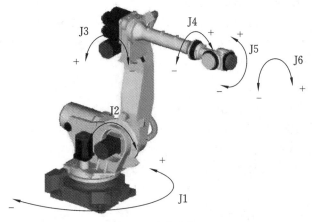

图 1-34　关节坐标系

1.6　工业机器人的运动副

工业机器人机构的基本元素是连杆和关节/铰链。关节或铰链即为运动副,是指两个构件既保持接触又有相对运动的活动连接,它决定了相邻两连杆之间的连接关系。运动副分为两类:高副和低副。高副是两构件之间通过线接触或者点接触而构成的运动副,主要包括球面副和柱面副。低副是指两构件之间通过面接触而构成的运动副,主要包括螺旋副、移动副、圆柱副、平面副和球面副。实际机器人关节只选用低副。

图 1-35 所示是几种常见的运动副。

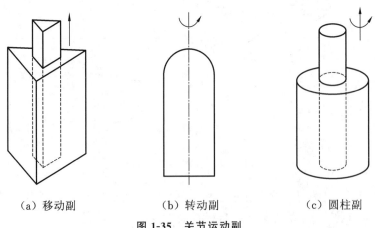

（a）移动副　　　　　（b）转动副　　　　　（c）圆柱副

图 1-35　关节运动副

移动副是一种使两个构件发生相对移动的连接结构,它具有一个移动自由度,约束了刚体其他五个运动(只能沿某一个轴平移,缺少三个旋转自由度和两个平移自由度)。

转动副是一种使两个构件发生相对转动的连接结构,它具有一个转动自由度,约束了刚体的其他五个运动。

圆柱副是一种使两个构件发生同轴转动和移动的连接结构,通常由共轴的转动副和移动副组合而成。它具有两个独立的自由度,约束了刚体的其他四个运动。

1.7　机构类型

常用的工业机器人机构主要包括串联机器人机构和并联机器人机构。

串联机器人机构是由多个连杆通过运动副以串联的形式连接而成、首尾不封闭的机构。串联机器人最常用的是旋转副和移动副,这两种运动副都只有一个自由度,因此机器人的关节数等于它的自由度。机器人要完成任一空间作业,均需要六个自由度。机器人运动是由手臂运动和手腕运动组合而成的。手臂有三个关节,用以改变手腕参考点位置,称为定位机构;手腕也有三个关节,用来改变末端执行器的姿态,称为定向机构。手臂由三个关节连接三个连杆而构成。串联机器人最常见的五种关节形式如表 1-3 所示(P 代表移动关节,R 代表旋转关节)。

表 1-3　串联机器人常见关节形式

机器人	关节 1	关节	关节 3	旋转关节数
直角坐标型	P	P	P	0
圆柱坐标型	R	P	P	1
球(极)坐标型	R	R	P	2
关节坐标型	R	R	R	3

并联机器人机构是动平台和静平台通过至少两个独立的运动链相连接,具有两个或两个以上自由度,且以并联方式驱动的一种闭环机构,如图 1-36 所示。

Stewart 并联机构(见图 1-37(a))和 Delta 并联机构(见图 1-37(b))是两种最常见的并联机构,在其基础上衍生出了多种不同的并联机构。

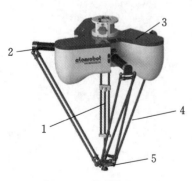

图 1-36　并联机器人

1—中间轴;2—主动臂;3—静平台;

4—从动臂;5—动平台

 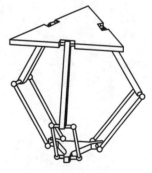

（a）Stewart并联机构　　　　（b）Delta并联机构

图 1-37　并联机器人典型机构

　　Stewart 并联机构由上部的动平台、下部的静平台和连接动、静平台的六个完全相同的支链组成。每个支链均由一个移动副驱动，工业上常采用液压驱动方式。每个支链分别通过两个球面副与上、下两个平台相连。动平台的位姿由六个直线油缸的形成长度所决定。这种机构刚度高，但运动范围十分有限，运动学正解求解过程十分复杂。

　　Delta 并联机构由上部的静平台和下部的动平台以及三个完全相同的支链组成，每个支链都由一个定长杆和一个平行四边形机构组成。定长杆与上面的静平台用旋转副连接；平行四边形机构与动平台以及定长杆均以旋转副相连。这种机构运动部分的转动惯量很小，能满足高速和高精度作业要求，广泛应用于轻工业生产线。

　　串联机器人以工作空间较大、操作灵活等特点得到了广泛应用；并联机器人则以结构紧凑、占用空间小、刚度高、速度快、易控制等一系列优点，被应用于食品、电子、化工、包装等行业的分拣、搬运、装箱，等等。

习　　题

　　1. 简述工业机器人定义及主要应用场合。

　　2. 简述工业机器人自由度、作业范围、定位精度的含义。

　　3. 工业机器人按坐标形式分为哪几类？它们各有什么特点？

第 2 章　工业机器人机构

机器人机构是工业机器人的重要组成部分。机器人机构的设计与其他部分有很大差异，这是因为不同应用领域的机器人在机构上有不同的要求(包括驱动源、运动形式、传动精度、负载能力等方面的要求)。工业机器人机构的作用是支承机器人的各关节、延伸机器人的工作空间、直接接触被操作对象等。根据工业机器人机构的不同作用，可以将机器人机构分为末端执行器、手腕、手臂和基座四个部分。

本章学习目标

1) 知识目标

(1) 熟悉工业机器人的机构组成及各部分功能。

(2) 掌握工业机器人常用的传动形式。

(3) 掌握移动工业机器人的底盘设计。

2) 能力目标

(1) 能针对工业机器人具体的应用场合设计末端执行器。

(2) 能准确识别工业机器人手臂和手腕关节的自由度数目。

2.1　工业机器人末端执行器及腕部结构

2.1.1　末端执行器

工业机器人末端执行器相当于人类的手部，是直接接触被操作对象的部分。图 2-1 显示了人类手指关节的丰富形态，但在实际机器人等专用设备中，有许多时候并不需要这样复杂的多关节手指。

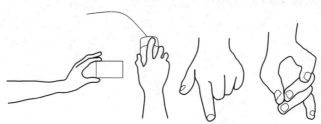

图 2-1　人类手指关节的形态

用在工业机器人上的末端执行器是机器人用于直接抓取和握紧(吸附)专用工具(如喷枪、扳手、焊具、喷头等)并进行操作的部件。它具有模仿人手动作的功能，并安装于机器人手臂的前端。由于被握工件的形状、尺寸、质量、材质及表面状态等不同，工业机器人末端执行器是多种多样的,并大致可分为以下几类:专用末端执行器、夹钳式取料手、吸附式取料手及其他取料手。

1. 专用末端执行器

工业机器人是一种通用性很强的自动化设备。其通用性在机械结构上主要体现为机器人的手腕末端可以根据作业任务要求,装配上不同种类的末端执行器,成为相应的专用设备,从而扩大了其作业功能、应用范围和工作效率。常用的专用末端执行器有焊枪、电磨头、拧螺母机、电铣头、抛光头、激光切割机、喷枪等。

1) 焊枪

在自动化生产线中,有很多焊接作业任务。为了适应不同的用途,工业机器人可以通过最后一个关节处的安装法兰接装不同工具进行点焊、弧焊等焊接作业,图 2-2 所示是焊接机器人在汽车生产线上的应用。

下面以弧焊枪为例介绍焊枪的组成及结构。图 2-3 所示是弧焊枪的装配体。在装配体中,连接板是关键零件。连接板上有安装法兰,用来与机器人末端连接在一起;连接板上的安装接口用来固定焊枪固定座和喷嘴固定座。专用固定焊枪直接安装在焊枪固定座上。送风喷嘴通过支架、调整臂、连接销安装在喷嘴固定座上。其中,支架和调整臂通过连接销铰接,这样调整臂可绕连接销中心转动,带动送风喷嘴转动,达到调整喷嘴角度的目的。喷嘴送风角度必须按照焊接工艺的要求,保证二氧化碳/氩气保护气体能够包裹在焊接熔池周围,防止液态金属氧化,形成夹渣等缺陷。

图 2-2　焊接机器人应用于汽车生产线

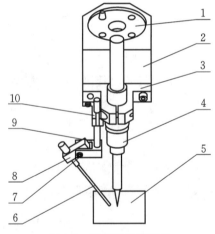

图 2-3　弧焊枪的装配体

1—安装法兰;2—连接板;3—焊枪固定座;
4—专用固定焊枪;5—焊接工件;6—送风喷嘴;
7—连接销;8—调整臂;9—支架;10—喷嘴固定座

2) 电动头

各种类型电动头越来越多地应用于工业机器人末端,以完成钻孔、铣削、去毛刺、研磨或抛光等工作。图 2-4 所示是一种钻孔电动头。钻孔除了需要有钻头的旋转运动,还需要钻头在孔的深度方向上进行直线运动,因此,图示钻孔电动头具有两个自由度。钻孔电动头通过法兰与机器人手腕末端连接,直线单元和伺服电动机分别通过连接板与法兰连接,伺服电动机通过联轴器驱动直线单元的丝杠回转,直线单元的螺母与减速器箱连接,带动钻头做直线运动。减

速器箱的输入端是三相异步电动机,为钻头的旋转
提供动力,减速器箱的输出端连接钻头安装孔。钻
孔电动头也可以只有一个回转自由度,而直线运动
由机器人的各关节来实现,这也是大多数电动头采
用的方案,因为许多加工操作(例如去毛刺、研磨或
抛光等)并不像钻孔那样采用的是固定的运动方式,
这就需要机器人发挥更大的空间定位优势。

3)喷枪

工业机器人末端安装喷枪以后,可进行自动喷
漆工作或喷涂其他涂料。喷枪通过安装板与机器人
最后一个关节处的安装法兰进行连接,安装板上同
时布置涂料管道。高黏度的涂料可进行无气喷涂;
若需要进行有气喷涂,需要同时布置气体管路。美
的公司与库卡公司共同打造的国内首条全自动装配
式整装卫浴生产线采用了工业机器人来喷涂美缝剂

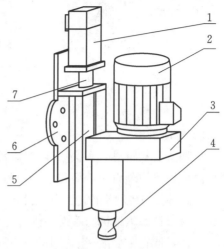

图 2-4　钻孔电动头

1—伺服电动机;2—三相异步电动机;
3—减速器;4—钻头安装孔;5—直线单元;
6—安装法兰;7—联轴器

(见图 2-5),其采用的喷涂方式属于无气喷涂。图 2-6 中,机器人正在进行物体表面的喷涂,其
采用的喷涂方式属于有气喷涂。

图 2-5　机器人涂美缝剂

图 2-6　机器人喷涂物体表面

2. 夹钳式取料手

夹钳式取料手是工业机器人应用最多的一种末端执行器,它采用传动机构来传递驱动机
构的动力,从而实现手指的可靠张开和闭合。

1)手指类型

根据所夹持物料形状、尺寸、材料、表面质量等的不同,夹钳式取料手的手指有不同的数
量、形状及表面质量等。按手指数量分,常用的手指有两指式和三指式;按形状分有平面形、V
形、细长形等;按表面质量分有光滑表面指、齿形表面指和柔性表面指等。平面指适用于夹持
具有两个平行平面的零件,如图 2-7(a)所示;V 形适用于从径向夹持圆柱体(若从轴向夹持
圆柱体,一般采用三个平面指,或者两个与手指垂直的 V 形指来夹持),如图 2-7(b)所示;细长
指适用于在狭小空间内夹持细小物品,如图 2-7(c)所示。

  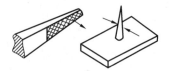

（a）平面指及其夹持方式　　　（b）V形指及其夹持方式　　　（c）细长指及其夹持方式

图 2-7　取料手指的类型

2）传动机构

根据所夹持物料的形状特点，夹钳式取料手手指的夹紧运动方式不同，由此可得夹钳式取料手的传动机构分为回转型和平移型两种，其中平移型又分为直线平移型、平面平移型等。

（1）回转型传动机构　回转型手部的手指多为杠杆结构，一般是通过滑槽机构、齿轮齿条机构、连杆机构、蜗杆机构等类型机构将驱动力转换为手指的夹持动作的。采用回转型传动机构的夹钳式取料手一般用于夹取具有圆柱表面的零件，手指一般采用 V 形指，可以根据需要，做自动定心的设计。

图 2-8 所示为一种采用滑槽式杠杆回转型传动机构的手部结构。两根手指可分别绕支点回转，手指的一端有安装螺纹孔，可以安装所需要形式的手指，手指的另一端有一个滑槽；活塞上有一个销，当活塞上下运动时，活塞上的销可以在手指的滑槽中移动，带动手指回转，从而实现放松和夹紧。

图 2-9 所示是一种采用齿轮齿条式杠杆回转型传动机构的手部结构。两根手指分别与一个齿轮固连在一起，活塞的两侧有两根齿条，随着活塞上下运动，齿轮回转，带动手指回转，实现手指的放松和夹紧。

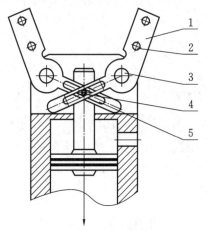

图 2-8　采用滑槽式杠杆回转型
传动机构的手部结构简图

1—手指；2—螺纹孔；3—支点；4—销；5—滑槽

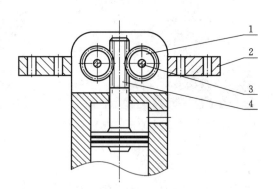

图 2-9　采用齿轮齿条式杠杆回转型
传动机构的手部结构简图

1—齿轮；2—手指；3—支点；4—齿条

（2）直线平移型传动机构　平移型传动机构适用于夹持具有平行平面的物体。直线平移型手部一般是通过齿轮齿条机构、连杆机构、螺旋传动机构等将驱动力转换为手指的夹持动作的。

图 2-10 所示是采用齿轮齿条式直线平移型传动机构的手部结构。活塞的两侧固连着齿条，齿条与小齿轮啮合，带动小齿轮以及与小齿轮同轴的大齿轮回转。手指沿着开合方向布置有齿条，该齿条与大齿轮啮合，在大齿轮回转时实现开合。此外，沿着手指移动方向安装有导

轨,用于手指的导向。

图 2-11 所示是采用复合连杆式直线平移型传动机构的手部结构。活塞上下运动,作为一组曲柄滑块机构的滑块驱动拨叉回转,拨叉又作为另一组曲柄滑块机构的曲柄,带动作为滑块的手指,实现开合动作。

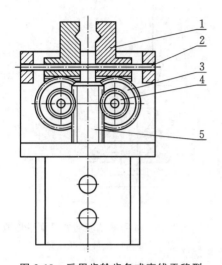

图 2-10 采用齿轮齿条式直线平移型
传动机构的手部结构

1—手指;2—圆形导轨;3—大齿轮;4—小齿轮;5—齿条

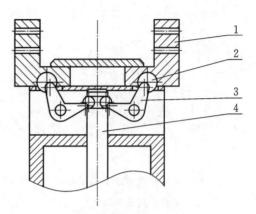

图 2-11 采用复合连杆式直线平移型
传动机构的手部结构简图

1—手指;2—铰链;3—拨叉;4—活塞

一些尺寸较大的采用平移型传动机构的手部,可以采用图 2-12 所示的双气缸形式,或者采用图 2-13 所示的双联气缸形式。

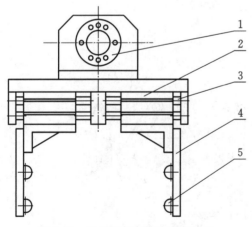

图 2-12 采用双气缸式直线平移型
传动机构的手部结构

1—法兰;2—气缸;3—导柱;4—手指;5—辊轮

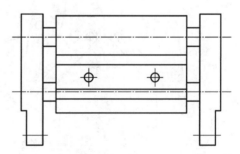

图 2-13 采用双联气缸式直线平移型
传动机构的手部结构简图

(3)平面平移型传动机构 平面平移型传动机构主要运用了平行四边形机构两组对边分别平行的特点,将手指固连在可以平移的连杆上,实现了手指的平移。图 2-14 所示是一种采用齿轮驱动的平面平移型传动机构的手部结构。舵机通过小齿轮带动大齿轮回转;大齿轮与曲柄固连,实现曲柄的转动,带动连杆及手指平移。图 2-15 所示是采用螺旋驱动的平面平移型传动机构的手部结构。电动机带动丝杠回转,螺母移动,带动曲柄回转,进而手指所在的连杆平移,实现手指的张开和闭合。

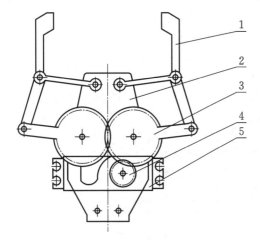 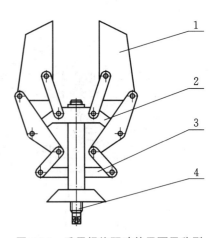

图 2-14　采用齿轮驱动平面平移型
传动机构的手部结构

1—手指;2—机架;3—大齿轮;4—小齿轮;5—舵机

图 2-15　采用螺旋驱动的平面平移型
传动机构的手部结构

1—手指;2—机架;3—螺母;4—丝杠

图 2-16 所示是 ROBOTIQ 的二指夹持器,它是一种自适应柔性夹爪,采用了平面平移型传动机构。当使用限制销时,手指作为平行四边形机构中的连杆部分,只能进行平移,可以实现平行夹取;当取出限制销时,手指变成一个五杆机构中的一根连杆,具有两个自由度,在没有接触到物体时,手指仍可以平移;当需要夹持圆柱表面物体时,物体向手爪内滑动,给连杆一定的压力,则手指将可以实现向内夹取,使得夹持更牢靠。

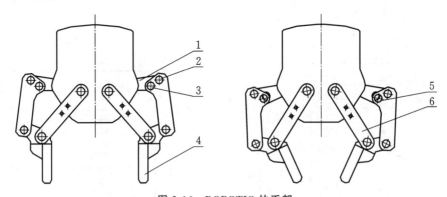

图 2-16　ROBOTIQ 的手部

1—驱动曲柄;2—铰链;3—限制销;4—手指;5—销孔;6—连杆

3. 吸附式取料手

按照吸附力的不同,吸附式取料手有气吸附式和磁吸附式两种。

1) 气吸附式取料手

气吸附式取料手是利用吸盘内的压力和大气压之间的压力差而工作的,常用来吸附易碎、柔软、薄的非铁磁性材料或球形等形状的表面光滑的物体。按形成压力差的方法,气吸附式取料手可分为真空吸附式、气流负压吸附式、挤压排气式等几种。

　　真空吸附式取料手利用真空泵产生真空,再利用换向阀连通吸盘,当吸取物料时,吸盘与真空抽气端连接,将物料吸起;当需放下物料时,吸盘与大气接通,物料即被放下。真空吸附式取料手的真空度较高,适合负载较大、吸附时间较长的场合,但是需要配合真空泵使用。

　　气流负压吸附是常用的气吸附方案,在已经具备压缩空气的场合,使用真空发生器即可实现气流负压吸附。图 2-17 所示是一种常用的管式负压真空发生器。真空发生器是利用正压气源产生负压的一种新型、高效、清洁、经济、小型的真空元器件,它使得在有压缩空气的地方获得负压变得十分容易和方便。真空发生器适用于所需的抽气量小、真空度要求不高、间歇工作场合。但真空发生器工作时噪声往往较大。图 2-18 是带有消声器的真空发生器。

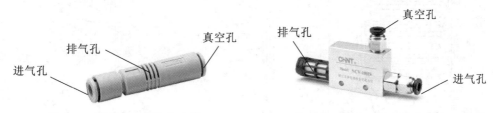

图 2-17　管式负压真空发生器　　　　　图 2-18　带有消声器的真空发生器

　　进行气流负压吸附时常使用小吸盘,吸附表面较大的物料时也采用多个小吸盘组合吸附的方案。图 2-19 所示是一种组合式末端吸附器。

图 2-19　组合式末端吸附器

　　挤压排气式取料手结构简单,但吸附力小,吸附状态不易长期保持。

2）磁吸附式取料手

　　对于铁磁性且允许有剩磁的物料,可以使用电磁吸附的方式吸取物料。磁吸附式取料手的工作原理是:内部线圈通电产生磁力,经过导磁面板,将面板表面的工件紧紧吸住;线圈断电后,磁力消失,即可取下工件。使用磁吸附方式还需要考虑如何在保证吸附效果的同时,不连接电源而维持吸附力,确保连续作业不产生热量,避免工件的受热变形等。

4. 其他取料手

1）柔性手指

　　图 2-20 所示的柔性手指由气压驱动,这种手指的尺寸、数量及布置方式可以有很多种,具

有超强的自适应能力,可实现对各类异形、易损物品,如生鲜、玩具、玻璃制品等的抓取。对于内部中空的物料,也可以从物料内部向外抓取。柔性手指可以配合气动控制器使用,通过调整手指内气体压力及时延,实现手指的抓持力和抓持频率的精确控制。

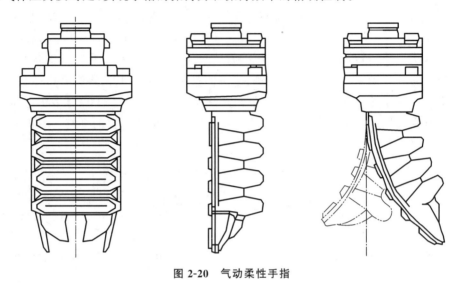

图 2-20　气动柔性手指

2) 柔性取料手

图 2-21 所示是一种柔性取料手,这种取料手可实现形状自适应抓取,在抓取多种形状物料时可以不必更换抓取末端。取料手的外部是柔软橡胶,内部充满颗粒状物体。在需要抓取物料时,取料手处于柔软状态,抓取物料时取料手接触物料的部分发生形变,完全包住物料。然后对取料手内部抽真空(此时颗粒状物体的位置被固定下来),进而实现物料的成功抓取。当需要释放物料时,只需要将取料手内部接通空气即可。

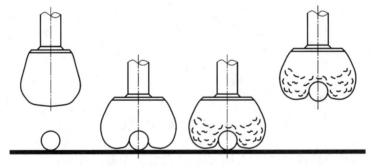

图 2-21　柔性取料手

3) 多指灵巧手

多指灵巧手是一种类灵长类动物的手部,即第一指与其他四指对握,每根手指具有三个自由度,且具有手掌,能够以多种方式灵活抓取东西,进行多种操作。如图 2-22 所示,多指灵巧手可以进行夹取、握住、按键等操作。但是其控制较复杂,在以单一作业为主的工业机器人上很少使用。

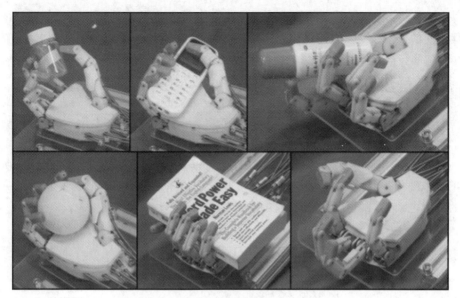

图 2-22　多指灵巧手

2.1.2　末端执行器换接器

为了使机器人在一个工位上能够同时进行多种作业,可以通过末端执行器快速交换夹具给机器人更换不同种类的末端执行器,也可以使用多工位末端执行器来实现不同任务的转换。

1) 末端执行器快速交换夹具

要使一台通用机器人能在作业时自动更换不同的末端执行器,就需要配置具有快速装卸功能的夹具。末端执行器快速交换夹具由两部分组成:机械手侧和工具侧。这两部分分别装在机器人腕部和末端执行器上,能够通过气压驱动实现机器人对末端执行器的快速自动更换。为保证在失电、失气、机器人停止工作等情况下工具不会自行脱离,快速切换装置采用双作用气缸,同时内置防脱落机构(在使用单电控电磁阀控制工具的锁紧、松开时,应使电源关闭时电磁阀处在锁紧侧)。如图 2-23 所示,末端执行器快速交换夹具有九针连接器,可以实现机器人侧与工具侧电源及信号的快速连接与切换。快速交换夹具具有六个气动快换接头,能够实现

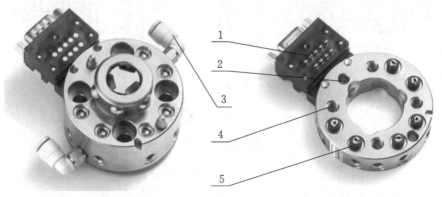

（a）末端执行器快速交换夹具机械手侧　　　　（b）末端执行器快速交换夹具工具侧

图 2-23　末端执行器快速交换夹具

1—九针连接器;2—定位孔;3—气压接头;4—夹具安装用螺纹孔;5—气动快换接头

不同气动末端执行器气源的快速换接。选用快速交换夹具时,还应注意快速交换夹具的质量以及其所能承受的工作载荷。为保证快速交换夹具的精度,在机械手侧和工具侧有两组定位销。具体实施末端执行器交换时,各种末端执行器被放在工具架上,组成一个专用末端执行器库。

2)多工位末端执行器

多工位末端执行器可以将多种末端执行器集成在一起,同时安装在机器人的末端。多工位末端执行器比末端执行器快速交换夹具换接效率更高。多工位末端执行器有棱锥型和棱柱型两种形式,其中棱柱型可以同时携带更多的末端执行器。图 2-24 所示为棱锥型多工位末端执行器,安装法兰与机器人手腕连接,每个棱柱面可以安装一个气动夹爪缸;图 2-25 所示为棱柱型多工位末端执行器,安装法兰与机器人手腕末端相连,并连接 U 形支架和用来驱动柱形夹爪盘的伺服电动机,在柱形夹爪盘的四周分布有多个电动手爪。

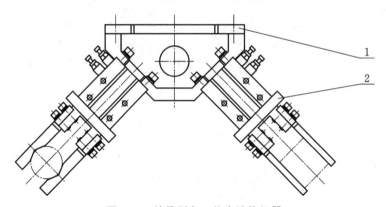

图 2-24　棱锥型多工位末端执行器
1—安装法兰;2—气爪缸

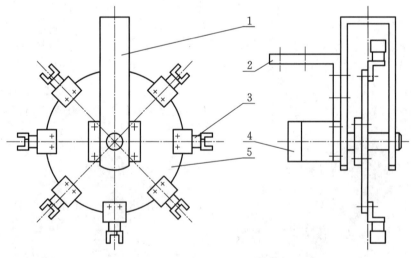

图 2-25　棱柱型多工位末端执行器
1—U 形支架;2—安装法兰;3—电动手爪;4—伺服电动机;5—柱形夹爪盘

2.1.3　机器人腕部结构

机器人手腕是连接末端执行器和手臂的部件,起到支承手部和改变手部姿态的作用,进而调节或改变工件的方位,因此,它具有独立的自由度,以使机器人末端执行器能够适应复杂的动作要求。工业机器人一般需要六个自由度才能使手部达到目标位置并处于期望的姿态。为了使手部能处于空间任意方向,要求腕部能实现相对空间坐标轴 X、Y、Z 的转动,即具有翻转(R)、俯仰(B)和偏转(Y)三个自由度。以图 2-26 所示的 PUMA 562 机器人为例,翻转自由度实现绕 X 轴的转动,俯仰自由度实现绕 Y 轴的转动,偏转自由度实现绕 Z 轴的转动。

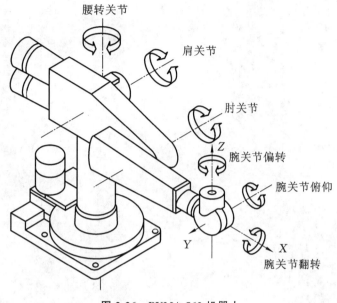

图 2-26　PUMA 562 机器人

1. 手腕的自由度

有些作业任务并不需要手腕具有三个自由度,因此工业机器人手腕的自由度也可能是 1 或 2。按照手腕自由度进行分类,可以将手腕分为单自由度手腕、二自由度手腕和三自由度手腕。

1) 单自由度手腕

对于单自由度手腕,其关节有如图 2-27 所示的翻转(roll)关节和弯曲(bend)关节之分。当手臂纵轴线和手腕关节轴线构成共轴形式时,该关节称为翻转关节,即 R 关节。R 关节旋转角度大,可达到 360°以上。当关节轴线与前后两个连接件的轴线相垂直时,该关节称为弯曲关节,即 B 关节。B 关节因为受到结构上的干涉,旋转角度小,方向角大大受到限制。

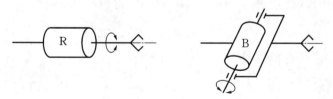

图 2-27　R 关节和 B 关节

图 2-28 所示的码垛机器人、图 2-29 所示用于插接电子元器件的 SCARA 机器人等搬运机器人,只需要一个绕 Z 轴回转的偏转自由度,此时机器人为四自由度机器人,只有一个手腕关节,这个关节多为 R 关节。

2) 二自由度手腕

有些任务需要手腕除了具备一个翻转自由度,还具备一个俯仰或偏转自由度。这样的二自由度手腕可以是由一个 B 关节和一个 R 关节组成的 BR 手腕,也可以是由两个 B 关节组成的 BB 手腕,但是不能是由两个 R 关节组成的 RR 手腕,因为两个 R 关节共轴线,退化了一个自由度,实际上构成的是单自由度手腕。图 2-30 所示两种五自由度机器人的手腕都是二自由度手腕。

图 2-28 码垛机器人

图 2-29 SCARA 机器人

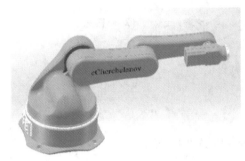

图 2-30 五自由度机器人

3) 三自由度手腕

六自由度机器人上采用的通常是 RBR 三自由度手腕,如图 2-31 所示。PUMA 562 机器人是典型的六自由度机器人,其第四和第六关节是 R 关节,第五关节是 B 关节,第五关节的运动范围不能达到 360°,且当第五关节处于某一角度时,第四关节和第六关节是共线的,此时退化一个自由度。

为保证第五关节有足够大的运动范围,六自由度工业机器人可以设计成图 2-32 所示的协作机械臂。这种协作机械臂手腕采用 RRR 布置形式,采用这种手腕布置形式,第四关节和第五关节的运动范围都可以达到 360°。

图 2-31 通用六自由度机器人

图 2-32 六自由度协作机械臂

2. 手腕的驱动

根据手腕驱动源的布置可以把手腕分为远距离驱动手腕和近距离驱动手腕。

1）远距离驱动

远距离驱动的好处是可以把尺寸、质量都较大的驱动源放在远离手腕处,有时放在手臂的后端作平衡质量块用,这样不仅可减轻手腕的整体质量,而且可改善机器人整体结构的平衡性。图 2-33 所示为一种三自由度远距离驱动手腕,图 2-34 所示是该远距离驱动手腕的动力传输装置。电动机布置在小臂的后端,通过联轴器和传动轴将动力传到手腕处。第四关节电动机的传动轴末端有一个小齿轮,与两个行星齿轮啮合;有两个小齿轮分别与这两个行星齿轮同轴,这两个小的行星齿轮同时与一个内齿圈啮合,驱动第四关节,即实现小臂的旋转运动。第五关节电动机的传动轴末端通过胡克铰连接另一根带有小齿轮的传动轴,小齿轮与套筒轴上面的大齿轮啮合;套筒轴的另一端是一个同步带轮,同步带通过中间轴将回转轴线转换方向,将运动传递到从动同步带轮,进而驱动第五关节,实现手腕俯仰,即腕摆运动。第六关节电动机的传动轴末端通过胡克铰连接另一根带有小齿轮的传动轴,小齿轮与芯轴上面的大齿轮啮合,芯轴的另一端是一个同步带轮,同步带通过中间轴将回转轴线转换方向,将运动传递到从动同步带轮;从动同步带轮与一个圆锥齿轮连接,从动圆锥齿轮与一个小齿轮连接,小齿轮与两个行星齿轮连接,行星齿轮与内齿圈啮合,进而驱动第六关节,实现手腕偏转,即手转运动。

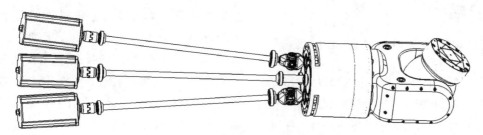

图 2-33　三自由度远距离驱动手腕

图 2-34　远距离驱动手腕动力传输装置

2）近距离驱动

图 2-32 所示的六自由度协作机械臂的手腕关节采用的是由电动机直接带动减速机构,进而驱动关节回转的驱动方式,属于近距离驱动手腕关节。此外,利用气压、液压及力矩电动机驱动的手腕采用直接驱动方式,无须采用减速器及传动机构。

2.2　工业机器人手臂及基座

2.2.1　工业机器人的手臂

机器人手臂是连接机器人基座与手腕的部件,功能是使机器人末端到达空间中的指定位置。手臂一般具有三个自由度,以实现机器人在 X、Y、Z 三个方向上的定位。可以依据机器人的坐标系构型来搭建手臂关节结构。

1. 直角坐标型机器人手臂

直角坐标型机器人手臂由三个直线关节组成,分别对应 X、Y、Z 轴的直线运动,其工作空

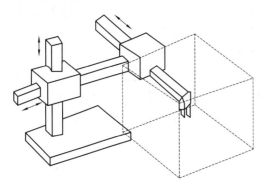

图 2-35　直角坐标型机器人的工作空间

间是一个长方体,如图 2-35 所示。由于各轴的运动之间没有耦合,因此手臂控制简单。但是各轴占用空间较大,特别是设计为伸缩结构的关节,其伸出和缩回时都需要占用空间,因此直角坐标型关节机器人整体占用空间较大。根据作业范围的大小不同,直线关节的布置形式有龙门式(见图 2-36)和悬臂式(见图 2-37)两种。直角坐标型机器人多用于物料分拣及搬运作业,手臂末端通常连接单自由度或两自由度手腕,也可以直接连接夹爪、吸盘、激光切割头末端

执行器。每个直线关节的运动可以通过伺服电动机或步进电动机驱动滚珠丝杠、同步带等传动机构来实现,并配合燕尾形导轨或圆形导轨等实现支承和导向。直线驱动部件及导向部件需要做好保养和密封,若长期暴露在外会因硬质杂质而产生划痕、锈蚀等,从而影响传动和导向精度。

图 2-36　龙门式直角坐标型机器人

图 2-37　悬臂式直角坐标型机器人

2. 圆柱坐标型机器人手臂

圆柱坐标型机器人手臂具有一个回转关节和两个直线关节。其运动空间是一个环形柱面空间,如图 2-38 所示。圆柱坐标型机器人手臂的关节布置一般是第一个关节为回转关

节,第二个关节为升降关节,第三个关节为伸缩关节,图 2-39 所示的机器人即采用了这种关节布置方式,这种构型适用于需深入被操作对象内部进行操作的机器人。根据具体作业任务的特点,如升降动作频繁、伸出行程长等,还可以将第二关节布置为伸缩关节,第三关节布置为升降关节,图 2-40 所示的机器人即采用了这种关节布置方式。圆柱坐标型机器人手臂的全部关节可以采用液压驱动,以承受较大负载;也可以全部采用气压驱动,形成一台简易的点位控制机器人,用于流水线作业。根据作业任务需要,圆柱坐标型机器人手臂末端可以加装手腕关节和夹持机构等。

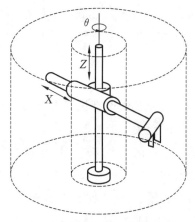

图 2-38　圆柱坐标型机器人的工作空间

图 2-39　圆柱坐标型机器人(一)

图 2-40　圆柱坐标型机器人(二)

3. 球坐标型机器人手臂

球坐标型机器人手臂具有两个回转关节和一个直线关节,采用球坐标系确定手臂末端位置。图 2-41所示为球坐标型机器人的工作空间。图 2-42 所示的 Unimate 机器人是典型的球

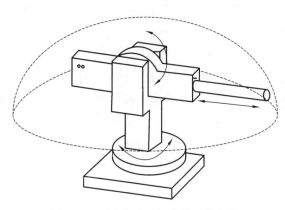

图 2-41　球坐标型机器人的工作空间

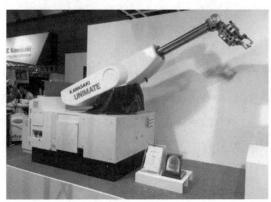

图 2-42　Unimate 机器人

坐标型机器人。Unimate 重达 2 t,采用液压执行机构驱动;其基座上有一个大机械臂,该机械臂可绕轴在基座上回转和俯仰;大臂上又伸出一个小机械臂,它可以相对大臂伸出或缩回。Unimate 最早在通用汽车公司安装运行,被用来运送热的压铸金属件,并将其焊接到汽车车身部件上。

4. 平面关节型机器人手臂

平面关节型机器人是专为装配作业设计的机械臂。大量的装配作业是垂直向下进行的,要求手爪的水平移动有较好的柔顺性,以补偿位置误差,并要求机器人手臂垂直移动以及绕水平轴转动时有较好的刚性,以便准确有力地装配。另外,还要求机器人手臂绕 Z 轴转动时有较好的柔顺性,以便于与键配合。平面关节型机器人的结构特点使得它可以满足上述要求。SCARA 机器人是目前应用较多的工业机器人之一。SCARA 机器人的另一个特点是其串接的两杆结构类似人的手臂,可以伸进有限空间中作业然后收回,适合于搬动和取放物件,如插装集成电路板等。图 2-43 所示为平面关节型机器人的工作空间,其中 Z 轴的移动关节可以布置在第一关节、第二关节或者第三关节位置。图 2-43 中机器人 Z 轴移动关节布置在第三关节处。这种构型是最常见的,适用于需要进行快速搬运作业的机器人。图 2-44 所示是 Z 轴移动关节布置在第一关节处的情形,这种构型适用于需要进行重载搬运的机器人。

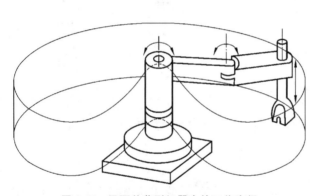 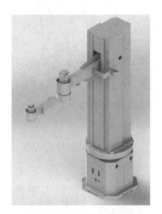

图 2-43　平面关节型机器人的工作空间　　　　图 2-44　Z 轴移动关节布置在第一
　　　　　　　　　　　　　　　　　　　　　　　　关节处的平面关节型机器人

5. 拟人关节型机器人手臂

拟人关节型机器人手臂由三个回转关节——腰关节、肩关节和肘关节组成,如图 2-45 所示。根据机器人关节位置的布置,肩关节和肘关节也常常分别被称为大臂关节和小臂关节。大臂关节与小臂关节的回转轴线通常是水平且平行的,两个关节的运动可以使机器人末端定位在一个铅垂面内;再通过腰关节的回转,实现空间的定位。图 2-46 所示为拟人关节型机器人手臂的作业范围。拟人关节型手臂在空间中的运动更灵活、更复杂,其控制也更复杂。最早的拟人关节型手臂是 PUMA 机器人,这类机器人至今仍然工作在工厂一线。

6. 并联型机器人手臂

并联机器人是机器人末端通过两条或两条以上机械手臂连接到固定平台的一种机器人。并联机器人形式非常灵活多样,Delta 机器人就是一种常用于工业上的三自由度并联机器人。

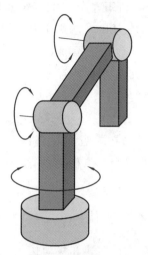

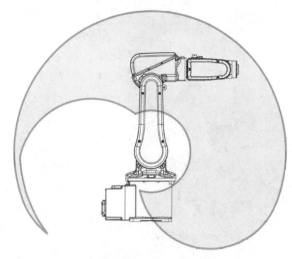

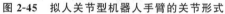

图 2-45　拟人关节型机器人手臂的关节形式　　　　图 2-46　拟人关节型机器人手臂的作业范围

图 2-47 所示是一种 Delta 机器人。该 Delta 机器人基座安装在工作平台上,从基座延伸出三个互相连接的机器人手臂。这些机器人手臂的末端共同连接到一个三角形的动平台上,动平台可以实现沿 X、Y、Z 三个方向的移动。机器人手臂的驱动电动机都安装在基座上,并通过轻巧的连杆连接动平台,因此动平台具有良好的动态性能和定位精度;动平台上可以安装手腕关节及末端执行器。Delta 机器人广泛应用于食品、制药行业的包装、分拣等工作。

图 2-47　Delta 机器人

7. 冗余自由度机器人手臂

从运动学的观点看,在完成某一特定作业时具有多余自由度的机器人,就称为冗余自由度机器人。例如,PUMA 562 机器人去执行印制电路板上接插电子器件的作业时就成为

图 2-48　Stretch 机器人

冗余自由度机器人。可以利用冗余自由度增强机器人的灵活性、躲避障碍物的能力和改善其动力性能。

图 2-48 所示是波士顿动力公司的 Stretch 机器人。其位于移动底盘之上的机械臂一共有七个自由度（其中手臂具有四个自由度）且第二、三、四关节的轴线是平行的，这使得 Stretch 机器人可以有更好的灵活性、更大的工作空间，特别是可以在靠近机械臂的区域内作业，这是其他六自由度机械臂无法做到的，而且其所占用的存储空间也很小。

2.2.2　工业机器人的基座

工业机器人的基座分为固定式和移动式。

1. 固定式基座

工业机器人的作业内容一般比较固定，根据作业区域的特点以及机器人工作空间的特点，可以将机器人固定在作业区域的地面、侧面或顶面。固定在地面的机器人最为常见。图 2-49 所示为固定在作业区域的侧面的 SCARA 机器人，图 2-50 所示为固定在作业区域顶面的六自由度机器人。

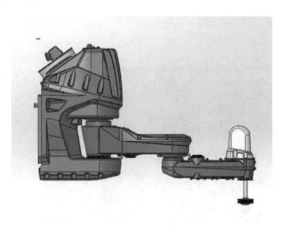

图 2-49　固定在侧面的机器人

图 2-50　固定在顶面的机器人

2. 移动式基座

移动式基座由行走驱动装置、传动机构、位置检测元件、传感器、电缆等组成。移动式基座可以大大拓展机器人的作业范围，提高机器人作业效率。不同于在室外作业的移动机器人，采用移动式基座的工业机器人不需要面对复杂的地形，工作场所较为固定和平整。因此，工业机器人的移动式基座主要有沿着导轨的固定轨道移动式，以及轮式自由移动式，其中，固定轨道移动式基座在工业机器人中应用最为广泛。

1）固定轨道移动式基座

采用固定轨道移动式基座的工业机器人广泛应用在各类自动化生产线上。在某些应用场景机器人需要在某个方向上具有较长的行程,这时可以考虑给机器人增加行走轴(该行走轴也被称为机器人第七轴或机器人附加轴),就是把六自由度机器人装置在一个单轴的长行程运动体系中,这样可极大地扩展机器人的作业范围。机器人行走轴按安装位置可分为地装式、天吊式;按行走的轨道可分为直线式、弧线式、直线弧线复合式。图 2-51 所示是采用直线-弧线复合式行走轴的工业机器人,其导轨是由弧形导轨和直线导轨组合而成的。在选用弧形机器人导轨时,可使机器人沿着圆心做弧形运动,但需注意选用较大的拐弯直径。

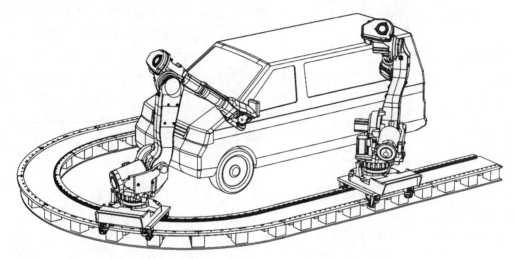

图 2-51　采用直线弧线复合式行走轴的工业机器人

工业机器人增加行走轴,需要传动机构和支承导向机构,常用的传动机构根据负载、行程、轨道形状的不同可以选用同步带传动机构、滚珠丝杠传动机构、齿轮齿条传动机构等。常用的支承导向机构的导轨有圆形导轨、燕尾形导轨、矩形导轨等。考虑到六自由度机器人属于精细机械设备,对支承导轨的精度和刚度具有较高的要求,最常选用矩形滚轮直线导轨,其优点如下:第一,两根精磨矩形导轨平行放置,通过拼接可得到很长的行程,行程可达 20 m 乃至更长,其中的一根导轨可带齿条,为一体式齿条导轨,简化了装置;第二,总共四个滚轮组,每根矩形导轨和两个滚轮组配套;每个滚轮组上装有三个滚轮轴承,不管机器人怎么运动,每个滚轮轴承都只承受径向力,这种受力状况对滚轮轴承来说是最理想的。图 2-52 所示是一个滚轮组的轴承布置情况。

图 2-52　矩形导轨上一个滚轮组的滚轮轴承的布置情况

2) 轮式自由移动式基座

有一些自动化工厂需要物流搬运机器人,而一般工厂的地形环境较好,在这种环境下,采用轮式自由移动式基座的工业机器人较足式和履带式工业机器人效率高,被广泛应用于工业现场。图 2-53 所示的自动导引运输车(automated guided vehicle,AGV)是一种电磁或光学自动导引装置,能够沿规定的导引路径行驶,具有安全保护以及各种移载功能,采用无人驾驶技

图 2-53　自动导引运输车

术,是自动化生产线中运送物料、零部件、刀具等的主要工业机器人,也是智能物流、智能工厂中的关键设备之一,近年来迎来了巨大的发展,在各领域广泛应用。AGV 及其他物流机器人多采用轮式自由移动式基座,根据不同作业任务的要求,配有不同数量的轮子,采用不同的驱动方式。

图 2-54 所示为两轮差速底盘的布置方式,由两个独立驱动的驱动轮实现前进和转向,并增加一个或两个小脚轮作为辅助轮,如图 2-54(a)(b)所示。这类底盘的回转中心在连接两个驱动轮的直线上,有时为了使回转中心与底盘的中心一致,会将驱动轮布置在车体的中间,并在车体的前后两个位置各布置一个或两个辅助轮,如图 2-54(c)(d)所示。

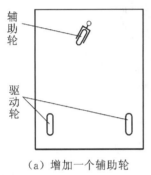
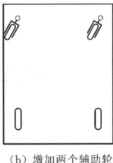
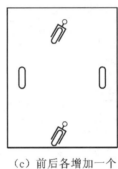
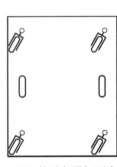

（a）增加一个辅助轮　　（b）增加两个辅助轮　　（c）前后各增加一个　　（d）前后各增加两个
　　　　　　　　　　　　　　　　　　　　　　　　　　　辅助轮　　　　　　　辅助轮

图 2-54　两轮差速底盘的布置方式

　　一些工作需要机器人能够全向移动,即可以在平面内朝着任意方向移动,这时通常会使用全向轮或麦克纳姆轮两种特殊的轮子。图 2-55(a)所示为全向轮,图 2-55(b)所示为麦克纳姆轮的左旋轮和右旋轮。这两种轮子的共同点在于它们都由两大部分组成:轮毂和辊子。轮毂是整个轮子的主体支架,辊子则是安装在轮毂上的鼓状物。全向轮的轮毂轴与辊子转轴相互垂直,而麦克纳姆轮的轮毂轴与辊子转轴成 45°角。理论上,轮毂轴与辊子转轴的夹角可以是任意值,根据不同的夹角可以制作出不同的轮子,但最常用的还是这两种。

（a）全向轮　　　　　　　（b）麦克纳姆轮的左旋轮和右旋轮

图 2-55　全向轮和麦克纳姆轮

　　图 2-56 所示为全向轮底盘的布置方式。可以将三个全向轮分别相隔 120°布置,每个全向轮单独驱动,可以实现全方位移动。也可以用四个全向轮构成四轮全向底盘,每个轮子相互垂

直。四个轮子可以按十字形或 X 形摆放,按十字形摆放的时候构成十字坐标系,不过为了轴向的性能更好,一般按 X 形摆放。

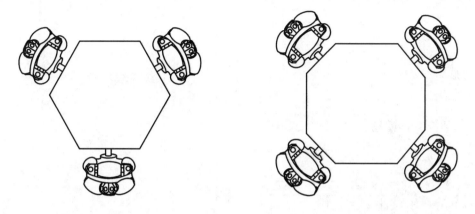

（a）三轮全向底盘　　　　　　　（b）四轮X形布置全向底盘

图 2-56　全向轮底盘的布置方式

麦克纳姆轮底盘一般是四个一组使用,包括两个左旋麦克纳姆轮、两个右旋麦克纳姆轮。左旋轮和右旋轮是手性对称的。麦克纳姆轮的布置安装方式有多种,主要分为 X-正方形、X-长方形、O-正方形、O-长方形几种方式,其中:X 和 O 表示的是与四个轮子地面接触的辊子所形成的图形,即从车底看轮子时辊子形成的图形;正方形与长方形指的是四个轮子与地面接触点所围成的形状。表 2-1 所示为麦克纳姆轮的四种布置方式以及轮子的受力情况。

表 2-1　麦克纳姆轮的布置方式

布置方式	俯视图	逆时针回转时轮子受力情况
X-正方形		
X-长方形		

续表

布置方式	俯视图	逆时针回转时轮子受力情况
O-正方形	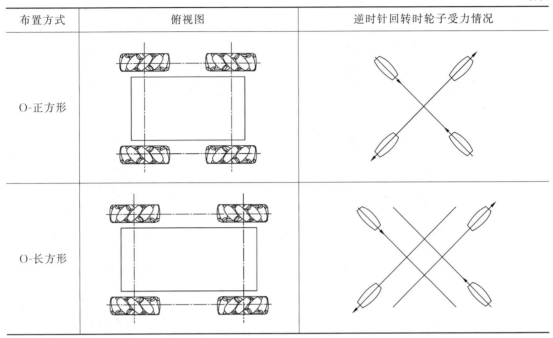	
O-长方形		

由于轮子在转动时,地面只能给轮子沿着辊子轴线方向的摩擦力,因此按上述四种布置方式布置轮子时,全向平移的运动条件均能得到满足,但是按 X-正方形方式布置,机器人在做平面转动时地面给辊子的摩擦力会经过同一个点,所以这种底盘无法主动旋转(绕 Z 轴),也无法主动保持旋转的角度,故一般不会使用这种布置方式。同样,按 X-长方形布置方式布置时,各轮子受到的摩擦力可以使底盘平面上产生转动力矩,但转动力矩的力臂一般会比较短。采用 X-长方形布置方式的也不多见。按 O-正方形布置方式布置时,四个轮子位于正方形的四个顶点,机器人平移和旋转都没有任何问题。但受限于机器人底盘的形状、尺寸等因素,这种安装方式不是很好实现。按 O-长方形布置方式布置,轮子转动时可以产生平面转动力矩,而且转动力矩的力臂也比较长。O-长方形布置方式最为常见。

四轮底盘还有许多常见的布置方式。

图 2-57(a)所示为四轮差速底盘的布置方式,四个轮子分别驱动,转向时轮子会出现打滑现象,因此四轮差速底盘也被称为四轮滑移底盘。这种底盘结构简单,控制也简单,在一些轻载机器人上有应用。

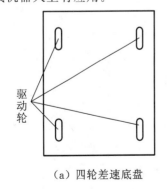

(a) 四轮差速底盘

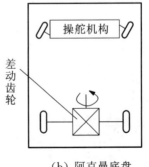

(b) 阿克曼底盘

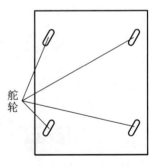

(c) 舵轮全向底盘

图 2-57　四轮底盘的不同布置方式

图 2-57(b)所示为阿克曼底盘的布置方式，即像汽车一样，前轮转向、后轮驱动。采用这种布置方式时底盘结构较复杂，定位控制也没有全向底盘方便，因此这种布置方式用得较少。

图 2-57(c)所示为舵轮全向底盘的布置方式。在这种底盘中，每个轮子都有一个控制方向的舵机和一个驱动轮子的电动机。舵轮全向底盘也称为四轮八驱底盘，是移动速度最快的一种底盘，虽然其结构复杂、成本高，但是目前仍然被许多自动化工厂中的移动机器人采用。

2.3　工业机器人的驱动与传动

2.3.1　机器人的驱动

驱动装置是驱使工业机器人手臂运动的机构。它按照控制系统发出的指令信号，借助动力元件使机器人产生动作，相当于人的肌肉、筋络。机器人常用的驱动方式主要有：电力驱动、液压驱动和气压驱动。

1. 电力驱动

电力驱动是利用电动机产生的力或力矩直接或经过减速机构驱动机器人关节，以获得所需要的位置、速度和加速度。电力驱动系统的优点是能源简单，速度变化范围大，效率高，响应快，信号控制、检测、传输、处理都很方便，速度和位置精度高。电力驱动是目前机器人使用最多的一种驱动方式。一般说来，负载为 100 kg 以下的关节，可优先考虑电力驱动。普通电动机加减速时间较长，适合长时间单方向回转，而机器人关节电动机需要频繁启停和正反转；此外，机器人关节电动机还要求电动机的响应速度快，具有较高的位置精度。因此，通常用在机器人关节上的电动机是伺服电动机和步进电动机。

伺服电动机与伺服驱动器(见图 2-58)共同组成一套伺服系统。伺服驱动器通过接收脉冲信号控制伺服电动机转动；伺服电动机同轴安装有角位移传感器，角位移传感器用来检测伺服电动机的实际转动角度，角度信号被反馈到伺服驱动器，形成闭环控制，实现角位移的精确控制。角位移传感器常采用 17 或 20 位旋转编码器，其具有较高的分辨率。近年来，各知名电气厂商不断优化伺服电动机的产品和系列，多采用永磁同步交流伺服电动机。交流伺服电动机具有许多优点：无电刷和换向器，工作可靠，对维护和保养要求低；惯量小，易于提高系统的快速性；转子电阻大，具有较大的启动转矩。此外，同步交流伺服电动机还具有以下优点：调速范围宽，速度控制稳定，具有一定的过载能力。交流伺服电动机在其额定转速以内都能输出额定转矩，在额定转速以上以恒功率输出。大部分伺服电动机支持位置、速度、转矩全闭环控制，这使得一些智能机器人的控制算法得以实现。

对于性能要求不高的机器人，如直角坐标型机器人，可以采用步进电动机作为关节驱动器。图 2-59 所示是步进电动机和步进电动机驱动器。步进电动机通过控制脉冲数和脉冲频率来控

图 2-58　伺服电动机和伺服驱动器

图 2-59　步进电动机和步进电动机驱动器

制电动机的角位移和角速度。常见的步进电动机步距角为1.8°、0.9°、0.72°、0.36°等,高性能的步进电动机通过细分后步距角可以达到 0.036°,虽然该值与 17 位编码器的脉冲当量 $360°/2^{17}$ $=0.0027°$比还相差很远,但是机电控制系统的设计会综合考虑控制要求和成本等多方面因素。步进电动机也常被一些机电设备选用。步进电动机最大的问题是过载或启动频率过高时会出现丢步或堵转现象,在停止时若转速过高也会出现过冲现象,因此为了保证位置精度,使用步进电动机时要注意加减速时间,这使得采用步进电动机的系统的响应快速性不及采用伺服电动机的系统。

　　不论是伺服电动机还是步进电动机,都具有额定转矩较小而额定转速较高的的特点,因此电动机需要一个大减速比的减速器来匹配机器人关节所需的转矩和转速。在空间比较紧凑的关节位置可以选用力矩电动机。图 2-60 所示为某品牌不同系列力矩电动机,其额定转矩大而转速低,可以实现直接驱动,适用于关节空间受限的场合。此外直接驱动也可避免采用减速器而造成系统精度和刚度不足,更容易实现精确的运动控制。

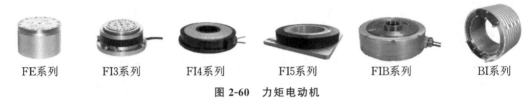

FE系列　　　FI3系列　　　FI4系列　　　FI5系列　　　FIB系列　　　BI系列

图 2-60　力矩电动机

　　机器人的某些关节在停止工作或意外断电时由于重力作用往往不能保持在原位置。可以选用带有制动功能的伺服电动机或在电动机轴上安装制动器来解决此问题。图 2-61 所示是带制动器的伺服电动机,图中电动机与减速器之间的位置用于安装制动器。制动器需要外接直流 24 V 电源及控制信号。有的带制动器的伺服电动机制动线缆和动力线缆从一个接头引出。

　　不论是伺服电动机自带的制动器还是外接制动器,大多都采用电磁制动的方式。电磁制动器的结构如图 2-62 所示。电磁制动器的定子与电动机外壳或电动机安装板通过法兰连接固定,制动器的转子通过带有键槽的转子毂安装在电动机旋转轴上。当定子线圈通电产生电磁吸力时,电枢在电磁吸力的作用下克服转矩弹簧推力向定子侧靠紧,此时转子制动盘与定子、安装板之间都有空隙,可以允许转子随旋转轴旋转;当定子线圈断电时,电磁力消失,电枢在转矩弹簧的作用下压紧转子并靠紧安装板,使得转子和旋转轴无法转动,从而起到制动作用。注意电磁制动器要在启动旋转前打开,停止旋转后开启,否则可能造成放大器过载。

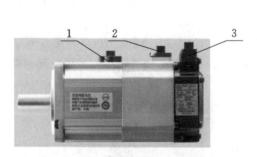

图 2-61　带制动器的伺服电动机外观

1—电动机动力线缆接头;2—机械制动器线缆接头;
3—编码器线缆接头

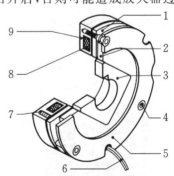

图 2-62　电磁制动器的结构

1—电枢;2—转子;3—转子毂;4—内六角沉头螺栓;
5—安装板;6—导线;7—转矩弹簧;8—线圈;9—定子

动力之源

国产高性能伺服电动机：用"中国大脑"装备中国制造

2021 年中央广播电视总台大型工业纪录片《动力澎湃》再次聚焦华中数控，该纪录片第五集向观众揭示华中数控旗下登奇机电公司所产高性能伺服电机通过制造技术改良和创新性设计突破，成为数控机床高效、精准运转的"动力之源"，为航空航天等重点领域关键产品的生产制造提供了质量保证。

图 2-63 所示为登奇机电公司的高性能伺服电动机。

图 2-63 登奇机电公司的高性能伺服电动机

2. 液压驱动

液压驱动系统通常由油箱、油系、伺服阀、液压缸、液压马达等组成，以压缩油液来驱动执行机构进行工作。液压驱动系统的优点是功率大，可省去减速装置而直接与被驱动的杆件相连，结构紧凑，刚度高，响应快，传动平稳且动作灵敏，耐冲击，耐振动，防爆性好，伺服驱动具有较高的精度。但液压驱动系统需要增设液压源，易产生液体泄漏，对密封的要求较高，不适用于高、低温场合，对制造精度要求较高，成本也较高。图 2-42 所示的工业机器人 Unimate 就是采用液压驱动方式的机器人。在机器人的发展史上有很多构型的液压驱动机器人。电力技术得到发展和应用后，一些小负载的液压驱动机器人逐渐被电力驱动机器人所取代。

液压驱动系统的工作压力一般在 10 MPa 以下，也有工作压力在 16 MPa 以上的高压系统，故液压驱动系统目前多用于大功率，如负载在 100 kg 以上的机器人系统。

3. 气压驱动

气压驱动系统通常由气源、气动控制元件、气动执行元件、气动辅助元件等组成，压缩空气在气动阀的控制下驱动执行机构进行工作。气压驱动系统的优点是获取空气方便，结构简单，动作灵敏，造价低，防火防爆，具有缓冲作用，对环境无影响。但与液压驱动系统相比，气压驱动系统的功率较小，体积大，刚度低，噪声大，速度不易控制，响应慢，动作不平稳，有冲击。气压驱动系统的气源压力一般为 0.3～0.8 MPa，因此适用于要求的抓举力较小的场合。

气压驱动系统多用于精度不高的点位控制机器人，可用于只需要两个定位位置的手臂、手腕关节,以及末端夹持器、吸附器等。图 2-64 所示为一种非标圆柱坐标型气动机器人,可完成升降、回转、伸缩的关节动作,以及手爪开合动作,每个动作只有两个确定性位置,在中间动作过程中只能通过节流阀实现速度控制。实现这类点位控制的气压驱动系统结构简单,若需要更精确的位置控制,系统将更复杂。

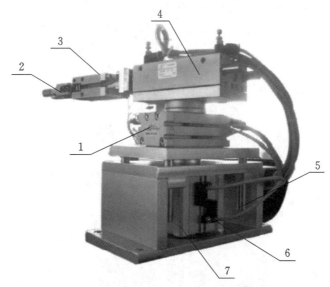

图 2-64　非标圆柱坐标型气动机器人
1—摆动气缸;2—手爪;3—气动手指;4—伸缩气缸;5—升降导柱;6—磁性开关;7—薄型气缸

德国 Festo 公司设计了一款气动轻型仿人手臂协作机器人,如图 2-65 所示。该机器人共有七个关节,包括两个肩关节,一个大臂转关节、一个肘关节、一个小臂转关节、一个腕摆关节和一个手转关节。每个关节由一个气动旋转叶片缸来驱动。为了实现关节位置的精确控制和与人协作的安全性,每个关节还安装了一个绝对值编码器和两个压力传感器,可实现位置控制、刚度调节,并可实现机器与人的协作等。

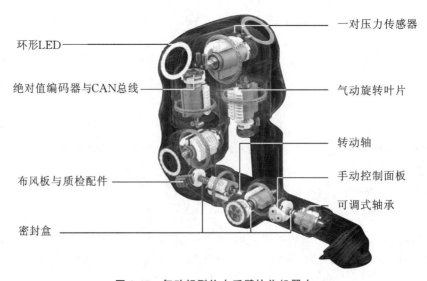

图 2-65　气动轻型仿人手臂协作机器人

2.3.2　机器人的传动

传动机构是能够将驱动装置输出的运动和动力与机器人关节所需的运动和动力进行匹配的部件。工业机器人通常会执行重复的动作，以完成相同的工艺流程。为了确保工业机器人能够可靠地完成工艺任务，保证工艺质量，人们对工业机器人的重复定位精度和定位精度都提出了很高的要求。在保证机器人关节运动精度和可靠性的基础上，还要求工业机器人整机具有良好的快速性和稳定性，为此对传动机构提出以下基本要求：

（1）结构紧凑，即同比体积最小、质量最小；

（2）传动刚度大，即承受力矩作用时变形要小，以提高整机的固有频率，降低整机的低频振动；

（3）回差小，即由正转到反转时空行程要小，以得到较高的位置控制精度；

（4）寿命长、价格低。

由于不同工业机器人的应用场景不同，机器人会采用不同的关节构型布置方式和动力输出方式，这就需要一部分传动机构（如齿轮传动、同步带传动和滚珠丝杠传动机构）对机器人驱动器输出运动的形式和输出轴位置进行变换。同时，还需要另一部分传动机构对驱动器输出的转速和转矩进行变换，这部分传动机构被称为减速器，是工业机器人三大重要部件之一。工业机器人常用减速器的类型有行星减速器、谐波减速器和旋转矢量（rotary vector，RV）减速器。精密减速器以谐波减速器和 RV 减速器为主。下面详细介绍工业机器人中常见的传动方式。

1. 齿轮传动

齿轮传动的作用是：使驱动电动机的转速与低速的机械臂关节回转输出转速，或者输出直线运动的滚珠丝杠装置、齿轮齿条传动装置的转速相匹配；减少外部转动惯量折算到电动机轴上的值；增大主动轴的转矩，同时将驱动电动机与机械臂关节轴相连，实现运动和动力的传递。齿轮传动机构的优点是：瞬时传动比为常数，传动精确；强度大，能承受重载；结构紧凑；摩擦力小，传动效率高。齿轮传动机构的缺点是存在间隙，可能会把附加的非线性引入位置控制环，而且这类非线性只能部分地予以消除，同时齿轮的磨损会引起误差的逐渐扩大。

1）圆柱齿轮传动

圆柱齿轮通常是电动机轴线与关节轴线相对偏置时会采用的传动件。如图 2-26 所示，在 PUMA 562 机器人的腰转关节中，电动机偏置布置，通过两级圆柱齿轮传动，实现了腰关节的回转。

2）内齿轮传动

当回转关节尺寸较大时，使用内齿轮做回转输出可以实现较大的传动比，同时也可使传动较平稳。图 2-66 所示为图 2-30 所示五自由度机器人的腰转关节传动方案。电动机轴线水平布置在机器人基座内，通过一组锥齿轮将运动传递到竖直轴；与大锥齿轮同轴的是一个小圆柱齿轮，该圆柱齿轮与内齿轮啮合，内齿轮实现回转输出。

3）齿轮齿条传动

齿轮齿条传动机构非常简单，在设计时可以根据环境条件选择不同材质、热处理方法、强度及精度。齿轮齿条传动机构被广泛应用于搬运装置等各种直线运动系统。如图 2-67 所示，当六自由度工业机器人需要增加行走轴时，常采用齿轮齿条传动机构配合导轨使用。图 2-68

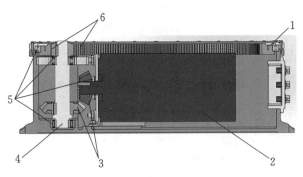

图 2-66　内齿轮在关节中的应用

1—Ⅰ轴;2—Ⅰ轴电动机;3—锥齿轮;4—Ⅱ轴;5—轴承;6—内齿轮

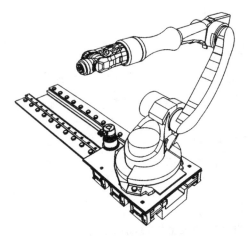

图 2-67　六自由度工业机器人增加行走轴

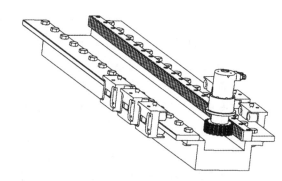

图 2-68　齿轮齿条传动机构

所示是工业机器人所采用的齿轮齿条传动机构的一种方案。装有齿轮的电动机固定在机器人底盘上,齿条与导轨固定在一起,当电动机转动时,就可以带动机器人底盘沿导轨行走。齿轮齿条传动机构的优缺点分别如表 2-2 和表 2-3 所示。

表 2-2　齿轮齿条传动机构的优点

优　点	内　容
构成零件少	因为没有滚珠、护圈等构成零件,降低了装配及分解时零件意外散落的风险
对应高负载	大模数齿条可以用于高载荷场合
可制作成小型机构	比滚珠丝杠系统更易于小型化;轻载时可以实现紧凑式使用
传动效率高	可实现 94%～98%(除搅拌润滑油的阻力和轴承阻力外传动过程中无其他阻力)的高传动效率
进给速度快	小齿轮的直径越大,进给速度就越快
无长度限制	通过连接可以达到大尺度(丝杠受到挠度的影响,一般使用长度都控制在 2 m 以下)

续表

优　点	内　容
有制作自由度	材质、热处理方式、形状等在一定范围内可以自由设计，容易与机械相配合
可实现高精度的制作	通过对齿面做磨削加工，可减小齿距误差
可以使用在食品机械上	可以制作 MC 尼龙或不锈钢的齿条

表 2-3　齿轮齿条传动机构的缺点

缺　点	内　容
有侧隙	顺畅旋转的必需条件就是有侧隙；正反旋转的定位系统中侧隙有可能成为导致定位精度降低的原因
需要润滑	金属制齿条需要润滑，塑料制齿条在轻载下可以无润滑使用，但塑料制齿条的精度低

4）圆锥齿轮传动

圆锥齿轮传动机构用于改变回转轴线的方向。通常，锥齿轮的轴交角为 90°，用于电动机输出轴线与关节轴线成 90°布置的手臂或手腕关节。斜交锥齿轮则可以任意设定锥齿轮的轴角，使电动机的摆放位置更灵活。如图 2-69 所示的手臂关节，电动机布置在手臂内部，与手臂平行，通过一组锥齿轮传动，可实现垂直于手臂的回转输出。

如图 2-70 所示，准双曲面锥齿轮可以实现输入轴与输出轴的空间交叉传动。工业机器人手腕关节布置比较紧凑，特别是第五关节和第六关节。采用高传动比准双曲面锥齿轮既可以实现运动轴线方向的转换，又可以实现大减速比（例如 60∶1 这样的高减速比，一般通过多对齿轮经过数次减速才能达到，采用准双曲面锥齿轮只需一对即可实现），因此，利于实现机器的小型化，同时还可以大幅降低总成本。准双曲面锥齿轮副与蜗杆副相比效率高、滑动少，可实现电动机的低容量化。准双曲面锥齿轮箱的尺寸基本上可以和大齿轮的大径相等，相较于蜗杆副尺寸大幅度减小。图 2-71 所示是准双曲面锥齿轮用在工业机器人的手腕关节处的示例。

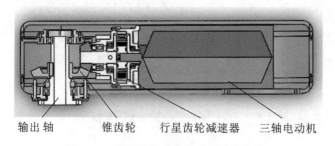

输出轴　　锥齿轮　　行星齿轮减速器　　三轴电动机

图 2-69　采用圆锥齿轮传动的手臂关节

图 2-70　准双曲面锥齿轮

2. 同步带传动

同步带传动是综合平带传动和链传动优点的一种传动方式。同步带的工作面和带轮外周上均制有啮合齿，同步带传动机构通过带齿和轮齿的啮合来实现传动。同步带采用了承载后弹性伸长极小的材料强力层，以保持带的齿距不变，使主、从动带轮能做无滑差的同步传动。一般用途同步带齿形呈梯形，适用于中、小功率传动；高转矩同步带齿形呈圆弧形，适用于大功

图 2-71　准双曲面锥齿轮应用于工业机器人手腕关节处

率场合。在工业机器人上,同步带传动常用于主动轴与从动轴之间存在较大距离的场合,如用于手腕关节的远距离驱动,由同步带把布置在手臂内部的电动机的回转传到机器人末端的手腕回转轴线上,如图 2-72 所示。

同步带传动也可用于主动轴与从动轴之间存在一定角度的场合。如图 2-35 所示,该远距离驱动手腕的关节中同步带传动机构的主动轴与从动轴轴线成 90°夹角。

3. 滚珠丝杠传动

丝杠传动是一种将回转运动转换为直线运动的传动方式。滚珠丝杠副的螺母的螺旋槽里放置了许多滚珠,如图 2-73 所示,因此滚珠丝杠的摩擦力很小且运动响应速度快。工业机器人常采用滚珠丝杠传动。由于滚珠丝杠传动过程中所产生的是滚动摩擦,摩擦力可极大地减小,因此滚珠丝杠副传动效率更高。滚珠丝杠一般具有 90％以上的传动效率,并且消除了普通丝杠传动低速运动时的爬行现象。通过磨削加工可以制作高精度滚珠丝杠;通过设计滚珠丝杠的导程可以实现高速进给;通过多种预紧设计可以消除侧隙,消除回程误差。

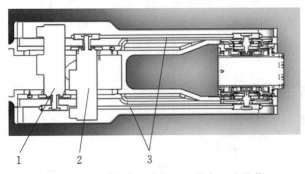

图 2-72　同步带传动应用于机器人手腕关节

1—六轴电动机;2—五轴电动机;3—同步带

图 2-73　滚珠丝杠副

滚珠丝杠副也有一定的缺点,如结构复杂、滚珠容易脱落等,而且由于丝杠容易产生挠曲变形,所以实际使用长度需控制在 2 m 以下。此外,特殊规格和形状的滚珠丝杠制作困难,需要设计机械关节与滚珠丝杠配合使用。

滚珠丝杠副具有传动的可逆性,不能自锁,因此在用于升降传动时,需要采取制动措施。滚珠丝杠副需要用防尘密封圈或防护套密封来防止灰尘及杂质进入其中,需使用润滑剂来提高其耐磨性及传动效率,从而维持其传动精度,延长其使用寿命。

滚珠丝杠副的安装方式有四种,如图 2-74 所示。在工业机器人上滚珠丝杠副主要用于将电动机的回转运动转换为机器人关节的直线运动,常用的安装形式有图 2-74(b)(c)所示的两种。图 2-74(b)中,电动机和丝杠固定,螺母配合导轨做直线运动,该安装方式可用于直角坐标型机器人直线关节(见图 2-75)。图 2-74(c)中,电动机带动螺母回转,丝杠回转运动受到限制,只做直线运动,如图 2-76 所示,SCARA 机器人第三关节为直线关节时即可采用此安装方式。图 2-76 中,第三轴电动机通过同步带将回转运动传递给滚珠螺母,此处的滚珠丝杠不是普通丝杠,而是带有花键槽的丝杠,四轴电动机同样通过同步带将回转运动传递给具有花键内孔的减速器,这样,三轴电动机回转带动滚珠螺母回转,而丝杠受到花键的回转限制,只能做直线运动。如果想要通过四轴电动机回转实现手腕关节回转,则需要第三关节电动机配合回转(这样才可以实现丝杠只做回转运动而不做上下直线运动,从而实现手腕关节回转)。

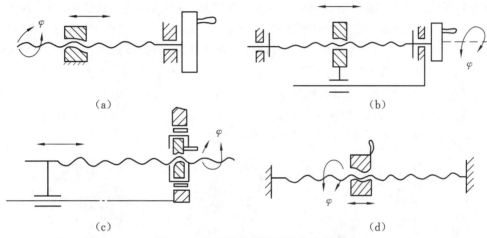

图 2-74 滚珠丝杠副常用的安装方式

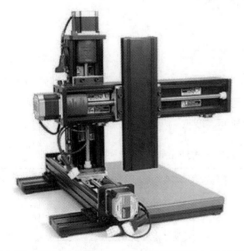

图 2-75 滚珠丝杠副用于直角坐标型机器人直线关节

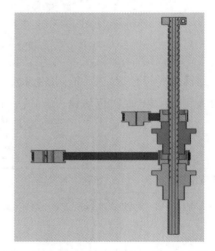

图 2-76 滚珠丝杠副用于 SCARA 机器人直线关节

4. 行星减速器传动

行星减速器是一种齿轮周转轮系,如图 2-77 所示,包括太阳轮、行星轮、行星架等构件。一般以太阳轮作为输入,行星架作为输出构件,通过轮系及齿数的设计,可实现较大减速比,有利于降低工业机器人电动机的转速,同时提高输出力矩,因此具有体积小、质量小的

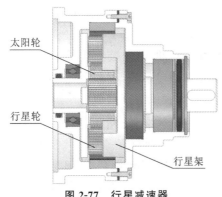

图 2-77　行星减速器

特点。此外行星减速器可实现多个齿同时啮合，因此具有负载能力高、运行平稳、噪声低、寿命长等优点。行星减速器应用于中低精度要求的工业机器人关节。

5. 谐波减速器传动

谐波减速器是利用行星传动原理发展起来的一种新型传动机构，通常用于负载较小的工业机器人。谐波减速器由三个基本构件组成：一个有内齿的刚轮；一个工作时可产生径向弹性变形并带有外齿的柔轮；一个装在柔轮内部、呈椭圆形、外圈带有柔性滚动轴承的波发生器，如图 2-78 所示。波发生器旋转时，迫使柔轮变为椭圆形，使长轴两端附近的齿进入啮合状态；短轴附近的齿则脱开，其余不同区段上的齿处于逐渐啮入状态或逐渐啮出状态。波发生器连续转动时，柔轮的变形部位也随之转动，使轮齿依次进入啮合状态，然后又依次退出啮合状态，从而实现啮合传动。由于啮合齿数较多以及齿的间隙较小，因此谐波减速器具有很高的定位精度。在谐波减速器的三个基本构件中可任意固定一个，其余两个构件中，一个为主动件，一个为从动件，这样即可实现传动。通常为了获得较大的减速比，总是把波发生器作为输入构件，刚轮和柔轮一个固定，另一个作为输出构件。

图 2-78　谐波减速器的结构

假设刚轮齿数 Z_g 为 100，柔轮齿数 Z_r 为 98，当刚轮固定时，波发生器顺时针转一圈，柔轮逆时针转两个齿，此时传动比为 -49。当柔轮固定时，波发生器顺时针转一圈，刚轮则顺时针转 2 个齿，此时传动比为 50。谐波减速器的传动比可用表 2-4 和表 2-5 所示方法进行计算。

表 2-4　刚轮固定时谐波减速器传动比计算

计算步骤	计算内容	刚轮转动圈数	柔轮转动圈数	波发生器转动圈数
(1)	将波发生器固定后，刚轮转一周	1	$\dfrac{Z_g}{Z_r}$	0
(2)	全体上胶后，反向转动一周	-1	-1	-1
(3)	步骤(1)结果＋步骤(2)结果	0	$\dfrac{Z_g}{Z_r}-1$	-1
(4)	传动比 $=\dfrac{-1}{\dfrac{Z_g}{Z_r}-1}=\dfrac{-Z_r}{Z_g-Z_r}=-49$			

表 2-5　柔轮固定时谐波减速器传动比计算

计算步骤	说明	刚轮转动圈数	柔轮转动圈数	波发生器
（1）	将波发生器固定后，刚轮转一周	1	$\dfrac{Z_g}{Z_r}$	0
（2）	全体上胶后，反向转动 $\dfrac{Z_g}{Z_r}$ 周	$-\dfrac{Z_g}{Z_r}$	$-\dfrac{Z_g}{Z_r}$	$-\dfrac{Z_g}{Z_r}$
（3）	步骤（1）结果＋步骤（2）结果	$1-\dfrac{Z_g}{Z_r}$	0	$-\dfrac{Z_g}{Z_r}$
（4）	$传动比 = \dfrac{-\dfrac{Z_g}{Z_r}}{1-\dfrac{Z_g}{Z_r}} = \dfrac{Z_g}{Z_g - Z_r} = 50$			

　　谐波减速器利用刚轮与柔轮的少齿差，实现了大减速比，具有结构紧凑、质量小、精度高的特征。此外，谐波减速器具有较高的扭转刚度和输出转矩，从而可以缩短定位时间，降低旋转过程中的振动。谐波减速器在机器人的回转关节中应用较多，常用于中低负载场合，如工业机器人小臂、腕部和手部关节。

6. RV 减速器传动

　　RV 减速器是在传统的摆线针轮和行星齿轮这两种减速器的基础上发展而来的一种新型传动装置，在关节型工业机器人中得到了广泛应用。如图 2-79 所示，RV 减速器主要由太阳轮（输入轴）、行星轮、转臂（曲柄轴）、摆线轮（RV 齿轮）、针齿壳等零部件组成。RV 减速器具有较高的疲劳强度和刚度以及较长的寿命，齿隙和空程小，高精度机器人传动多采用 RV 减速器。

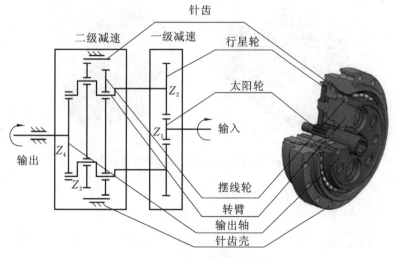

图 2-79　RV 减速器的结构

　　RV 减速器传动的原理是：伺服电动机的旋转从太阳轮传递至行星轮，按太阳轮与行星轮的齿数比进行减速。曲柄轴（即转臂）直接与行星轮相连接，以与行星轮相同的转速旋转。在曲柄轴的偏心部有通过滚针轴承安装的两个 RV 齿轮，两个 RV 齿轮的相互作用力平衡。如果曲柄轴旋转,则安装在偏心部的 RV 齿轮也进行偏心运动。另一方面,在外壳内侧的针齿槽中设有等距离排列的针齿,其数目比 RV 齿轮的齿数多一个。如果曲柄轴旋转一圈,则 RV 齿轮在与针齿接触的同时进行一圈的偏心运动。结果,RV 齿轮沿着与曲柄轴的旋转方向相反的方向旋转一个齿数的距离,如图 2-80 所示。该旋转通过曲柄轴传递至输出轴,得到减速,减速比为针齿数。总减速比为第一级减速比与第二级减速比之积。

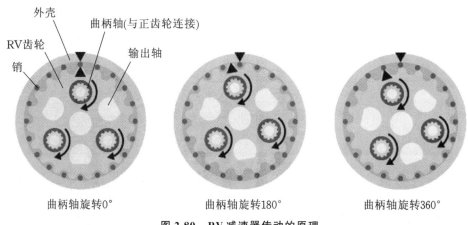

图 2-80　RV 减速器传动的原理

　　RV 减速器刚度高、抗冲击能力强、传动平稳、精度高,适用于中、重载场合,如多关节机器人的基座、大臂、肩部等重负载关节。

　　谐波减速器和 RV 减速器都可以实现小体积大减速比,同时减速器公司还设计出减速器与交流伺服电动机融为一体的产品,使得机械装置规模大幅度减小。此外,减速器可设计成中空结构,中央具有贯通孔的减速器元件内可穿过配线、配管、激光等,可向机械、设备的运转部件提供能源或收发信号。图 2-81 所示为附带伺服电动机的中实型和中空型 RV 减速器。

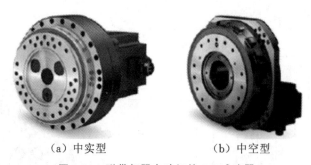

（a）中实型　　　　　　　（b）中空型

图 2-81　附带伺服电动机的 RV 减速器

习　　题

　　1. 工业机器人的取料手有哪几种?它们分别适用于抓取哪种类型的零件?

　　2. 试分析图 2-82 所示取料手的驱动、传动机构,并根据手指特点分析其适合抓取的零件类型。

　　3. 简述机器人对末端执行器快速换接夹具的要求。

　　4. 工业机器人的手腕具有几个自由度?每个自由度的作用是什么?

5. 工业机器人的手臂的作用是什么？图 2-83 为四种机器人的机构简图,请根据机器人手臂关节的布置,分析机器人的坐标系类型。

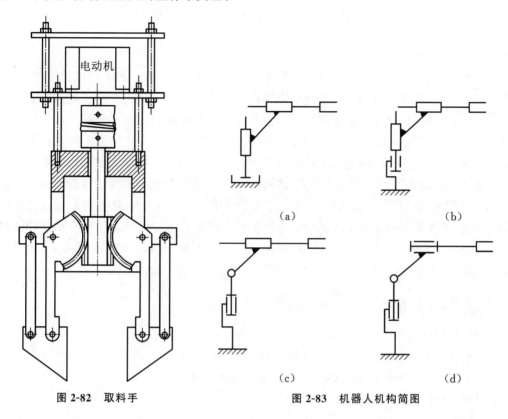

图 2-82　取料手　　　　　　图 2-83　机器人机构简图

6. 移动机器人的行走机构具有轮式、足式、履带式等多种形式,试分析工业机器人多采用轮式行走机构的理由。

7. 工业机器人的驱动方式有哪些？各有什么特点？

8. 试分析并说明常见的工业机器人哪些关节必须具有制动功能。

9. 工业机器人传动机构有哪些基本要求？

10. 试分析齿轮传动机构、滚珠丝杠传动机构、同步带传动机构、谐波减速器、RV 减速器促使驱动器产生动力的方式、动力的大小和方向以及速度等发生了哪些改变。

第3章 机器人运动学与动力学

工业机器人在工作时,会与外部操作对象发生相互作用,它的末端执行器的位姿(位置和姿态)和作用力是实现目标物体抓取或者指定操作的关键。为了使机器人末端执行器能完成指定的操作,必须保证其在空间中的位姿和力在任何时刻都是确定和可控的。这个位姿和力是通过工业机器人各个关节的运动实现的。因此,有必要研究工业机器人末端执行器的位姿与各关节运动之间的关系,或者末端执行器受力与机器人各关节作用力之间的关系。机器人运动学为确定工业机器人运动时其关节、结构尺寸以及位姿变化与末端执行器的位姿之间的关系提供了理论依据和方法。同时,机器人要完成工作任务(如打磨、抛光等),往往还需要给外部施加力,这就需要依靠机器人动力学来解决相关问题。机器人动力学研究如何建立机器人的动态方程,这些方程描述了力、质量、加速度、力矩、惯量、角加速度之间的关系,对机器人运动的仿真、控制方程的设计以及机器人结构和运动的计算都非常重要。

本章学习目标

1)知识目标
(1)掌握工业机器人的正运动学和逆运动学理论知识及应用。
(2)掌握工业机器人的动力学基础理论知识及其应用。

2)能力目标
(1)能够使用工业机器人正运动学方程,确定工业机器人末端执行器在固定坐标系中的位姿。
(2)能够使用工业机器人逆运动学方程,根据机器人末端的位置姿态,计算出机器人对应位置的关节变量。
(3)能够正确应用 D-H 表示法对机器人进行建模并求解。
(4)能够使用拉格朗日方法建立数学模型,求解工业机器人的动力学问题。

3.1 工业机器人的运动学

机器人运动学是描述物体运动状态(如位置、速度、加速度)随时间变化的规律,或物体各运动状态之间相互关系的科学。工业机器人中最为常见的是关节型机器人,是由多个连杆通过旋转或平移运动副连接起来的一种开链结构。其一端固定在基座上,另一端安装有操作工具,即末端执行器,可以实现一定空间范围内的自由运动。机器人运动学从几何的角度描述各杆件的运动规律以及杆件之间的运动关系,不涉及作用力、力矩、质量等影响运动的因素。

出于机器人运动可控性方面的考虑,通常机器人的每个关节只有一个运动自由度。机器人设计者应确保机器人的末端执行器具有若干个可控的自由度。通常,我们基于固定坐标系对机器人末端执行器的位姿进行描述,该固定坐标系一般建立在固定基座上。对于机器人关节的运动,由于关节的数量较多,很难直接得到其在固定坐标系下的描述,因此我们通常基于动坐标系(或称为相对坐标系)来描述机器人的关节运动。该动坐标系一般与关节刚体固连,因此又称为体坐标系或体固系。动坐标系原点建立在关节刚体上的某点处,各轴的指向根据实际情况定义,与关节刚体的关系保持不变。描述机器人关节在动坐标系下的位姿、速度、加速度等的变量称为关节变量。机器人运动学研究的就是机器人末端执行器位姿与关节变量之间的关系,不需要考虑力的影响,只需要考虑机器人各环节的几何性质(如长度和自由度)。机器人末端执行器相对于固定坐标系的空间几何描述(即机器人的运动学问题)是机器人动力学分析和轨迹规划等相关研究的基础。

机器人运动学问题包括正运动学问题和逆运动学问题。正运动学问题即给定机器人各关节变量,计算机器人末端的位姿;逆运动学问题即已知机器人末端的位姿,计算机器人各个关节对应的位姿、速度、加速度等关节变量。一般正运动学问题的解是唯一和容易获得的,而逆运动学问题较为复杂。机器人逆运动学分析是运动规划中的重要环节,但由于机器人逆运动学问题的复杂性和多样性,实际上其涉及非线性超越方程组的求解及解的存在性、唯一性和求解的方法等一系列复杂问题,无法采用通用的解析算法。

本节将研究工业机器人正逆运动学。当已知机器人所有关节的关节变量时,可用正运动学来确定机器人末端的位姿。如果要使机器人末端处在特定的点上并且具有特定的姿态,可利用逆运动学来计算出每一关节变量的值。在多数情况下,工业机器人附有一个末端执行器。末端执行器的大小和长度决定了机器人的末端位置,如果末端执行器的长短不同,那么机器人的末端位置也不同。本章假设机器人的末端是一个平板面,如有必要可在其上附加末端执行器,以后便称该平板面为机器人的"手"或"端面"。如有必要,还可以将末端执行器的长度加到机器人的末端来确定末端执行器的位姿。

下面我们首先利用矩阵建立物体位姿以及运动的表示方法,然后研究直角坐标型、圆柱坐标型以及球坐标型等不同构型机器人的正逆运动学问题,最后推导出机器人所有可能构型的运动学方程。

3.1.1　工业机器人位姿描述

工业机器人一端固定,另一端是自由端,用于安装末端执行器。如果机器人要在空间运动,那么就需要具有三维的结构。以图 3-1 所示的串联式关节型工业机器人为例,其结构为开环链式,末端执行器具有多个自由度。必须知道每一关节变量才能确定机器人末端所处的位姿。即使设定所有的关节变量,也不能确保机器人末端准确地处于给定的位置。因为只要中间的某个关节有丝毫的偏差,该关节之后的所有关节的位置就都会改变,因此之后的所有构件都会发生偏移。必须不断测量所有关节和连杆的参数,或者监控系统的末端,以便确定末端执行器的空间位姿。

坐标变换是机器人运动学的基础,很多轨迹生成方法和控制方案实际上都是围绕坐标变换来设计的。在机器人运动学中,机械手各关节坐标之间、各物体之间以及各物体与机械手之间的关系通过齐次坐标变换来描述。下面我们讨论空间位姿的描述与齐次坐标变换。

机器人每一个连杆都可以看作一个刚体。给定刚体上某一点的位置和该刚体在空中的姿态,则刚体在空间上的位姿是唯一确定的,可用一个位姿矩阵进行描述,该位姿矩阵具有唯一性。

 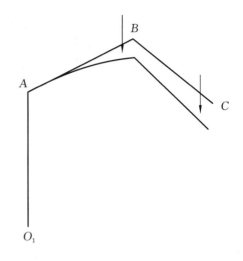

图 3-1　串联式关节型机器人

图 3-2　空间点的位置描述

1. 空间点的位置描述

空间任意一个点 P（见图 3-2）的位置矢量可以用它相对于参考坐标系的 3 个坐标来表示：

$$\boldsymbol{P} = a_x \boldsymbol{i} + b_y \boldsymbol{j} + c_z \boldsymbol{k} \tag{3.1}$$

式中：a_x、b_y、c_z 是参考坐标系中表示该点的坐标，$\boldsymbol{i}$、$\boldsymbol{j}$、$\boldsymbol{k}$ 是参考坐标系的坐标轴的单位方向矢量。其矩阵表示为

$$\boldsymbol{P} = \begin{bmatrix} a_x \\ b_y \\ c_z \end{bmatrix} = \begin{bmatrix} a_x & b_y & c_z \end{bmatrix}^{\mathrm{T}} \tag{3.2}$$

矢量 $\boldsymbol{P}$ 的模为

$$|\boldsymbol{P}| = \sqrt{a_x^2 + b_y^2 + c_z^2} \tag{3.3}$$

上述坐标还可以用一个 4×1 的列阵表示，称为三维空间点 P 的齐次坐标，形如

$$\boldsymbol{P} = \begin{bmatrix} a_x \\ b_y \\ c_z \\ 1 \end{bmatrix} \tag{3.4}$$

齐次坐标并不唯一，例如加入一个不为零的比例因子 ω，a_x、b_y、c_z 各乘以 ω，得到 x、y、z，这时点 P 的坐标可以写为

$$\boldsymbol{P} = \begin{bmatrix} \omega a_x \\ \omega b_y \\ \omega c_z \\ \omega \end{bmatrix} = \begin{bmatrix} x \\ y \\ z \\ \omega \end{bmatrix} = \begin{bmatrix} x & y & z & \omega \end{bmatrix}^{\mathrm{T}} \tag{3.5}$$

这种表示方法称为齐次坐标表示法。一般来说，n 维空间的齐次坐标表示的是一个 $n+1$ 维矢量。变量 ω 可以为任意数，而且随着它的变化，矢量的大小也会发生变化，这与在计算机图形学中缩放一张图片类似。如果 $\omega > 1$，矢量的所有分量都变大；如果 $\omega < 1$，矢量的所有分

量都变小。在机器人的运动学分析中,总是取 $\omega=1$,即各分量的大小保持不变。

如果 $\omega=0$,则 a_x、b_y、c_z 为无穷大,代表一个长度为无穷大的矢量,其方向由该矢量的另外 3 个分量来表示。例如在图 3-3 所示的直角坐标系中:

$[0\ \ 0\ \ 0\ \ \omega]^{\mathrm{T}}$ 表示坐标原点矢量的齐次坐标,ω 为任意非零的值,称为比例系数;

$[1\ \ 0\ \ 0\ \ 0]^{\mathrm{T}}$ 表示指向无穷远处的 x 轴;

$[0\ \ 1\ \ 0\ \ 0]^{\mathrm{T}}$ 表示指向无穷远处的 y 轴;

$[0\ \ 0\ \ 1\ \ 0]^{\mathrm{T}}$ 表示指向无穷远处的 z 轴。

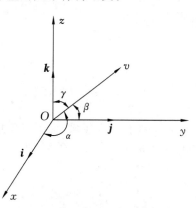

图 3-3　空间坐标轴的方向表示

在图 3-3 所示的直角坐标系空间中,任意矢量的方向通常以列阵 $[a\ \ b\ \ c\ \ 0]^{\mathrm{T}}$ 来表示。其中,$a=\cos\alpha$,$b=\cos\beta$,$c=\cos\gamma$,且 $a^2+b^2+c^2=1$,第 4 个元素 ω 为零。当 ω 不为零时,则该列阵表示空间点的位置。

例 3-1　有一个矢量 $\boldsymbol{P}=1\boldsymbol{i}+2\boldsymbol{j}+3\boldsymbol{k}$,按如下要求将其表示成矩阵形式:

(1) 比例因子为 2;

(2) 将它表示为方向的单位矢量。

解　该矢量可以表示为比例因子为 2 的矩阵;当比例因子为 0 时,则表示方向矢量,所以比例因子为 2 的矩阵和表示方向的矩阵分别为

$$\boldsymbol{P}_2=\begin{bmatrix}2\\4\\6\\2\end{bmatrix},\qquad\boldsymbol{P}_1=\begin{bmatrix}1\\2\\3\\0\end{bmatrix}$$

虽然任意 $\omega=0$ 的齐次坐标列阵 $[x\ \ y\ \ z\ \ 0]^{\mathrm{T}}$ 都可以表示方向,但在机器人运动学计算中需要将方向矢量变为单位矢量,即将该矢量归一化,使之长度等于 1。这样,矢量的每个分量都要除以 3 个分量平方和的开方,即

$$\lambda=\sqrt{x^2+y^2+z^2}=\sqrt{1^2+2^2+3^2}=3.74$$

因此,方向单位矢量的齐次坐标为

$$\boldsymbol{P}_{\mathrm{unit}}=\boldsymbol{P}_1/\lambda=\begin{bmatrix}0.27\\0.53\\0.80\\0\end{bmatrix}$$

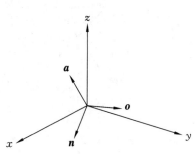

图 3-4　动坐标系与参考坐标系
原点重合时的矢量表示

2. 动坐标系的位姿描述

在工业机器人运动学中,由于刚体相对于固定的参考坐标系的运动描述比较复杂,因此通常引入随刚体运动的动坐标系。常见的动坐标系为自然轴系的直角坐标系。利用固定于物体的坐标系描述刚体的空间方位(位姿)。

一个坐标原点与参考坐标系原点重合的动坐标系可以由 3 个矢量表示(见图 3-4),通常这 3 个矢量相互垂直,并满足右手法则,以符号 $\boldsymbol{n}$、$\boldsymbol{o}$、$\boldsymbol{a}$ 表示,分别称为法向

矢量、方位矢量和接近矢量。每一个矢量都可由它们所在参考坐标系的 3 个分量表示,写成列阵形式分别为

$$\boldsymbol{n} = \begin{bmatrix} n_x \\ n_y \\ n_z \\ 0 \end{bmatrix}, \quad \boldsymbol{o} = \begin{bmatrix} o_x \\ o_y \\ o_z \\ 0 \end{bmatrix}, \quad \boldsymbol{a} = \begin{bmatrix} a_x \\ a_y \\ a_z \\ 0 \end{bmatrix}$$

在工业机器人领域,为了形象地描述机器人的姿态,姿态矩阵 $\boldsymbol{F}$ 可以由 3 个矢量以矩阵的形式表示为

$$\boldsymbol{F} = \begin{bmatrix} n_x & o_x & a_x \\ n_y & o_y & a_y \\ n_z & o_z & a_z \end{bmatrix} \tag{3.6}$$

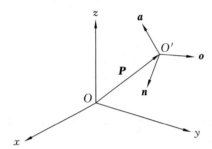

图 3-5　一个坐标系在另一个坐标系中的表示

如果动坐标系原点不在参考坐标系的原点(实际上也可包括在原点的情况),那么该动坐标系的原点相对于参考坐标系的位置也必须表示出来。为此,用由参考坐标系原点出发指向该动坐标系原点的矢量来表示该坐标系的位置,如图 3-5 所示。这个矢量由相对于参考坐标系的 3 个矢量来表示。因此,传统工业机器人的位姿一般可用矩阵 $\boldsymbol{F}$ 表示:

$$\boldsymbol{F} = \begin{bmatrix} \boldsymbol{n} & \boldsymbol{o} & \boldsymbol{a} & \boldsymbol{P} \end{bmatrix} = \begin{bmatrix} n_x & o_x & a_x & p_x \\ n_y & o_y & a_y & p_y \\ n_z & o_z & a_z & p_z \\ 0 & 0 & 0 & 1 \end{bmatrix} \tag{3.7}$$

式(3.7)中的矩阵有 4 列,前 3 列是 3 个方向矢量,表示该坐标系的 3 个单位矢量 $\boldsymbol{n}$、$\boldsymbol{o}$、$\boldsymbol{a}$ 的方向,而第 4 列表示动坐标系原点在参考坐标系中的位置。与单位矢量不同,矢量 $\boldsymbol{P}$ 的长度十分重要,因而采用的比例因子为 1。动坐标系也可以用一个没有比例因子的 3×4 矩阵表示,但这种方法不常用。

例 3-2　如图 3-6 所示的坐标系 $\{O'\}$,其原点位于参考坐标系中点 $(3,5,7)$ 处,两个坐标系的坐标轴之间的关系如下:n 轴与 x 轴平行,o 轴与 y 轴的夹角为 $45°$,a 轴与 z 轴的夹角为 $45°$。求该坐标系在参考坐标系中的位姿矩阵。

解　由空间关系可知,a 轴与 x 轴的夹角为 $90°$,a 轴与 y 轴的夹角为 $135°$,a 轴与 z 轴的夹角为 $45°$。

位姿矩阵的第一列可表示为

$$\begin{bmatrix} a_x & a_y & a_z & 0 \end{bmatrix}^{\mathrm{T}} = \begin{bmatrix} \cos 90° & \cos 135° & \cos 45° & 0 \end{bmatrix}^{\mathrm{T}}$$
$$= \begin{bmatrix} 0 & -0.707 & 0.707 & 0 \end{bmatrix}^{\mathrm{T}}$$

同理可得

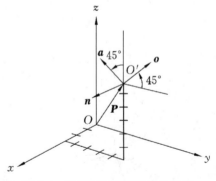

图 3-6　坐标系在空间的表示举例

$$[n_x \quad n_y \quad n_z \quad 0]^T = [1 \quad 0 \quad 0 \quad 0]^T$$
$$[o_x \quad o_y \quad o_z \quad 0]^T = [0 \quad 0.707 \quad 0.707 \quad 0]^T$$

由坐标系原点在参考坐标系中的坐标为

$$[P_x \quad P_y \quad P_z \quad 1]^T = [3 \quad 5 \quad 7 \quad 1]^T$$

则坐标系的位姿矩阵可以表示为

$$\boldsymbol{F} = \begin{bmatrix} 1 & 0 & 0 & 3 \\ 0 & 0.707 & -0.707 & 5 \\ 0 & 0.707 & 0.707 & 7 \\ 0 & 0 & 0 & 1 \end{bmatrix}$$

3. 刚体的位姿描述

一个物体在空间的表示可以这样实现：在它上面固连一个动坐标系，再将该固连的动坐标系在空间表示出来。由于动坐标系一直固连在该物体上，所以该物体相对于动坐标系的位姿是已知的。因此，只要动坐标系可以在空间表示出来，那么这个物体相对于固定坐标系的位姿也就可以确定了，如图 3-7 所示。如前所述，空间坐标系的位姿可以用矩阵表示，其中坐标原点以及相对于参考坐标系表示该坐标系姿态的 3 个矢量也可以由该矩阵表示出来。于是刚体在固定坐标系中的位姿可以表示为

$$\boldsymbol{F} = [\boldsymbol{n} \quad \boldsymbol{o} \quad \boldsymbol{a} \quad \boldsymbol{P}] = \begin{bmatrix} n_x & o_x & a_x & p_x \\ n_y & o_y & a_y & p_y \\ n_z & o_z & n_z & p_z \\ 0 & 0 & 0 & 1 \end{bmatrix} \tag{3.8}$$

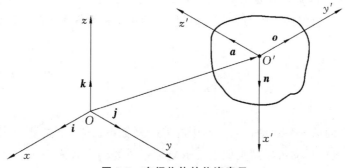

图 3-7 空间物体的位姿表示

空间中的一个点只有 3 个自由度，它只能沿 3 个参考坐标轴移动。但在空间中的一个刚体有 6 个自由度，也就是说，它不仅可以沿着 x、y、z 轴移动，而且还可绕这 3 个轴转动。因此，要准确地定义空间中的物体，需要用 6 个独立的变量来描述物体动坐标系的原点在参考坐标系中相对于 3 个参考坐标轴的位置，以及物体关于这 3 个坐标轴的姿态。而在式 (3.8) 中，第 4 行为固定不变的参数，前 3 行的 12 个变量则用于描述物体的位姿。其中前 3 列的 9 个变量为姿态量，表示物体的姿态。第 4 列的 3 个变量为位置量，表示物体的空间位置。显然，在该位姿描述矩阵中必定存在一定的约束条件，将上述变量数限制为 6。因此，需要用 6 个约束方程将 12 个变量减少到 6 个。这些约束条件来自于目前尚未利用的已知的坐标系特性：

（1）矢量 **n**、**o**、**a** 相互垂直。

（2）每个单位矢量的长度必须为 1。

我们可以根据以上特性列出以下六个约束方程：

（1）$\boldsymbol{n} \cdot \boldsymbol{a} = 0$；

（2）$\boldsymbol{n} \cdot \boldsymbol{o} = 0$；

（3）$\boldsymbol{o} \cdot \boldsymbol{a} = 0$；

（4）$|\boldsymbol{n}| = 1$；

（5）$|\boldsymbol{o}| = 1$；

（6）$|\boldsymbol{a}| = 1$。

只有上述约束方程成立时，物体的位姿才能用式(3.8)表示。

上述约束方程中的前三个方程可以用三个矢量的叉乘形式来代替：

$$\boldsymbol{n} \times \boldsymbol{o} = \boldsymbol{a} \tag{3.9}$$

3.1.2 齐次变换与齐次变换矩阵

在进行工业机器人运动学的计算时，一般将描述机器人的位姿矩阵写成方阵形式，如 3×3 或 4×4 的矩阵，其原因如下：首先，方阵的逆运算要比长方形矩阵的逆运算容易得多。其次，进行叉乘计算的两个长方形矩阵的维数必须匹配，即第一个矩阵的列数必须与第二个矩阵的行数相同，而两个方阵的叉乘则无这个要求。由于在机器人位姿求解过程中，要以不同顺序将多个矩阵进行连乘，因此，为了计算的简便应采用方阵。

如果一个矩阵中既有姿态变量又有位置变量，那么可在矩阵中加入比例因子使之成为 4×4 的矩阵。如果矩阵中只有姿态变量，则可去掉比例因子，得到 3×3 的矩阵，或加入第四列全为 0 的位置数据以保持矩阵为方阵，这样形成的矩阵称为齐次矩阵，可以表示为

$$\boldsymbol{F} = \begin{bmatrix} n_x & o_x & a_x & p_x \\ n_y & o_y & a_y & p_y \\ n_z & o_z & n_z & p_z \\ 0 & 0 & 0 & 1 \end{bmatrix} \tag{3.10}$$

变换定义为空间的一个运动。当空间中的一个坐标系（或一个矢量、一个物体）相对于参考坐标系运动时，这一运动可以用类似于表示坐标系位姿的方式来表示。这是因为变换本身就是用坐标系状态的变化来表示的。表示变换的矩阵称为变换矩阵。一般刚体的变换可以分为如下三种形式：刚体的平移、刚体绕轴的转动（旋转）、刚体的一般运动（平移与旋转的结合）。相应地，变换矩阵也可分为三类。

为了表述的简便，下面将固定的参考坐标系简称为定系，将动坐标系简称为动系。变换就是动系相对定系的运动。

1. 纯平移变换的表示

如果空间的一个坐标系（或物体）在空间以不变的姿态运动，那么该坐标系（动系）的运动就是纯平移。在这种运动状态下，它的方向单位矢量保持不变。所有的改变只是动系原点相对于定系的变化，如图 3-8 所示。

相对于定系的新的坐标系的位置可以用动系的原点位置矢量加上位移矢量求得。若采用

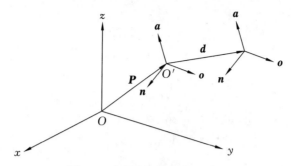

图 3-8　空间纯平移变换的表示

矩阵形式,新坐标系的位姿矩阵可以通过动系矩阵左乘变换矩阵得到。由于在纯平移中方向矢量不改变,因此变换矩阵可以简单地表示为

$$T = \begin{bmatrix} 1 & 0 & 0 & d_x \\ 0 & 1 & 0 & d_y \\ 0 & 0 & 1 & d_z \\ 0 & 0 & 0 & 1 \end{bmatrix} \tag{3.11}$$

式中:d_x、d_y、d_z 分别是平移矢量 d 相对于参考坐标系 x、y、z 轴的分量。

可以看到,矩阵的前三列表示没有旋转运动,而最后一列表示平移运动。新的坐标系位姿为

$$F_{\text{new}} = \begin{bmatrix} 1 & 0 & 0 & d_x \\ 0 & 1 & 0 & d_y \\ 0 & 0 & 1 & d_z \\ 0 & 0 & 0 & 1 \end{bmatrix} \times \begin{bmatrix} n_x & o_x & a_x & p_x \\ n_y & o_y & a_y & p_y \\ n_z & o_z & a_z & p_z \\ 0 & 0 & 0 & 1 \end{bmatrix} = \begin{bmatrix} n_x & o_x & a_x & p_x + d_x \\ n_y & o_y & a_y & p_y + d_y \\ n_z & o_z & a_z & p_z + d_z \\ 0 & 0 & 0 & 1 \end{bmatrix} \tag{3.12}$$

这个方程也可以表示为

$$F_{\text{new}} = \text{Trans}(d_x, d_y, d_z) \times F_{\text{old}} \tag{3.13}$$

$\text{Trans}(d_x, d_y, d_z)$ 称为平移算子。算子左乘,表示相对定系进行坐标变换;算子右乘,表示相对动系进行坐标变换。方向矢量经过纯平移后保持不变。但是,新的坐标系的位置是矢量 d 和 P 相加的结果。

进行纯平移变换时,新坐标系的位姿矩阵可通过动系矩阵左乘变换矩阵得到(这种方法对于所有的变换都成立)。新矩阵的维数和变换前相同。

例 3-3　在例 3-2 中的坐标系 $\{O'\}$ 沿参考坐标系的 x 轴移动 2 个单位,沿 y 轴移动 3 个单位,沿 z 轴移动 4 个单位。求新的坐标系位姿。

解　由例 3-2 可知坐标系 $\{O'\}$ 的位姿矩阵为

$$F = \begin{bmatrix} 1 & 0 & 0 & 3 \\ 0 & 0.707 & -0.707 & 5 \\ 0 & 0.707 & 0.707 & 7 \\ 0 & 0 & 0 & 1 \end{bmatrix}$$

由式(3.15)可求得新的坐标系位姿矩阵为

$$F_{\text{new}} = \text{Trans}(d_x, d_y, d_z) \times F_{\text{old}} = \text{Trans}(9, 0, 5) \times F_{\text{old}}$$

$$F = \begin{bmatrix} 1 & 0 & 0 & 2 \\ 0 & 1 & 0 & 3 \\ 0 & 0 & 1 & 4 \\ 0 & 0 & 0 & 1 \end{bmatrix} \times \begin{bmatrix} 1 & 0 & 0 & 3 \\ 0 & 0.707 & -0.707 & 5 \\ 0 & 0.707 & 0.707 & 7 \\ 0 & 0 & 0 & 1 \end{bmatrix}$$

$$= \begin{bmatrix} 1 & 0 & 0 & 5 \\ 0 & 0.707 & -0.707 & 8 \\ 0 & 0.707 & 0.707 & 11 \\ 0 & 0 & 0 & 1 \end{bmatrix}$$

坐标系的平移变换矩阵计算具有如下规律：

（1）两个平移矩阵的乘积依然是平移矩阵（即满足封闭性）。

（2）平移矩阵相乘遵循结合律和交换律。

由规律（2）得到平移矩阵的一个重要结论：平移变换的结果与变换顺序无关。

2. 绕轴纯旋转变换的表示

刚体的旋转运动是指在刚体运动过程中，其上某一点的位置始终不发生变化。旋转变换也是一种特殊的刚体变换形式。为简化绕轴旋转的推导，首先假设动系原点与定系的原点、动系的各坐标轴与定系的各坐标轴分别重合。之后将计算结果推广到其他的旋转以及旋转的组合。

假设动系 $\{O'\}$ 位于定系 $\{O\}$ 的原点，动系绕定系的 x 轴旋转一个角度 θ；再假设动系上有一点 P 相对于定系的坐标为 (P_x, P_y, P_z)，相对于动系的坐标为 (P_n, P_o, P_a)。当动系绕 x 轴旋转时，点 P 也随动系一起旋转。旋转前，点 P 在两个坐标系中的坐标是相同的；旋转后，点 P 在动系中的坐标保持不变，但在定系中的坐标却改变了，如图 3-9 所示。现在要求的是点 P 相对于定系的新坐标。

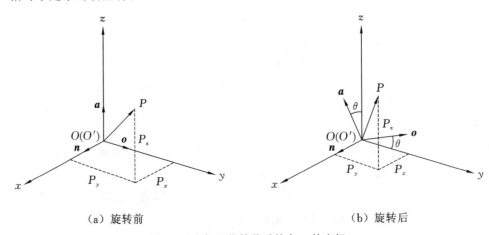

（a）旋转前　　　　　　　　　　　　（b）旋转后

图 3-9　坐标系旋转前后的点 P 的坐标

由图 3-10 可以看出，动系绕 x 轴转动，P_x 不变，而 P_y 和 P_z 却改变了。可以证明：

$$\begin{cases} P_x = P_n \\ P_y = l_1 - l_2 = P_o\cos\theta - P_a\sin\theta \\ P_z = l_3 + l_4 = P_o\sin\theta + P_a\cos\theta \end{cases} \tag{3.14}$$

写成矩阵形式为

$$\begin{bmatrix} P_x \\ P_y \\ P_z \end{bmatrix} = \begin{bmatrix} 1 & 0 & 0 \\ 0 & \cos\theta & -\sin\theta \\ 0 & \sin\theta & \cos\theta \end{bmatrix} \begin{bmatrix} P_n \\ P_o \\ P_a \end{bmatrix} \tag{3.15}$$

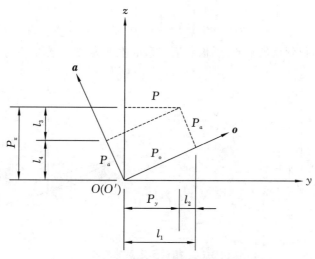

图 3-10　动系绕定系 x 轴旋转时的点 P 的坐标

可见,为了得到在定系中的坐标,必须将动系中的点 P 的坐标(或矢量 $\boldsymbol{P}$)左乘一个旋转矩阵。这个旋转矩阵只适用于绕定系的 x 轴做纯旋转变换的情况,它可表示为

$$\boldsymbol{P}_{xyz} = \mathrm{Rot}(x,\theta)\boldsymbol{P}_{noa} \tag{3.16}$$

在式(3.15)中,旋转矩阵的第一列表示相对于 x 轴的位置,其值为(1,0,0),表示沿 x 轴的坐标没有改变。

为简化书写,本书用符号 $c\theta$ 表示 $\cos\theta$,用 $s\theta$ 表示 $\sin\theta$。因此,旋转矩阵也可写为

$$\mathrm{Rot}(x,\theta) = \begin{bmatrix} 1 & 0 & 0 \\ 0 & c\theta & -s\theta \\ 0 & s\theta & c\theta \end{bmatrix} \tag{3.17}$$

可用同样的方法来分析动系绕定系的 y 轴和 z 轴旋转的情况,可以证明相应的旋转矩阵分别为

$$\mathrm{Rot}(y,\theta) = \begin{bmatrix} c\theta & 0 & s\theta \\ 0 & 1 & 0 \\ -s\theta & 0 & c\theta \end{bmatrix}, \quad \mathrm{Rot}(z,\theta) = \begin{bmatrix} c\theta & -s\theta & 0 \\ s\theta & c\theta & 0 \\ 0 & 0 & 1 \end{bmatrix} \tag{3.18}$$

为便于理解不同坐标系间的关系,将变换矩阵 $\mathrm{Rot}(x,\theta)$ 表示为 ${}^U\boldsymbol{T}_R$(读作:坐标系 R 相对于坐标系 U 的变换),将 $\boldsymbol{P}_{noa}$ 表示为 ${}^R\boldsymbol{P}$(点 P 相对于坐标系 R 的坐标),将 $\boldsymbol{P}_{xyz}$ 表示为 ${}^U\boldsymbol{P}$(点 P 相对于坐标系 U 的坐标),因此式(3.16)可简化为

$$ {}^U\boldsymbol{P} = {}^U\boldsymbol{T}_R \times {}^R\boldsymbol{P} \tag{3.19}$$

绕单个轴的旋转变换称为基本旋转变换。任何旋转变换均可以由有限个基本旋转变换合成得到。

例 3-4　动系中有一点 $P(2,3,4)$,将动系绕定系的 x 轴旋转 $90°$,求旋转后点 P 相对于定系的坐标,并用图解法检验结果。

解　由于点 P 固连在动系中，因此点 P 相对于动系的坐标在旋转前后保持不变。该点相对于定系的坐标为

$$\begin{bmatrix} P_x \\ P_y \\ P_z \end{bmatrix} = \begin{bmatrix} 1 & 0 & 0 \\ 0 & c\theta & -s\theta \\ 0 & s\theta & c\theta \end{bmatrix} \begin{bmatrix} P_n \\ P_o \\ P_a \end{bmatrix} = \begin{bmatrix} 1 & 0 & 0 \\ 0 & 0 & -1 \\ 0 & 1 & 0 \end{bmatrix} \begin{bmatrix} 2 \\ 3 \\ 4 \end{bmatrix} = \begin{bmatrix} 2 \\ -4 \\ 3 \end{bmatrix}$$

如图 3-11 所示，得到旋转后点 P 相对于定系的坐标为 $(2,-4,3)$。

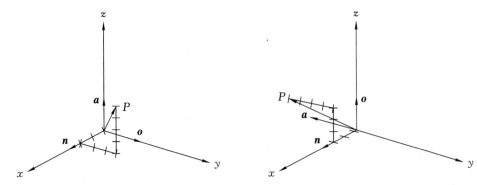

图 3-11　相对于定系的旋转

旋转变换（矩阵）具有以下性质：

（1）旋转矩阵的逆矩阵也是旋转矩阵，且互为转置，即 $\boldsymbol{R}^{-1} = \boldsymbol{R}^{\mathrm{T}}$。

（2）两个旋转矩阵的乘积依然是旋转矩阵。

（3）旋转矩阵的相乘遵循结合律，但不遵循交换律。

（4）对于任意空间矢量 $\boldsymbol{A}$ 和旋转矩阵 $\boldsymbol{R}$，矢量 $\boldsymbol{B} = \boldsymbol{RA}$ 与 $\boldsymbol{A}$ 有相同的模，即旋转变换不改变矢量的模的大小。

3. 复合变换的表示

刚体的任意运动也称为一般运动，其对应的复合变换可以看成由定系或动系的一系列沿轴平移和绕轴旋转变换所组成的。任何变换都可以分解为按一定顺序发生的一组平移和旋转变换。变换的顺序很重要，如果改变变换的顺序，得到的结果可能会完全不同。

为了探讨如何处理复合变换，假定动系 $\{O_1\}$ 相对于定系 $\{O_2\}$ 依次进行了三次变换：

（1）绕 x 轴旋转 α 角度；

（2）分别相对 x、y、z 轴平移 l_1、l_2、l_3；

（3）绕 y 轴旋转 β 角度。

点 $\boldsymbol{P}_{noa}$ 固定在动系上，初始状态下动系的原点与定系的原点重合。动系相对定系旋转或者平移时，坐标系中的点 $\boldsymbol{P}_{noa}$ 相对于定系的坐标也会随之改变。第一次变换后，点 $\boldsymbol{P}_{noa}$ 相对于定系的坐标 $\boldsymbol{P}_{1,xyz}$ 可表示为

$$\boldsymbol{P}_{1,xyz} = \mathrm{Rot}(x,\alpha) \times \boldsymbol{P}_{noa} \tag{3.20}$$

第二次变换后，该点相对于参考坐标系的坐标为

$$\boldsymbol{P}_{2,xyz} = \mathrm{Trans}(l_1,l_2,l_3) \times \boldsymbol{P}_{1,xyz} = \mathrm{Trans}(l_1,l_2,l_3) \times \mathrm{Rot}(x,\alpha) \times \boldsymbol{P}_{noa}$$

第三次变换后，该点相对于参考坐标系的坐标为

$$\boldsymbol{P}_{xyz} = \boldsymbol{P}_{3,xyz} = \mathrm{Rot}(y,\beta) \times \boldsymbol{P}_{2,xyz}$$

$$= \mathrm{Rot}(y,\beta) \times \mathrm{Trans}(l_1,l_2,l_3) \times \mathrm{Rot}(x,\alpha) \times \boldsymbol{P}_{noa}$$

综上可见,点的齐次变换运算遵循以下规律:

(1) 每次变换后点相对于定系的新坐标都是通过该点的原坐标左乘变换矩阵得到的(矩阵的顺序不能改变)。

(2) 相对于定系变换时,都是左乘变换矩阵;相对于动系变换时,都是右乘变换矩阵。

(3) 矩阵书写的顺序和进行变换的顺序正好相反。

(4) 齐次变化矩阵的逆也是齐次变换矩阵。

(5) 两个齐次变换矩阵的乘积也是齐次变换矩阵。

(6) 齐次变换矩阵相乘时遵循结合律,但一般不遵循交换律。

例 3-5　固连在动系上的点 $P(7,3,2)$ 依次经历如下变换:

(1) 绕 z 轴旋转 $90°$;

(2) 绕 y 轴旋转 $90°$;

(3) 沿定系的三个轴平移 $(4,-3,7)$。

试求变换后该点相对于定系的坐标。

解　表示该变换的矩阵方程为

$$\boldsymbol{P}_{xyz}=\text{Trans}(4,-3,7)\text{Rot}(y,90)\text{Rot}(z,90)\boldsymbol{P}$$

$$=\begin{bmatrix}1&0&0&4\\0&1&0&-3\\0&0&1&7\\0&0&0&1\end{bmatrix}\times\begin{bmatrix}0&0&1&0\\0&1&0&0\\-1&0&0&0\\0&0&0&1\end{bmatrix}\times\begin{bmatrix}0&-1&0&0\\1&0&0&0\\0&0&1&0\\0&0&0&1\end{bmatrix}\times\begin{bmatrix}7\\3\\2\\1\end{bmatrix}=\begin{bmatrix}6\\4\\10\\1\end{bmatrix}$$

动坐标系每次变换后的位置如图 3-12 所示,最后 P 点在定系上的坐标为 $(6,4,10)$。

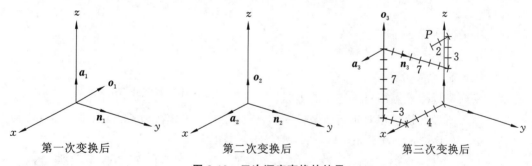

图 3-12　三次顺序变换的结果

在例 3-5 中,假定点 P 经历相同变换,但变换按如下不同顺序进行:

(1) 绕 z 轴旋转 $90°$;

(2) 沿定系的三个轴平移 $(4,-3,7)$;

(3) 绕 y 轴旋转 $90°$。

则变换后点 P 相对于定系的坐标矩阵方程为

$$\boldsymbol{P}_{xyz}=\text{Rot}(y,90)\text{Trans}(4,-3,7)\text{Rot}(z,90)\boldsymbol{P}$$

$$=\begin{bmatrix}0&0&1&0\\0&1&0&0\\-1&0&0&0\\0&0&0&1\end{bmatrix}\times\begin{bmatrix}1&0&0&4\\0&1&0&-3\\0&0&1&7\\0&0&0&1\end{bmatrix}\times\begin{bmatrix}0&-1&0&0\\1&0&0&0\\0&0&1&0\\0&0&0&1\end{bmatrix}\times\begin{bmatrix}7\\3\\2\\1\end{bmatrix}=\begin{bmatrix}9\\4\\-1\\1\end{bmatrix}$$

不难发现,尽管所有的变换与例3-5完全相同,但由于变换的顺序变了,该点最终坐标完全不同。从图3-13可以看出,第一次变换后坐标系的变化与前例相同,但第二次变换后结果就完全不同了,这是由于相对于定系的平移使得动系向外移动了。第三次变换时,该坐标系绕定系y轴旋转,因此向下旋转了。

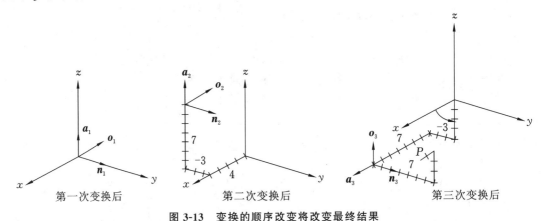

第一次变换后　　　　　　　第二次变换后　　　　　　　第三次变换后

图 3-13　变换的顺序改变将改变最终结果

4. 相对于动系的变换表示

到目前为止,我们讨论的都是相对于定系的变换。也就是说,所有平移、旋转和距离都是相对于定系的轴来测量的。点也可以做相对于动系的变换,例如,绕动系的 n 轴旋转。为计算点的坐标相对定系的变化,需要右乘变换矩阵。

例 3-6　假设与例 3-5 中相同的点 P 现在进行相同的变换,但所有变换都是相对动系进行的,具体变换如下:

(1) 绕 a 轴旋转 90°;

(2) 分别沿 n、o、a 轴平移 4、−3、7;

(3) 绕 o 轴旋转 90°。

试求变换完成后该点相对于定系的坐标。

解　因为所做变换是相对于当前坐标系的,因此右乘变换矩阵,可得表示该坐标的方程为

$$P_{xyz} = \text{Rot}(a, 90)\text{Trans}(4, -3, 7)\text{Rot}(o, 90)P_{noa}$$

$$= \begin{bmatrix} 0 & -1 & 0 & 0 \\ 1 & 0 & 0 & 0 \\ 0 & 0 & 1 & 0 \\ 0 & 0 & 0 & 1 \end{bmatrix} \times \begin{bmatrix} 1 & 0 & 0 & 4 \\ 0 & 1 & 0 & -3 \\ 0 & 0 & 1 & 7 \\ 0 & 0 & 0 & 1 \end{bmatrix} \times \begin{bmatrix} 0 & 0 & 1 & 0 \\ 0 & 1 & 0 & 0 \\ -1 & 0 & 0 & 0 \\ 0 & 0 & 0 & 1 \end{bmatrix} \times \begin{bmatrix} 7 \\ 3 \\ 2 \\ 1 \end{bmatrix} = \begin{bmatrix} 0 \\ 6 \\ 0 \\ 1 \end{bmatrix}$$

结果与前例完全不同,因为所做变换是相对于不同坐标系的。

例 3-7　已知定系 $\{A\}$,动系 $\{B\}$。动系中的点 P 的坐标为 $(1,2,3)$,其依次做如下运动:

(1) 绕 x 轴旋转 90°;

(2) 沿 n 轴平移 3;

(3) 绕 y 轴旋转 90°;

(4) 沿 o 轴平移 5。

试写出描述该运动的方程,并求点 P 相对于定系的坐标。

解　在本例中,相对定系以及当前坐标系的运动是交替进行的。由四个运动依次得到四

个矩阵：

$$\boldsymbol{R}_1 = \mathrm{Rot}(X,90) = \begin{bmatrix} 1 & 0 & 0 & 0 \\ 0 & 0 & -1 & 0 \\ 0 & 1 & 0 & 0 \\ 0 & 0 & 0 & 1 \end{bmatrix}, \quad \boldsymbol{P}_2 = \mathrm{Trans}(0,0,3) = \begin{bmatrix} 1 & 0 & 0 & 3 \\ 0 & 1 & 0 & 0 \\ 0 & 0 & 1 & 0 \\ 0 & 0 & 0 & 1 \end{bmatrix}$$

$$\boldsymbol{R}_3 = \mathrm{Rot}(Y,90) = \begin{bmatrix} 0 & 1 & 0 & 0 \\ -1 & 0 & 0 & 0 \\ 0 & 0 & 1 & 0 \\ 0 & 0 & 0 & 1 \end{bmatrix}, \quad \boldsymbol{P}_4 = \mathrm{Trans}(0,5,0) = \begin{bmatrix} 1 & 0 & 0 & 0 \\ 0 & 1 & 0 & 5 \\ 0 & 0 & 1 & 0 \\ 0 & 0 & 0 & 1 \end{bmatrix}$$

矩阵运算依次为左乘、右乘、左乘、右乘，于是可得变换矩阵：

$$^A\boldsymbol{T}_B = \boldsymbol{R}_3 \boldsymbol{R}_1 \boldsymbol{P}_2 \boldsymbol{P}_4$$

代入具体的矩阵并将它们相乘，得到：

$$^A\boldsymbol{T}_B = \begin{bmatrix} 0 & 0 & -1 & 0 \\ -1 & 0 & 0 & -3 \\ 0 & 1 & 0 & 5 \\ 0 & 0 & 0 & 1 \end{bmatrix}$$

点 P 在参考坐标系中的位置为

$$^A\boldsymbol{P} = {}^A\boldsymbol{T}_B \times {}^B\boldsymbol{P} = \begin{bmatrix} 0 & 0 & -1 & 0 \\ -1 & 0 & 0 & -3 \\ 0 & 1 & 0 & 5 \\ 0 & 0 & 0 & 1 \end{bmatrix} \begin{bmatrix} 1 \\ 2 \\ 3 \\ 1 \end{bmatrix} = \begin{bmatrix} -3 \\ -4 \\ 7 \\ 1 \end{bmatrix}$$

总之，利用齐次坐标变换可以描述刚体的位置和姿态。刚体上的点在定系中的位置可以由齐次变换矩阵乘以该点在定系中的初始位置获得。齐次变换使齐次坐标做移动、旋转、透视等几何变换。绕定系的齐次变换需要左乘对应的变换矩阵，矩阵次序与变换次序相反。绕动系的齐次变换需要右乘对应的变换矩阵。如图3-14 所示，齐次变换矩阵可以分为四个区域，分别代表着旋转、平移、透视和缩放变换。

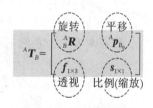

图 3-14　齐次变换矩阵

3.1.3　工业机器人的连杆参数与齐次变换矩阵

工业机器人运动学研究的是机器人杆件的尺寸、运动副类型、杆件之间的相互关系（包括位移关系、速度关系和加速度关系等），不考虑使杆件产生运动时施加的力。常见的串联工业机器人也可以看成由一系列刚体（通常称作连杆）通过关节连接而成。一般来说，工业机器人有几个关节，就有几个自由度。由 n 个关节构成的机器人，就可以看作用 n 个单自由度的关节把 $n-1$ 个连杆连接而形成的。一般从基座开始对连杆进行编号，称固定基座为连杆 0，第一个可动连杆为连杆 1⋯⋯依此类推。

关节分为转动关节和移动关节，这里主要讨论常用的转动关节。如何去描述机器人尺寸、位姿等复杂的几何特征呢？方法是在操作臂的每个连杆上各设置一个连杆坐标系，然后描述这些连杆坐标系之间的关系。相邻两个连杆的相对运动关系就可以由连杆的参数和动坐标系之间的矩阵运算得到。如图 3-15 所示，连杆 n 和连杆 $n+1$ 为相邻连杆，通过关节 $n+1$ 连接。关节 n 和关节 $n+2$ 与其他连杆连接。

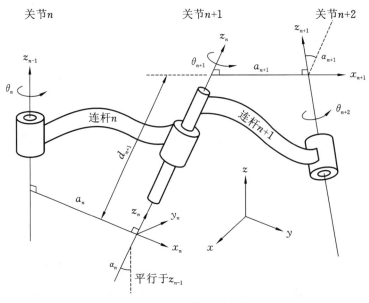

图 3-15　连杆的关系参数

单个连杆（第 n 个）的几何特征可以通过两个参数来描述：连杆长度（a_n）和连杆扭转角（α_n）。

连杆长度：连杆两端的关节的轴线的公垂线长度。图 3-15 中连杆 n 的长度为 a_n。

连杆扭转角：连杆两端的关节的两个轴线的平面夹角。图 3-15 中，将关节轴 z_{n-1} 或关节轴 z_n 沿着两者的公垂线平移，使两者相交，构成一个平面，在平面内使用右手定则从轴 z_{n-1} 绕公垂线 x_n 转向轴 z_n 的夹角，即为连杆 n 的扭转角，记作 α_n。

将两个连杆连接在一起，不需要考虑特别复杂的因素，同样只需要掌握两个参数：连杆偏距（d_{n+1}）和关节角（θ_{n+1}）。这两个参数完全确定了两个连杆之间的连接方式。两个连杆连接在一起，有三个关节、两条公垂线。

连杆偏距：相邻两条公垂线之间的距离。图 3-15 中，连杆 n 和连杆 $n+1$ 的偏距为 d_{n+1}。

关节角：相邻两条公垂线的夹角。图 3-15 中，连杆 n 和连杆 $n+1$ 的关节角为 θ_{n+1}。

每个连杆可以由上述四个参数来描述。连杆长度和连杆扭转角是连杆自身参数，连杆偏距和关节角表示相邻两个连杆之间的连接关系。对于旋转关节，关节角 θ_{n+1} 为关节变量，其他三个参数为不变量；对于滑动关节，连杆偏距 d_{n+1} 为关节变量，其他三个参数为不变量。

坐标系 $\{i\}$ 可以视为由坐标系 $\{i-1\}$ 进行一系列的平移、旋转变换得到。在图 3-15 中，坐标系 $\{n+1\}$ 可以看作由坐标系 $\{n\}$ 经过如下的变换得到：

（1）令坐标系 $\{n\}$ 绕 z_n 轴旋转 θ_{n+1} 角，使 x_n 与 x_{n+1} 平行，算子为 $\mathrm{Rot}(z,\theta_{n+1})$。

（2）沿 z_n 轴平移 d_{n+1}，使 x_n 与 x_{n+1} 重合，算子为 $\mathrm{Trans}(0,0,d_{n+1})$。

（3）沿 x_n 轴平移 a_{n+1}，使两个坐标系原点重合，算子为 $\mathrm{Trans}(a_{n+1},0,0)$。

（4）绕 x_n 轴旋转 α_{n+1} 角，使两个坐标系重合，算子为 $\mathrm{Rot}(x,\alpha_{n+1})$。

由此可以得到两个坐标系之间的变换矩阵 A_n 为

$$A_n = \text{Rot}(z,\theta_{n+1})\text{Trans}(0,0,d_{n+1})\text{Trans}(a_{n+1},0,0)\text{Rot}(x,\alpha_{n+1})$$

$$= \begin{bmatrix} c\theta_{n+1} & -s\theta_{n+1} & 0 & 0 \\ s\theta_{n+1} & c\theta_{n+1} & 0 & 0 \\ 0 & 0 & 1 & 0 \\ 0 & 0 & 0 & 1 \end{bmatrix} \begin{bmatrix} 1 & 0 & 0 & 0 \\ 0 & 1 & 0 & 0 \\ 0 & 0 & 1 & d_{n+1} \\ 0 & 0 & 0 & 1 \end{bmatrix} \begin{bmatrix} 1 & 0 & 0 & a_{n+1} \\ 0 & 1 & 0 & 0 \\ 0 & 0 & 1 & 0 \\ 0 & 0 & 0 & 1 \end{bmatrix} \begin{bmatrix} 1 & 0 & 0 & 0 \\ 0 & c\alpha_{n+1} & -s\alpha_{n+1} & 0 \\ 0 & s\alpha_{n+1} & c\alpha_{n+1} & 0 \\ 0 & 0 & 0 & 1 \end{bmatrix}$$

$$= \begin{bmatrix} c\theta_{n+1} & -s\theta_{n+1}c\alpha_{n+1} & s\theta_{n+1}s\alpha_{n+1} & a_{n+1}c\theta_{n+1} \\ s\theta_{n+1} & c\theta_{n+1}c\alpha_{n+1} & -c\theta_{n+1}s\alpha_{n+1} & a_{n+1}s\theta_{n+1} \\ 0 & s\alpha_{n+1} & c\alpha_{n+1} & d_{n+1} \\ 0 & 0 & 0 & 1 \end{bmatrix}$$

$$(3.21)$$

上述变换矩阵看似非常复杂,但在实际的计算中,多数的机器人连杆参数为特殊值,如通常会遇到 $\alpha_{n+1}=0,d_n=0$ 的情况,此时变换矩阵就可以大大简化。

3.1.4　工业机器人的运动学方程

假设有一个构型已知的机器人,即它的所有连杆长度和关节角度都是已知的,那么求计算机器人位姿的过程就称为正运动学分析过程。换言之,如果已知所有机器人关节变量,用正运动学方程就能计算任一瞬间机器人的位姿。然而,要想使机器人达到一个期望的位姿,就必须知道机器人的每一个连杆的长度和关节的角度,这时就要进行逆运动学分析,也就是说,要设法找到这些正运动学方程的逆,求得所需的关节变量。事实上,逆运动学方程更为重要,机器人的控制器将用这些方程来计算关节值,并以此来控制机器人运行,使其到达期望的位姿。下面将首先推导机器人的正运动学方程,然后利用这些方程来求逆运动学方程。

对于机器人正运动学,必须推导出一组与机器人特定构型有关的方程,将有关的关节和连杆变量代入这些方程就能计算出机器人的位姿。

如前所述,为了确定一个刚体在空间的位姿,须在物体上固连一个坐标系,然后描述该坐标系的原点位置和它三个轴的姿态,总共需要六个变量来完整地定义该物体的位姿。同理,如果要确定机器人在空间的位姿,也必须在机器人上固连一个坐标系并确定机器人坐标系的位姿。根据机器人连杆和关节的构型配置,可用一组特定的方程来建立机器人末端坐标系和参考坐标系之间的联系。图 3-16 所示为机器人末端坐标系、参考坐标系以及它们的相对位姿。两个坐标系之间的关系与机器人的构型有关。当然,机器人可能有许多不同的构型,后面将介绍如何根据机器人的构型来推导出与这两个坐标系相关的方程。

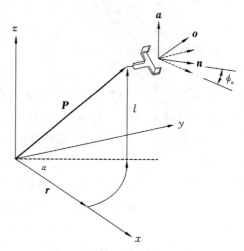

图 3-16　机器人末端坐标系
相对于参考坐标系的位姿

为使过程简化,可分别分析位置和姿态问题,首先推导出位置方程,然后再推导出姿态方程,再将两者结合在一起而形成一组完整的方程。

1. 正逆运动学位置方程

机器人的定位可以通过相对于任何惯用坐标系的运动变换来实现。例如:基于直角坐标系对空间的一个点定位,要通过三个关于 x、y、z 轴的线性运动变换实现;如果用球坐标系来定位,就需要通过一个线性运动变换和两个旋转运动变换来实现。

1) 直角坐标型机器人

直角坐标型机器人所有的驱动机构都是线性的(比如液压活塞、线性动力丝杠),这时机器人手的定位是通过三个线性关节分别沿三个轴的运动来完成的,如图 3-17 所示。

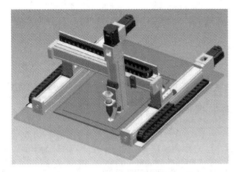

如果没有旋转运动,则表示运动的变换矩阵是简单的平移变换矩阵(注意这里只涉及坐标系原点的定位,而不涉及姿态)。在直角坐标系中,表示机器人末端位置的正运动学变换矩阵为

$$^{R}\boldsymbol{T}_P = \boldsymbol{T}_{\mathrm{cart}} = \begin{bmatrix} 1 & 0 & 0 & P_x \\ 0 & 1 & 0 & P_y \\ 0 & 0 & 1 & P_z \\ 0 & 0 & 0 & 1 \end{bmatrix} \quad (3.22)$$

图 3-17　直角坐标型机器人

式中:$^{R}\boldsymbol{T}_P$ 为末端坐标系原点 P 在定系中的位置矩阵;$\boldsymbol{T}_{\mathrm{cart}}$ 为直角坐标变换矩阵。对于逆运动学的求解,只需简单地设定期望的位置等于 P。

例 3-8　要求直角坐标系机器人末端上的坐标系原点 P 在定系中的位置为 $(3,4,7)$,计算所需要的坐标运动。

解　由式(3.22)及期望的位置可得:

$$^{R}\boldsymbol{T}_P = \begin{bmatrix} 1 & 0 & 0 & P_x \\ 0 & 1 & 0 & P_y \\ 0 & 0 & 1 & P_z \\ 0 & 0 & 0 & 1 \end{bmatrix} = \begin{bmatrix} 1 & 0 & 0 & 3 \\ 0 & 1 & 0 & 4 \\ 0 & 0 & 1 & 7 \\ 0 & 0 & 0 & 1 \end{bmatrix}$$

2) 圆柱坐标型机器人

圆柱坐标型机器人采用两个滑动关节和一个旋转关节来确定部件的位置,再附加一个旋转关节来确定部件的姿态。这种机器人可以绕中心轴旋转一个角,作业范围可以扩大,且计算简单;直线部分可采用液压驱动,以输出较大的动力;能够伸入机器内部。但是,它的末端执行器可以到达的空间受到限制,不能到达近立柱或近地面的空间;直线驱动器部分难以密封、防尘。

以图 3-18 所示的圆柱坐标型机器人为例,其末端坐标系原点为点 P,初始状态下末端动系与定系平行。假定其运动顺序为:先沿 x 轴移动 r,再绕 z 轴旋转 α 角,最后沿 z 轴移动 l。这三个变换建立了末端坐标系与定系之间的联系。由于这些变换都是相对定系的坐标轴进行的,因此由这三个变换所

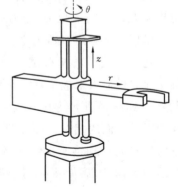

图 3-18　圆柱坐标型机器人

产生的总变换可以通过依次左乘每一个矩阵而求得：

$$^R\boldsymbol{T}_P = \boldsymbol{T}_{\text{cyl}}(r,\alpha,l) = \text{Trans}(0,0,l)\,\text{Rot}(z,\alpha)\,\text{Trans}(r,0,0)$$

$$= \begin{bmatrix} 1 & 0 & 0 & 0 \\ 0 & 1 & 0 & 0 \\ 0 & 0 & 1 & l \\ 0 & 0 & 0 & 1 \end{bmatrix} \begin{bmatrix} c\alpha & -s\alpha & 0 & 0 \\ s\alpha & c\alpha & 0 & 0 \\ 0 & 0 & 1 & 0 \\ 0 & 0 & 0 & 1 \end{bmatrix} \begin{bmatrix} 1 & 0 & 0 & r \\ 0 & 1 & 0 & 0 \\ 0 & 0 & 1 & 0 \\ 0 & 0 & 0 & 1 \end{bmatrix} \tag{3.23}$$

即

$$^R\boldsymbol{T}_P = \boldsymbol{T}_{\text{cyl}} = \begin{bmatrix} c\alpha & -s\alpha & 0 & rc\alpha \\ s\alpha & c\alpha & 0 & rs\alpha \\ 0 & 0 & 1 & l \\ 0 & 0 & 0 & 1 \end{bmatrix} \tag{3.24}$$

式(3.24)中前三列表示末端坐标系的姿态,最后一列对应点 P 的位置。

实际上,可以通过绕末端动系中的轴(假设为 a 轴)旋转 $-\alpha$ 角,使其回转到和初始状态平行的状态,这种变换可以用圆柱坐标矩阵右乘旋转矩阵表示,其结果是,该坐标系仍处在同一位置,但其坐标轴再次平行于定系坐标轴,如下所示:

$$\boldsymbol{T}_{\text{cyl}} \times \text{Rot}(z,-\alpha) = \begin{bmatrix} c\alpha & -s\alpha & 0 & rc\alpha \\ s\alpha & c\alpha & 0 & rs\alpha \\ 0 & 0 & 1 & l \\ 0 & 0 & 0 & 1 \end{bmatrix} \times \begin{bmatrix} c(-\alpha) & -s(-\alpha) & 0 & 0 \\ s(-\alpha) & c(-\alpha) & 0 & 0 \\ 0 & 0 & 1 & 0 \\ 0 & 0 & 0 & 1 \end{bmatrix} = \begin{bmatrix} 1 & 0 & 0 & rc\alpha \\ 0 & 1 & 0 & rs\alpha \\ 0 & 0 & 1 & l \\ 0 & 0 & 0 & 1 \end{bmatrix}$$

需注意的是,最后的旋转是绕动系的 a 轴进行的,其目的是不引起坐标系位置的任何改变,而只改变姿态。

例 3-9　假设要将圆柱坐标型机器人末端坐标系的原点设置在点(3,4,7),计算该机器人的关节变量。

解　根据式(3.24),将末端坐标系原点的位置分量设置为期望值,可以得到:

$$\begin{cases} l = 7 \\ rc\alpha = 3 \\ rs\alpha = 4 \end{cases}$$

于是有

$$\tan\alpha = \frac{4}{3}, \quad \alpha = 53.1°, \quad r = 5$$

最终结果是

$$r = 5, \quad \alpha = 53.1°, \quad l = 7$$

应注意:必须确保在机器人运动学计算过程中角度位于正确的象限。在例 3-9 中,请注意 $rc\alpha$ 和 $rs\alpha$ 都是正的,并且 r 也是正的,这样角度 α 便在第一象限,且为 53.1°。

3) 球坐标型机器人

球坐标型机器人采用球坐标系,它用一个滑动关节和两个旋转关节来确定部件的位置,再用一个附加的旋转关节确定部件的姿态。这种机器人可以绕中心轴旋转,中心支架附近的工作范围大,两个转动驱动装置容易密封,覆盖的工作空间较大。但球坐标复杂,机器人运动难以控制,且直线驱动装置仍存在密封及工作死区的问题。如图 3-19 所示,球坐标型机器人可实现的运动由一个线性运动和两个旋转运动组成。假设其运动顺序为:先沿 z 轴平移 r,最后

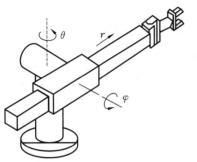

图 3-19　球坐标型机器人

绕 y 轴旋转 β，最后绕 z 轴旋转 γ。这三个变换建立了机器人末端坐标系与定系之间的联系。由于这些变换都是相对定系来完成的，因此由这三个变换所产生的总变换可以通过依次左乘矩阵求得：

$$^R T_P = T_{\mathrm{sph}}(r,\beta,\gamma) = \mathrm{Rot}(z,\gamma)\mathrm{Rot}(y,\beta)\mathrm{Trans}(0,0,\gamma) \tag{3.25}$$

$$^R T_P = \begin{bmatrix} c\gamma & -s\gamma & 0 & 0 \\ s\gamma & c\gamma & 0 & 0 \\ 0 & 0 & 1 & 0 \\ 0 & 0 & 0 & 1 \end{bmatrix} \times \begin{bmatrix} c\beta & 0 & s\beta & 0 \\ 0 & 1 & 0 & 0 \\ -s\beta & 0 & c\beta & 0 \\ 0 & 0 & 0 & 1 \end{bmatrix} \times \begin{bmatrix} 1 & 0 & 0 & 0 \\ 0 & 1 & 0 & 0 \\ 0 & 0 & 1 & r \\ 0 & 0 & 0 & 1 \end{bmatrix}$$

$$^R T_P = T_{\mathrm{sph}} = \begin{bmatrix} c\beta \cdot c\gamma & -s\gamma & s\beta \cdot c\gamma & rc\beta \cdot c\gamma \\ c\beta \cdot s\gamma & c\gamma & s\beta \cdot s\gamma & rs\beta \cdot s\gamma \\ -s\beta & 0 & c\beta & rc\beta \\ 0 & 0 & 0 & 1 \end{bmatrix} \tag{3.26}$$

　　式(3.26)前三列表示了经过一系列变换后的动系的姿态，而最后一列则表示了末端坐标系原点的位置。

　　球坐标型工业机器人的逆运动学方程通常比直角坐标型和圆柱坐标型机器人的逆运动学方程更复杂，因为两个角度 β 和 γ 是耦合的。下面通过一个例子来说明如何求解球坐标机器人的逆运动学方程。

　　例 3-10　假设要将球坐标型机器人末端坐标系原点放在 $(3,4,7)$，试计算机器人的关节变量。

　　解　根据式(3.26)，将末端坐标系原点的位置分量设置为期望值，可以得到：

$$\begin{cases} rs\beta c\gamma = 3 \\ rs\beta s\gamma = 4 \\ rc\beta = 7 \end{cases}$$

由第三个方程，我们得出 $c\beta$ 是正数，但不能确定 $s\beta$ 的正负。将前两个方程彼此相除，可得：

$$\tan\gamma = \frac{4}{3}$$

故　　　　　　　　　　　　　$\gamma = 53.1°$ 或　$\gamma = 233.1°$

　　当 $\gamma = 53.1°$ 时，有　　　　$s\gamma = 0.8$，　$c\gamma = 0.6$，　$\gamma s\beta = \dfrac{3}{0.6} = 5$

　　又因为 $\gamma c\beta = 7$，可解得　　　　　$\beta = 35.5°$，　$\gamma = 8.6$

　　当 $\gamma = 233.1°$ 时，可解得　　　　　$\beta = -35.5°$，　$\gamma = 8.6$

　　对这两组解进行检验，证实这两组解都能使所有的位置方程成立。如果沿给定的三维坐标轴旋转相应角度，在物理上的确能到达同一点。然而必须注意，其中只有一组解能满足姿态方程。换句话说，按这两种解运动，机器人末端将到达同样的位置，但会呈现出不同的姿态。实际上，由于不能对三自由度的机器人指定姿态，所以无法确定两个解中哪一个和特定的姿态有关。

4）关节坐标型机器人

关节坐标型机器人的关节全都是旋转的,类似于人的手臂。如图 3-20 所示,机器人的运动由三个旋转运动组成。关节坐标型机器人的运动学方程此处不做讨论,后面在介绍 D-H 表示法时会详细分析。

2. 姿态的正逆运动学方程

假设固连在机器人末端执行器上的动系已经运动到期望的位置上,但其姿态并不是所期望的,下一步是要在不改变位置的情况下,适当地旋转坐标系而使其达到所期望的姿态。合适的旋转顺序取决于工业机器人的关节构型配置方式,即机器人手腕的设计以及其关节装配在一起的方式。常见的工业机器人关节构型配置方式有以下三种:

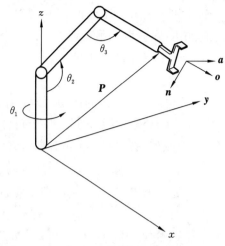

图 3-20　关节坐标型机器人

（1）RPY（R 指滚动角,P 指俯仰角,Y 指偏转角）构型;

（2）欧拉角构型;

（3）链式构型。

其中,链式关节具有三个旋转自由度,其旋转角度范围取决于关节的设计。在后面讨论 D-H 表示法时将介绍链式关节矩阵的推导,这里介绍前两种。

1）PRY 构型的工业机器人姿态的正逆运动学方程

机器人末端已被放在一个期望的位置上,只需要通过旋转使其调整到所期望的姿态,所以机器人的旋转运动都是相对于当前的运动轴的。滚动角、俯仰角和偏航角分别指绕 a、o、n 轴的三个旋转角度,如图 3-21 所示。绕 a 轴的旋转角度 ϕ_a 称为滚动角;绕 o 轴的旋转角度 ϕ_o 称为俯仰角;绕 n 轴的旋转角度 ϕ_n 称为偏航角。

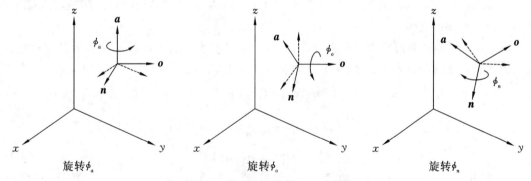

旋转ϕ_a　　　　　　　　旋转ϕ_o　　　　　　　　旋转ϕ_n

图 3-21　绕当前坐标轴的 RPY 旋转

表示 RPY 姿态变化的矩阵为

$$RPY(\phi_a,\phi_o,\phi_n)=Rot(a,\phi_a)Rot(o,\phi_o)Rot(n,\phi_n)$$

$$=\begin{bmatrix} c\phi_a c\phi_o & c\phi_a s\phi_o s\phi_n-s\phi_a c\phi_n & c\phi_a s\phi_o c\phi_n+s\phi_a s\phi_n & 0 \\ c\phi_a c\phi_o & c\phi_a s\phi_o s\phi_n+c\phi_a c\phi_n & s\phi_a s\phi_o c\phi_n-c\phi_a s\phi_n & 0 \\ -c\phi_o & c\phi_o s\phi_n & c\phi_o c\phi_n & 0 \\ 0 & 0 & 0 & 1 \end{bmatrix} \quad (3.27)$$

这个矩阵表示了仅由 RPY 旋转引起的姿态变化。机器人末端的最终位姿矩阵由位置变化矩阵与 RPY 矩阵相乘得到。假设一个球坐标型机器人采用 RPY 构型配置,那么这个机器人的末端位姿矩阵就可以表示为

$$^R\boldsymbol{T}_H = \boldsymbol{T}_{sph}(r,\beta,\gamma) \times RPY(\phi_a,\phi_o,\phi_n)$$

RPY 构型的机器人的逆运动学方程的求解比球坐标型机器人的运动学方程更复杂,因为这里有三个耦合角,需要知道这三个角各自的正、余弦值才能解出这个方程。而为解出这三个角的正、余弦值,必须将这些角解耦。因此,用 $Rot(a,\phi_a)$ 的逆左乘方程(3.27)两边,得:

$$Rot(a,\phi_a)^{-1}RPY(\phi_a,\phi_o,\phi_n) = Rot(o,\phi_o)Rot(n,\phi_n) \tag{3.28}$$

假设通过 RPY 旋转得到的期望姿态是用动系坐标矩阵来表示的,则有

$$Rot(a,\phi_a)^{-1}\begin{bmatrix} n_x & o_x & a_x & 0 \\ n_y & o_y & a_y & 0 \\ n_z & o_z & a_z & 0 \\ 0 & 0 & 0 & 1 \end{bmatrix} = Rot(o,\phi_o),Rot(n,\phi_n) \tag{3.29}$$

进行矩阵相乘后得:

$$\begin{bmatrix} n_x c\phi_a + n_y s\phi_a & o_x c\phi_a + o_y s\phi_a & a_x c\phi_a + a_y s\phi_a & 0 \\ n_y c\phi_a - n_x s\phi_a & o_y c\phi_a - o_x s\phi_a & a_y c\phi_a - a_x s\phi_a & 0 \\ n_z & o_z & a_z & 0 \\ 0 & 0 & 0 & 1 \end{bmatrix}$$
$$= \begin{bmatrix} c\phi_o & s\phi_o s\phi_n & s\phi_o c\phi_n & 0 \\ 0 & c\phi_n & -s\phi_n & 0 \\ -s\phi_o & c\phi_o s\phi_n & c\phi_o c\phi_n & 0 \\ 0 & 0 & 0 & 1 \end{bmatrix} \tag{3.30}$$

式(3.29)中的 n_z、o_z、a_z 分量表示了最终的期望值,它们通常是给定或已知的,而 RPY 旋转角的值是未知的变量。

令式(3.30)左右两边对应的元素相等,可以求出机器人末端绕 a、o、n 三轴的转动角度。

根据式(3.30)左右两边第 2 行、第 1 列对应元素相等,得:

$$n_y c\phi_a - n_x s\phi_a = 0$$

解得

$$\tan\phi_a = \frac{n_y}{n_x}$$
$$\phi_a = Atan2(n_y,n_x) \tag{3.31}$$

同理,根据式(3.30)左右两边第 3 行、第 1 列元素和第 1 行、第 1 列元素分别对应相等,得:

$$s\phi_o = -n_z$$
$$c\phi_o = n_x c\phi_a + n_y s\phi_a$$

解得

$$\tan\phi_o = \frac{-n_z}{n_x c\phi_a + n_y s\phi_a}$$
$$\phi_o = A\tan2(-n_z,n_x c\phi_a + n_y s\phi_a) \tag{3.32}$$

根据式(3.30)左右两边第 2 行、第 2 列元素和第 2 行、第 3 列元素分别对应相等,得:

$$c\phi_n = o_y c\phi_a - o_x s\phi_a$$
$$s\phi_n = -a_y c\phi_a + a_x s\phi_a$$

解得
$$\phi_n = A\tan2(-a_y c\phi_a + a_x s\phi_a, o_y c\phi_a - o_x s\phi_a) \tag{3.33}$$

例 3-11　下面给出了一个直角坐标-RPY 型工业机器人末端所期望的最终位姿,求滚动角、俯仰角、偏航角和位移。

$$^R\boldsymbol{T}_P = \begin{bmatrix} n_x & o_x & a_x & p_x \\ n_y & o_y & a_y & p_y \\ n_z & o_z & a_z & p_z \\ 0 & 0 & 0 & 1 \end{bmatrix} = \begin{bmatrix} 0.354 & -0.674 & 0.649 & 4.33 \\ 0.505 & 0.722 & 0.475 & 2.50 \\ -0.788 & 0.160 & 0.595 & 8 \\ 0 & 0 & 0 & 1 \end{bmatrix}$$

解　根据式(3.31)~(3.33)得:

$$\phi_a = \tan2(n_y, n_x) = A\tan2(0.505, 0.354)$$
$$\phi_o = A\tan2(-n_z, n_x c\phi_a + n_y s\phi_a) = A\tan2(0.788, 0.616)$$
$$\phi_n = A\tan2(-a_y c\phi_a + a_x s\phi_a, o_y c\phi_a - o_x s\phi_a) = A\tan2(0.259, 0.966)$$

得到两组解:

$$\begin{cases} \phi_a = 55° \\ \phi_o = 52° , \\ \phi_n = 15° \end{cases} \quad \begin{cases} \phi_a = 235° \\ \phi_o = 128° \\ \phi_n = 195° \end{cases}$$

位移为
$$p_x = 4.33, \quad p_y = 2.5, \quad p_z = 8$$

例 3-12　机器人位姿与例 3-11 中一样,如果机器人是圆柱坐标-RPY 型,求所有关节变量。

解

$$^R\boldsymbol{T}_P = \begin{bmatrix} 0.354 & -0.674 & 0.649 & 4.33 \\ 0.505 & 0.722 & 0.475 & 2.50 \\ -0.788 & 0.160 & 0.595 & 8 \\ 0 & 0 & 0 & 1 \end{bmatrix} = \boldsymbol{T}_{cyl}(r, \alpha, l) \times \mathrm{RPY}(\phi_a, \phi_o, \phi_n)$$

这个方程右边有 4 个旋转角度,即 α、ϕ_a、ϕ_o、ϕ_n,它们是耦合的,必须将它们解耦。但是,因为相对于圆柱坐标系 z 轴旋转 ϕ_a 角并不影响 a 轴,所以 a 轴仍平行于 z 轴。其结果是,对于 RPY 绕 a 轴旋转的 α 角可简单地加到 ϕ_a 上。即,求出的 ϕ_a 实际上是 $\phi_a + \alpha$(见图 3-16)。根据给定的位置数据,可参考例 3-11 的求解过程,得:

$$\begin{cases} rc\alpha = 4.33 \\ rs\alpha = 2.5 \\ \phi_a + \alpha = 55° \\ s\alpha = 0.5 \\ p_z = 8 \end{cases}$$

解得:　　　　$\alpha = 30°$,　$\phi_a = 25°$,　$r = 5$,　$l = 8$,　$\phi_o = 52°$,　$\phi_n = 15°$

当然,可以用类似的解法求出第二组解。

2) 欧拉角构型机器人姿态的正逆运动学方程

RPY 变换是绕 a、o、n 轴旋转,而欧拉旋转(角变换)是绕 a、o、a 轴旋转。显然,欧拉旋转除了最后的旋转是绕 a 轴外,其他方面均与 RPY 变换相似。仍限定所有运动都是绕动系轴的旋转,以防止机器人的位置改变。如图 3-22 所示,机器人进行欧拉旋转时的顺序如下:先绕

a 轴旋转 ϕ 角度,再绕 o 轴旋转 θ 角度,最后绕 a 轴旋转 ψ 角度。

表示机器人绕动系坐标轴进行欧拉旋转的矩阵是:

$$\mathrm{Euler}(\phi,\theta,\psi)=\mathrm{Rot}(a,\phi)\mathrm{Rot}(o,\theta),\mathrm{Rot}(a,\psi)$$

$$=\begin{bmatrix} c\phi c\theta c\psi-s\phi c\psi & -c\phi c\theta s\psi-s\phi c\psi & c\phi s\theta & 0 \\ s\phi c\theta c\psi+c\phi s\psi & -s\phi c\theta s\psi+c\phi c\psi & s\phi s\theta & 0 \\ -s\theta c\psi & s\theta s\psi & c\theta & 0 \\ 0 & 0 & 0 & 1 \end{bmatrix} \tag{3.34}$$

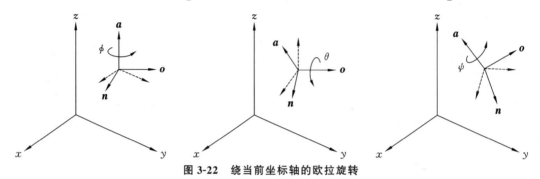

图 3-22　绕当前坐标轴的欧拉旋转

该矩阵只是表示了由欧拉旋转所引起的机器人末端姿态变化。相对于参考坐标系,机器人末端的最终位姿矩阵由位置变化矩阵和欧拉旋转矩阵相乘得到。

机器人进行欧拉旋转时的逆运动学求解与 RPY 变换的求解过程非常相似。在方程(3.34)的两边左乘 $\mathrm{Rot}^{-1}(a,\phi)$ 来消去其中一边的 ϕ,令两边的对应元素相等,就可得到以下方程:

$$\mathrm{Rot}^{-1}(a,\phi)\times\begin{bmatrix} n_x & o_x & a_x & 0 \\ n_y & o_y & a_y & 0 \\ n_z & o_z & a_z & 0 \\ 0 & 0 & 0 & 1 \end{bmatrix}=\begin{bmatrix} c\theta c\psi & -c\theta s\psi & s\theta & 0 \\ s\psi & c\psi & 0 & 0 \\ -s\theta c\psi & s\theta s\psi & c\theta & 0 \\ 0 & 0 & 0 & 1 \end{bmatrix} \tag{3.35}$$

或

$$\begin{bmatrix} n_x c\phi+n_y s\phi & o_x c\phi+o_y s\phi & a_x c\phi+a_y s\phi & 0 \\ -n_x s\phi+n_y c\phi & -o_x s\phi+o_y c\phi & -a_x s\phi+a_y c\phi & 0 \\ n_z & o_z & a_z & 0 \\ 0 & 0 & 0 & 1 \end{bmatrix} \tag{3.36}$$

$$=\begin{bmatrix} c\theta c\psi & -c\theta s\psi & s\theta & 0 \\ s\psi & c\psi & 0 & 0 \\ -s\theta c\psi & s\theta s\psi & c\theta & 0 \\ 0 & 0 & 0 & 1 \end{bmatrix}$$

方程(3.35)中的 n_z、o_z、a_z 分量表示最终的期望值,它们通常是给定或已知的。欧拉角的值是未知变量。

根据方程(3.36)左右两边矩阵第 2 行、第 3 列元素对应相等,可得:

$$-a_x s\phi+a_y c\phi=0$$

解得:　　　　　　　$\phi=\mathrm{Atan2}(a_y,a_x)$　或　$\phi=\mathrm{Atan2}(-a_y,-a_x)$ $\hspace{1cm}$ (3.37)

由于求得了 ϕ 值,因此方程(3.36)左边所有的元素都是已知的。根据方程(3.36)左右两

边第 2 行、第 1 列元素对应相等,第 2 行、第 2 列元素对应相等得:

$$s\psi = -n_x s\phi + n_y c\phi$$

$$c\psi = -o_x s\phi + o_y c\phi$$

解得:
$$\psi = \text{Atan2}(-n_x s\phi + n_y c\phi, -o_x s\phi + o_y c\phi) \tag{3.38}$$

根据两边矩阵第 1 行、第 3 列元素对应相等,第 3 行、第 3 列元素对应相等得:

$$s\theta = a_x c\phi + a_y s\phi$$

$$c\theta = a_z$$

解得:
$$\theta = \text{Atan2}(a_x c\phi + a_y s\phi, a_z) \tag{3.39}$$

例 3-13　给定一个直角坐标型机器人进行欧拉旋转后的最终期望状态,求相应的欧拉角:

$$^R\boldsymbol{T}_H = \begin{bmatrix} n_x & o_x & a_x & p_x \\ n_y & o_y & a_y & p_y \\ n_z & o_z & a_z & p_z \\ 0 & 0 & 0 & 1 \end{bmatrix} = \begin{bmatrix} 0.579 & -0.548 & -0.604 & 5 \\ 0.540 & 0.813 & -0.220 & 7 \\ 0.611 & -0.199 & 0.766 & 3 \\ 0 & 0 & 0 & 1 \end{bmatrix}$$

解　根据方程(3.39),得到:
$$\phi = \text{Atan2}(a_y, a_x) = \text{Atan2}(-0.220, -0.604)$$

解得:
$$\phi = 20° \text{ 或 } \phi = 200°$$

将 $\phi = 20°$ 代入方程(3.40)和(3.41),可得:

$$\psi = \text{Atan2}(-n_x s\phi + n_y c\phi, -o_x s\phi + o_y c\phi) = \text{Atan2}(0.31, 0.951) = 18°$$

$$\theta = \text{Atan2}(a_x c\phi + a_y s\phi, a_z) = \text{Atan2}(-0.643, 0.766) = -40°$$

将 $\phi = 200°$ 代入方程(3.40)和(3.41),可得:

$$\psi = 198°, \theta = 40°$$

3. 链式构型机器人位姿的正逆运动学方程

如果用齐次变换矩阵 $\boldsymbol{A}_i$ 表示连杆 i 坐标系相对于连杆 $i-1$ 坐标系的位姿变换矩阵,如用 $\boldsymbol{A}_1$ 表示连杆 1 坐标系相对连杆 0(基座)坐标系的变换矩阵,用 $\boldsymbol{A}_2$ 矩阵表示连杆 2 坐标系相对于连杆 1 坐标系的变换矩阵,则连杆 2 相对于固定坐标系的位姿 $\boldsymbol{T}_2$ 可用 $\boldsymbol{A}_2$ 和 $\boldsymbol{A}_1$ 的乘积表示:

$$\boldsymbol{T}_2 = \boldsymbol{A}_1 \boldsymbol{A}_2$$

依此类推,六连杆机器人末端相对于定系的最终位姿 $\boldsymbol{T}_6$ 可以表示为

$$\boldsymbol{T}_6 = \boldsymbol{A}_1 \boldsymbol{A}_2 \boldsymbol{A}_3 \boldsymbol{A}_4 \boldsymbol{A}_5 \boldsymbol{A}_6 \tag{3.40}$$

式(3.40)称为机器人运动学方程。

假设机器人采用的是直角坐标系和 RPY 构型,那么机器人末端相对于定系的最终位姿可用表示直角坐标位置变化的矩阵和 RPY 变换矩阵的乘积来表示:

$$^R\boldsymbol{T}_H = \boldsymbol{T}_{\text{cart}}(P_x, P_y, P_z) \times \text{RPY}(\phi_a, \phi_o, \phi_n) \tag{3.41}$$

如果机器人是采用球坐标定位、欧拉角定姿的方式设计的,则有

$$^R\boldsymbol{T}_H = \boldsymbol{T}_{\text{sph}}(r, \beta, \gamma) \times \text{Euler}(\phi, \theta, \psi) \tag{3.42}$$

其中位置变换矩阵 $\boldsymbol{T}_{\text{sph}}$ 由球坐标系决定,而最终姿态既受球坐标角度的影响也受欧拉角的影响。

3.1.5　机器人正运动学方程的 D-H 表示法

1955 年,Denavit 和 Hartenberg 提出了 Denavit-Hartenberg(D-H)模型,用于对机器人进行表示和建模,并导出了运动方程。D-H表示法是对机器人连杆和关节进行建模的一种非常简单的方法,可用于任何机器人构型。它也可用于表示在任何坐标系(例如直角坐标系、圆柱坐标系、球坐标系)中的变换,适用于欧拉角构型及 RPY 构型等类构型的机器人。另外,它也可以用于表示全旋转的链式机器人、SCARA 机器人或任何可能的关节和连杆组合。人们还使用D-H表示法开发了许多技术,例如,雅可比矩阵计算和力分析技术等。D-H 模型的数学基础即是空间坐标的齐次变换。D-H 模型具有直观的几何意义,广泛应用于动力学、控制算法等方面的研究。

假设机器人由一系列关节和连杆组成。这些关节可能是滑动(线性)关节或旋转(转动)关节,它们可以按任意的顺序放置并处于任意的平面。连杆也可以是任意长度(包括零)的,它可能被弯曲或扭曲,也可能位于任意平面上。为此,需要给每个关节指定一个参考坐标系,然后,确定从一个关节到下一个关节(一个坐标系到下一个坐标系)的变换步骤。将从基座到第一个关节,再从第一个关节到第二个关节……直至最后一个关节的所有变换结合起来,就可得到机器人的总变换矩阵。下面根据D-H表示法确定一个一般步骤,来为每个关节指定参考坐标系,然后确定如何实现任意两个相邻坐标系之间的变换,最后写出机器人的总变换矩阵。

假设一个机器人由任意多的连杆和关节以任意形式构成。图 3-23 表示了三个关节和两个连杆的组合。虽然这些关节和连杆并不一定与任何实际机器人的关节或连杆相似,但是非常常见,且能很容易地表示实际机器人的任何关节。这些关节可能是旋转关节、滑动关节,或两者都有。尽管在实际情况下,机器人的关节通常只有一个自由度,但图 3-23 中的关节可以具有一个自由度(绕轴转动)或两个自由度(绕轴转动和沿轴平移)。

图 3-23(a)中三个关节都是可以转动或平移的。定义第一个关节为关节 n,第二个关节为关节 $n+1$,第三个关节为关节 $n+2$。在这些关节的前后可能还有其他关节。连杆也是如此表示,连杆 n 位于关节 n 与 $n+1$ 之间,连杆 $n+1$ 位于关节 $n+1$ 与 $n+2$ 之间。

为了用D-H表示法对机器人建模,首先要为每个关节指定一个动系。因此,对于每个关节,都必须指定一个 z 轴和 x 轴。通常并不需要指定 y 轴,因为 y 轴总是垂直于 x 轴和 z 轴的。而且,D-H表示法不需要用到 y 轴。以下是给每个关节指定动系的方法:

(1) 所有关节的轴均用 z 轴表示。如果关节是旋转的,z 轴按右手定则确定。如果关节是滑动的,z 轴为沿直线运动的方向。关节 n 处的 z 轴(以及该关节的动系)的下标为 $n-1$。例如,关节 $n+1$ 处的 z 轴表示为 z_n。对于旋转关节,绕 z 轴的旋转(θ 角)是关节变量;对于滑动关节,沿 z 轴的连杆长度 d 是关节变量。

(2) 通常关节不一定平行或相交,z 轴通常是斜线(见图 3-23(a))。但总有一条距离最短的公垂线,它正交于任意两条相邻的 z 轴。通常在公垂线方向上定义动系的 x 轴。如果用 a_n 表示 z_{n-1} 与 z_n 之间的公垂线,则 x_n 的方向将沿 a_n。同样,z_n 与 z_{n-1} 的公垂线为 a_{n+1},x_{n+1} 的方向将沿 a_{n+1}。注意相邻关节之间的公垂线不一定相交或共线,因此,两个相邻坐标系原点也可能不在同一个位置。

(3) 如果两个关节的 z 轴平行,那么它们之间就有无数条公垂线,这时可挑选与前一关节

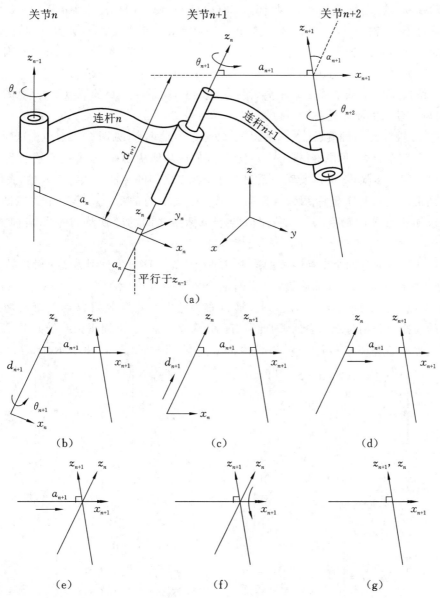

图 3-23　通用关节-连杆组合的 D-H 表示

的公垂线共线的一条公垂线,从而简化模型。

(4) 如果两个相邻关节的 z 轴是相交的,那么它们之间就没有公垂线(或者说公垂线距离为零)。这时可将垂直于两条轴线构成的平面的直线定义为 x 轴。也就是说,其公垂线是垂直于包含了两条 z 轴的平面的直线,这样做也相当于选取与两条 z 轴同时垂直的直线作为 x 轴,会使模型得以简化。

在图 3-23(a)中,θ 表示连杆关节角,d 表示连杆偏距,a 表示连杆长度,α 表示连杆扭转角。其中,只有 θ 和 d 是关节变量。

下面介绍如何将机器人末端位姿矩阵从一个动系变换到下一个动系。假设机器人末端现在位于动系 $\{n\}$,那么通过以下四步即可将其位姿矩阵变换到动系 $\{n+1\}$。

（1）动系$\{n\}$绕z_n轴旋转θ_{n+1}（见图3-23（a）（b）），使x_n和x_{n+1}互相平行。因为a_n和a_{n+1}都是垂直于z_n轴的，因此绕z_n轴旋转θ_{n+1}即可使x_n和x_{n+1}平行（并且共面）。

（2）动系$\{n\}$沿z_n轴平移d_{n+1}距离，使得x_n和x_{n+1}共线（见图3-23（c））。因为x_n和x_{n+1}已经平行并且垂直于z_n，所以沿着z_n移动则可使它们重叠在一起。

（3）动系$\{n\}$沿x_n轴平移a_{n+1}距离，使得其原点和动系$\{n+1\}$的原点重合（见图3-23（d）（e）），此时两个动系的原点处在同一位置。

（4）将z_n轴绕x_{n+1}轴旋转α_{n+1}，使得z_n轴与z_{n+1}轴重合（见图3-23（f））。这时动系$\{n\}$和动系$\{n+1\}$完全重合（见图3-23（g））。至此，我们成功地从动系$\{n\}$变换到了动系$\{n+1\}$。

重复以上四个步骤，就可以实现一系列相邻坐标系之间的变换。从定系开始，我们可以将定系转换到机器人的基座坐标系$\{0\}$，然后到第一个关节的动系$\{1\}$，第二个关节的动系$\{2\}$……直至末端执行器的动系$\{n\}$。在任何两个坐标系之间的变换均可采用与前面相同的步骤。

以上四步可以通过四个变换矩阵的连乘来进行计算。这四步分别为绕z轴旋转、沿z_n轴平移、沿x_n轴平移和绕x_{n+1}轴旋转，对应的四个矩阵可以表示为$\text{Rot}(z,\theta_{n+1})$、$\text{Tran}(0,0,d_{n+1})$、$\text{Tran}(a_{n+1},0,0)$和$\text{Rot}(x,a_{n+1})$。通过右乘这四个矩阵就可以得到变换矩阵$\boldsymbol{A}_{n+1}$。由于所有的变换都是相对于动系的，因此所有的矩阵都是右乘，从而得到结果如下：

$$^n\boldsymbol{T}_{n+1}=\boldsymbol{A}_{n+1}=\text{Rot}(z,\theta_{n+1})\times\text{Tran}(0,0,d_{n+1})\times\text{Tran}(a_{n+1},0,0)\times\text{Rot}(x,a_{n+1})$$

$$=\begin{bmatrix} c\theta_{n+1} & -s\theta_{n+1} & 0 & 0 \\ s\theta_{n+1} & c\theta_{n+1} & 0 & 0 \\ 0 & 0 & 1 & 0 \\ 0 & 0 & 0 & 1 \end{bmatrix}\times\begin{bmatrix} 1 & 0 & 0 & 0 \\ 0 & 1 & 0 & 0 \\ 0 & 0 & 1 & d_{n+1} \\ 0 & 0 & 0 & 1 \end{bmatrix}\times\begin{bmatrix} 1 & 0 & 0 & a_{n+1} \\ 0 & 1 & 0 & 0 \\ 0 & 0 & 1 & 0 \\ 0 & 0 & 0 & 1 \end{bmatrix}$$

$$\times\begin{bmatrix} 1 & 0 & 0 & 0 \\ 0 & c\alpha_{n+1} & -s\alpha_{n+1} & 0 \\ 0 & s\alpha_{n+1} & c\alpha_{n+1} & 0 \\ 0 & 0 & 0 & 1 \end{bmatrix}$$

$$\boldsymbol{A}_{n+1}=\begin{bmatrix} c\theta_{n+1} & -s\theta_{n+1}c\alpha_{n+1} & s\theta_{n+1}s\alpha_{n+1} & a_{n+1}c\theta_{n+1} \\ s\theta_{n+1} & c\theta_{n+1}c\alpha_{n+1} & -c\theta_{n+1}s\alpha_{n+1} & a_{n+1}s\theta_{n+1} \\ 0 & s\alpha_{n+1} & c\alpha_{n+1} & d_{n+1} \\ 0 & 0 & 0 & 1 \end{bmatrix} \tag{3.43}$$

比如，一般机器人的关节2与关节3之间的变换可以表示为

$$^2\boldsymbol{T}_3=\boldsymbol{A}_3=\begin{bmatrix} c\theta_3 & -s\theta_3c\alpha_3 & s\theta_3s\alpha_3 & a_3c\theta_3 \\ s\theta_3 & c\theta_3c\alpha_3 & -c\theta_3s\alpha_3 & a_3s\theta_3 \\ 0 & s\alpha_3 & c\alpha_3 & d_3 \\ 0 & 0 & 0 & 1 \end{bmatrix}$$

依此类推，可得到任意两个相邻的关节之间的变换矩阵。从机器人的定系到末端动系之间的总的变换可表示为

$$^R\boldsymbol{T}_H=^R\boldsymbol{T}_1{}^1\boldsymbol{T}_2{}^2\boldsymbol{T}_3\cdots{}^{n-1}\boldsymbol{T}_n=\boldsymbol{A}_1\boldsymbol{A}_2\boldsymbol{A}_3\cdots\boldsymbol{A}_n \tag{3.44}$$

其中n是关节数。对于一个具有六个关节的机器人，变换矩阵有6个。

为了简化变换矩阵的计算，可以制作一张关于关节和连杆参数的表格（即D-H参数表），其

形式如表 3-1 所示。其中每个连杆和关节的参数值可由机器人的原理示意图确定。

表 3-1　D-H参数表的形式

连杆	θ	d	a	α
1				
2				
3				
4				
5				
6				

例 3-14　对于图 3-24 所示的简单链式机器人，根据 D-H 表示法，建立必要的坐标系，并填写相应的参数表。

解　为方便起见，在此例中，假设关节 2、3 和 4 在同一平面内，即它们的 d_n 值为 0。为建立机器人的坐标系，首先寻找关节。该机器人有六个自由度，其所有的关节都是旋转的。关节 1 在连杆 0（固定基座）和连杆 1 之间，关节 2 在连杆 1 和连杆 2 之间，依次类推。首先对每个关节建立 z 轴，接着建立 x 轴。

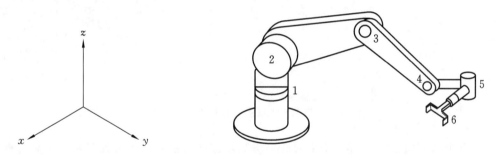

图 3-24　具有六个自由度的简单链式机器人

如图 3-25 所示，从旋转关节 1 开始建立坐标系，z_0 为关节 1 的 z 轴。为了便于计算，选择 x_0 与定系的 x 轴平行，x_0 是一个固定的坐标轴。第一个关节的运动是围绕着 z_0 轴与 x_0 轴进行的，但这两个轴并不运动。然后，在关节 2 处设定 z_1 轴，因为坐标轴 z_0 和 z_1 相交，所以 x_1 垂直于 z_0 和 z_1。x_2 在 z_1 和 z_2 之间的公垂线方向上，x_3 在 z_2 和 z_3 之间的公垂线方向上，x_4 在 z_3 和 z_4 之间的公垂线方向上，z_5 和 z_6 共线。z_5 表示关节 6 的运动方向，而 z_6 表示末端的运动方向。建立完成的参考坐标系如图 3-25 所示，图 3-26 所示为相应的参考坐标系线图。通常在运动方程中不包含末端执行器的位姿，但应包含末端执行器的坐标系{6}的位姿，这是因为它可以容许进行从坐标系{5}出发的变换。同时也要注意坐标系{0}和{6}的原点的位置，它们将决定机器人的总变换方程。可以在坐标系{0}和{6}之间建立其他的（或不同的）中间坐标系，但只要坐标系{0}和{6}没有改变，机器人的总变换便是不变的。应注意的是，{0}的原点并不在第一个关节的实际位置，但这不会影响最后的结果，因为无论实际关节是高一点还是低一点，机器人的运动都不会有任何差异。因此，考虑原点位置时可不用考虑基座上关节的实际位置。

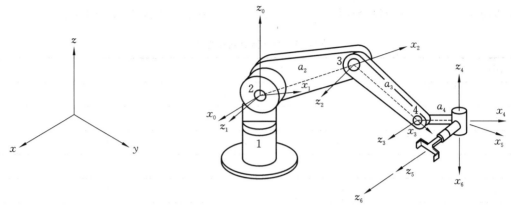

图 3-25　简单链式机器人的参考坐标系

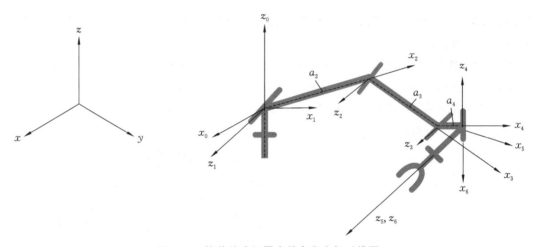

图 3-26　简单链式机器人的参考坐标系线图

接下来根据已建立的坐标系来填写 D-H 参数表。参考前面介绍的建立动系的四个步骤，从坐标系 $\{0\}$ 开始计算。第一步，通过一个旋转运动将 x_0 轴转到沿 x_1 方向。第二步和第三步，使得 x_0 与 x_1 轴重合，沿 z_1 和 x_1 轴的平移均为零。第四步，再将 z_0 轴旋转到 z_1 轴位置，注意旋转是根据右手定则进行的，即将右手手指按旋转的方向弯曲，大拇指的方向则为旋转坐标轴的方向。到了这时，$\{0\}$ 就变换到了 $\{1\}$。

重复以上步骤，得到所有连杆的参数。结果如表 3-2 所示。

表 3-2　例 3-14 机器人的 D-H 参数

连杆	θ	d	a	α
1	θ_1	0	0	$90°$
2	θ_2	0	a_2	$0°$
3	θ_3	0	a_3	$0°$
4	θ_4	0	a_4	$-90°$
5	θ_5	0	0	$90°$
6	θ_6	0	0	$0°$

如前文所述,θ 表示旋转关节的关节变量,d 表示滑动关节的关节变量。因为这个机器人的关节全是旋转关节,所以所有关节变量都是角度。

与其他机械类似,机器人也不会保持原理图中所示的一种构型不变。机器人的连杆和关节在运动时,与之相连的坐标系也随之运动。在确定参数时,必须记住这一点。

通过简单地从参数表中选取参数代入变换矩阵 $\boldsymbol{A}$,便可写出每两个相邻关节之间的变换矩阵。例如,在坐标系{0}和{1}之间的变换矩阵 $\boldsymbol{A}_1$ 可通过将 $\alpha(\sin 90°=1,\cos 90°=0,\alpha=90°)$ 以及 θ_1 等代入矩阵得到,对其他关节的变换矩阵 $\boldsymbol{A}_2 \sim \boldsymbol{A}_6$ 也是这样,最后得:

$$\boldsymbol{A}_1 = \begin{bmatrix} c\theta_1 & 0 & s\theta_1 & 0 \\ s\theta_1 & 0 & -c\theta_1 & 0 \\ 0 & 1 & 0 & 0 \\ 0 & 0 & 0 & 1 \end{bmatrix}, \qquad \boldsymbol{A}_2 = \begin{bmatrix} c\theta_2 & -s\theta_2 & 0 & c\theta_2 a_2 \\ s\theta_2 & c\theta_2 & 0 & s\theta_2 a_2 \\ 0 & 0 & 1 & 0 \\ 0 & 0 & 0 & 1 \end{bmatrix}$$

$$\boldsymbol{A}_3 = \begin{bmatrix} c\theta_3 & -s\theta_3 & 0 & c\theta_3 a_3 \\ s\theta_3 & c\theta_3 & 0 & s\theta_3 a_3 \\ 0 & 0 & 1 & 0 \\ 0 & 0 & 0 & 1 \end{bmatrix} \qquad \boldsymbol{A}_4 = \begin{bmatrix} c\theta_4 & 0 & -s\theta_4 & c\theta_4 a_4 \\ s\theta_4 & 0 & c\theta_4 & s\theta_4 a_4 \\ 0 & -1 & 0 & 0 \\ 0 & 0 & 0 & 1 \end{bmatrix}$$

$$\boldsymbol{A}_5 = \begin{bmatrix} c\theta_5 & 0 & s\theta_5 & 0 \\ s\theta_5 & 0 & -c\theta_5 & 0 \\ 0 & 1 & 0 & 0 \\ 0 & 0 & 0 & 1 \end{bmatrix} \qquad \boldsymbol{A}_6 = \begin{bmatrix} c\theta_6 & -s\theta_6 & 0 & 0 \\ s\theta_6 & c\theta_6 & 0 & 0 \\ 0 & 0 & 1 & 0 \\ 0 & 0 & 0 & 1 \end{bmatrix}$$

特别注意:为简化最后的解,将用到下列三角函数关系式:

$$\begin{cases} s\theta_1 c\theta_2 + c\theta_1 s\theta_2 = s(\theta_1 + \theta_2) = s\theta_{12} \\ c\theta_1 c\theta_2 - s\theta_1 s\theta_2 = c(\theta_1 + \theta_2) = c\theta_{12} \end{cases} \tag{3.45}$$

在机器人的基座和手之间的总变换为

$${}^R\boldsymbol{T}_H = \boldsymbol{A}_1 \boldsymbol{A}_2 \boldsymbol{A}_3 \boldsymbol{A}_4 \boldsymbol{A}_5 \boldsymbol{A}_6$$

$$= \begin{bmatrix} \begin{matrix} c\theta_1(c\theta_{234}c\theta_5 c\theta_6 - s\theta_{234}s\theta_6) \\ -s\theta_1 s\theta_5 c\theta_6 \end{matrix} & \begin{matrix} c\theta_1(-c\theta_{234}c\theta_5 c\theta_6 - s\theta_{234}c\theta_6) \\ +s\theta_1 s\theta_5 s\theta_6 \end{matrix} & c\theta_1(c\theta_{234}s\theta_5) \\ +s\theta_1 c\theta_5 \end{matrix} & \begin{matrix} c\theta_1(c\theta_{234}a_4 + \\ c\theta_{23}a_3 + c\theta_2 a_2) \end{matrix} \\ \begin{matrix} s\theta_1(c\theta_{234}c\theta_5 c\theta_6 - s\theta_{234}s\theta_6) \\ +c\theta_1 s\theta_5 c\theta_6 \end{matrix} & \begin{matrix} s\theta_1(-c\theta_{234}c\theta_5 c\theta_6 - s\theta_{234}c\theta_6) \\ -c\theta_1 s\theta_5 s\theta_6 \end{matrix} & \begin{matrix} s\theta_1(c\theta_{234}s\theta_5) \\ -c\theta_1 c\theta_5 \end{matrix} & \begin{matrix} s\theta_1(c\theta_{234}a_4 + \\ c\theta_{23}a_3 + c\theta_2 a_2) \end{matrix} \\ s\theta_{234}c\theta_5 c\theta_6 + c\theta_{234}c\theta_6 & -s\theta_{234}c\theta_5 c\theta_6 + c\theta_{234}c\theta_6 & s\theta_{234}s\theta_5 & s\theta_{234}a_4 + s\theta_{23}a_3 + s\theta_2 a_2 \\ 0 & 0 & 0 & 1 \end{bmatrix}$$

$$\tag{3.46}$$

式中:$c\theta_{23} = \cos(\theta_2 + \theta_3)$,$s\theta_{23} = \sin(\theta_2 + \theta_3)$,$c\theta_{234} = \cos(\theta_2 + \theta_3 + \theta_4)$,$s\theta_{234} = \sin(\theta_2 + \theta_3 + \theta_4)$。

虽然D-H表示法已广泛用于机器人的运动建模和分析,并已成为机器人运动建模和分析的标准方法,但它在技术上仍存在着根本的缺陷:由于所有的运动都是相对于 x 和 z 轴的,而无法表示相对于 y 轴的运动,因此只要有任何相对于 y 轴的运动,此方法就不适用。实际的工业机器人在其制造过程中都存在一定的误差,可能导致两轴之间有相对于 y 轴的运动,故不能用D-H法来建模。

3.1.6　机器人的逆运动学解

为了使机器人手臂处于期望的位姿,需要求机器人逆运动学解以确定每个关节的参数值。前面已对特定坐标系的逆运动学解做了介绍。在这一节,将研究求解逆运动方程的一般步骤。

前面的运动方程中有许多角度的耦合,比如 $c\theta_{234}$,这就使得无法从矩阵中提取足够的元素来求解单个的正弦和余弦项以计算角度。为使角度解耦,可用单个 ${}^R\boldsymbol{T}_H$ 矩阵左乘 $\boldsymbol{A}_n^{-1}$ 矩阵,使得方程右边不再包括耦合项,以便于找到包含角度的正弦值和余弦值的元素,进而求得相应的角度。以例 3-14 中的简单链式机器人为例,已求出的总的变换矩阵为

$$\boldsymbol{T}_6 = \boldsymbol{A}_1\boldsymbol{A}_2\boldsymbol{A}_3\boldsymbol{A}_4\boldsymbol{A}_5\boldsymbol{A}_6$$

$$= \begin{bmatrix} c\theta_1(c\theta_{234}c\theta_5c\theta_6 - s\theta_{234}s\theta_6) & c\theta_1(-c\theta_{234}c\theta_5c\theta_6 - s\theta_{234}c\theta_6) & c\theta_1(c\theta_{234}s\theta_5) & c\theta_1(c\theta_{234}a_4 \\ -s\theta_1 s\theta_5 c\theta_6 & +s\theta_1 s\theta_5 s\theta_6 & +s\theta_1 c\theta_5 & +c\theta_{23}a_3 + c\theta_2 a_2) \\ s\theta_1(c\theta_{234}c\theta_5c\theta_6 - s\theta_{234}s\theta_6) & s\theta_1(-c\theta_{234}c\theta_5c\theta_6 - s\theta_{234}c\theta_6) & s\theta_1(c\theta_{234}s\theta_5) & s\theta_1(c\theta_{234}a_4 \\ +c\theta_1 s\theta_5 s\theta_6 & -c\theta_1 s\theta_5 s\theta_6 & -c\theta_1 c\theta_5 & +c\theta_{23}a_3 + c\theta_2 a_2) \\ s\theta_{234}c\theta_5c\theta_6 + c\theta_{234}c\theta_6 & -s\theta_{234}c\theta_5c\theta_6 + c\theta_{234}c\theta_6 & s\theta_{234}s\theta_5 & s\theta_{234}a_4 + s\theta_{23}a_3 + s\theta_2 a_2 \\ 0 & 0 & 0 & 1 \end{bmatrix}$$

机器人的期望位姿为

$${}^R\boldsymbol{T}_H = \begin{bmatrix} n_x & o_x & a_x & p_x \\ n_y & o_y & a_y & p_y \\ n_z & o_z & a_z & p_z \\ 0 & 0 & 0 & 1 \end{bmatrix}$$

机器人变换后位姿与期望位姿重合,所以满足方程:

$${}^R\boldsymbol{T}_H = \boldsymbol{T}_6 \tag{3.47}$$

为了求解角度,用 $\boldsymbol{A}_1^{-1}$ 左乘方程(3.47)左右两侧的矩阵,得到:

$$\boldsymbol{A}_1^{-1} \times \begin{bmatrix} n_x & o_x & a_x & p_x \\ n_y & o_y & a_y & p_y \\ n_z & o_z & a_z & p_z \\ 0 & 0 & 0 & 1 \end{bmatrix} = \boldsymbol{A}_1^{-1}\boldsymbol{T}_6 = \boldsymbol{A}_2\boldsymbol{A}_3\boldsymbol{A}_4\boldsymbol{A}_5\boldsymbol{A}_6 \tag{3.48}$$

即

$$\begin{bmatrix} c\theta_1 & s\theta_1 & 0 & 0 \\ 0 & 0 & 1 & 0 \\ s\theta_1 & -c\theta_1 & 0 & 0 \\ 0 & 0 & 0 & 1 \end{bmatrix} \times \begin{bmatrix} n_x & o_x & a_x & p_x \\ n_y & o_y & a_y & p_y \\ n_z & o_z & a_z & p_z \\ 0 & 0 & 0 & 1 \end{bmatrix} = \boldsymbol{A}_2\boldsymbol{A}_3\boldsymbol{A}_4\boldsymbol{A}_5\boldsymbol{A}_6$$

$$\begin{bmatrix} n_x c\theta_1 + n_y s\theta_1 & o_x c\theta_1 + o_y s\theta_1 & a_x c\theta_1 + a_y s\theta_1 & p_x c\theta_1 + p_y s\theta_1 \\ n_z & o_z & a_z & p_z \\ n_x s\theta_1 - n_y c\theta_1 & o_x s\theta_1 - o_y c\theta_1 & a_x s\theta_1 - a_y c\theta_1 & p_x s\theta_1 - p_y c\theta_1 \\ 0 & 0 & 0 & 1 \end{bmatrix} =$$

$$\begin{bmatrix} c\theta_{234}c\theta_5c\theta_6 - s\theta_{234}s\theta_6 & -c\theta_{234}c\theta_5c\theta_6 - s\theta_{234}c\theta_6 & c\theta_{234}s\theta_5 & c\theta_{234}a_4 + c\theta_{23}a_3 + c\theta_2 a_2 \\ s\theta_{234}c\theta_5c\theta_6 + c\theta_{234}s\theta_6 & -s\theta_{234}c\theta_5c\theta_6 + c\theta_{234}c\theta_6 & s\theta_{234}s\theta_5 & s\theta_{234}a_4 + s\theta_{23}a_3 + s\theta_2 a_2 \\ -s\theta_5 c\theta_6 & s\theta_5 s\theta_6 & c\theta_5 & 0 \\ 0 & 0 & 0 & 1 \end{bmatrix}$$

$$\tag{3.49}$$

由方程(3.49)左右两边第 3 行、第 4 列的元素对应相等可得

$$p_x s\theta_1 - p_y c\theta_1 = 0$$

解得

$$\theta_1 = \arctan\left(\frac{p_y}{p_x}\right) \quad \text{或} \quad \theta_1 = \arctan\left(\frac{p_y}{p_x}\right) + 180°$$

由方程(3.49)左右两边第 1 行、第 4 列的元素对应相等,第 2 行、第 4 列的元素对应相等可得

$$\begin{cases} p_x c\theta_1 + p_y s\theta_1 = c\theta_{234} a_4 + c\theta_{23} a_3 + c\theta_2 a_2 \\ p_z = s\theta_{234} a_4 + s\theta_{23} a_3 + s\theta_2 a_2 \end{cases} \tag{3.50}$$

整理这两个方程并对两边平方,然后将平方值相加,得

$$(p_x c\theta_1 + p_y s\theta_1 - c\theta_{234} a_4)^2 + (p_z - s\theta_{234} a_4)^2 = a_2^2 + a_3^2 + 2a_2 a_3 (s\theta_2 s\theta_{23} + c\theta_2 c\theta_{23})$$

根据三角函数关系可得

$$s\theta_2 s\theta_{23} + c\theta_2 c\theta_{23} = c\left[(\theta_2 + \theta_3) - \theta_2\right] = c\theta_3$$

于是得

$$c\theta_3 = \frac{(p_x c\theta_1 + p_y s\theta_1 - c\theta_{234} a_4)^2 + (p_z - s\theta_{234} a_4)^2 - a_2^2 - a_3^2}{2a_2 a_3}$$

在这个方程中,除 $s\theta_{234}$ 和 $c\theta_{234}$ 外,每个变量都是已知的。已知:

$$s\theta_3 = \pm\sqrt{1 - c\theta_3^2}$$

于是可得

$$\theta_3 = \arctan\frac{s\theta_3}{c\theta_3}$$

因为关节 2、关节 3 和关节 4 的轴线都是平行的,方程(3.48)单独左乘 A_2 和 A_3 的逆矩阵对方程的求解无用,因此,方程两侧直接左乘 $A_2 \sim A_4$ 的逆,结果为:

$$A_4^{-1} A_3^{-1} A_2^{-1} A_1^{-1} \times \begin{bmatrix} n_x & o_x & a_x & p_x \\ n_y & o_y & a_y & p_y \\ n_z & o_z & a_z & p_z \\ 0 & 0 & 0 & 1 \end{bmatrix} = A_4^{-1} A_3^{-1} A_2^{-1} A_1^{-1} T_6 = A_5 A_6$$

可得:

$$\begin{bmatrix} c\theta_{234}(c\theta_1 n_x + s\theta_1 n_y) & c\theta_{234}(c\theta_1 o_x + s\theta_1 o_y) & c\theta_{234}(c\theta_1 a_x + s\theta_1 a_y) & c\theta_{234}(c\theta_1 p_x + s\theta_1 p_y) + s\theta_{234} p_z \\ + s\theta_{234} n_z & + s\theta_{234} o_z & + s\theta_{234} a_x & - c\theta_{34} a_2 - c\theta_4 a_3 - a_4 \\ c\theta_1 n_y - s\theta_1 n_x - s\theta_{234} & c\theta_1 o_y - s\theta_1 o_x - s\theta_{234} & c\theta_1 a_y - s\theta_1 a_x - s\theta_{234} & 0 \\ \cdot(c\theta_1 n_x + s\theta_1 n_y) & \cdot(c\theta_1 o_x + s\theta_1 o_y) & \cdot(c\theta_1 a_x + s\theta_1 a_y) & - s\theta_{234}(c\theta_1 p_x + s\theta_1 p_y) \\ + c\theta_{234} n_z & + c\theta_{234} o_z & + c\theta_{234} a_z & + c\theta_{234} p_z + s\theta_{34} a_2 + s\theta_4 a_3 \\ 0 & 0 & 0 & 1 \end{bmatrix}$$

$$= \begin{bmatrix} c\theta_5 c\theta_6 & -c\theta_5 s\theta_6 & s\theta_5 & 0 \\ s\theta_5 c\theta_6 & -s\theta_5 s\theta_6 & -c\theta_5 & 0 \\ s\theta_6 & c\theta_6 & 0 & 0 \\ 0 & 0 & 0 & 1 \end{bmatrix} \tag{3.51}$$

由方程(3.51)中左右两边第 3 行、第 3 列的元素对应相等可得

$$-s\theta_{234}(c\theta_1 a_x + s\theta_1 a_y) + c\theta_{234} a_z = 0$$

解得

$$\theta_{234} = \arctan\left(\frac{a_z}{c\theta_1 a_x + s\theta_1 a_y}\right) \quad \text{或} \quad \theta_{234} = \arctan\left(\frac{a_z}{c\theta_1 a_x + s\theta_1 a_y}\right) + 180° \tag{3.52}$$

由此可计算 $s\theta_{234}$ 和 $c\theta_{234}$，进而计算出 θ_3 的值。

由方程(3.50)和(3.51)计算 θ_2 的正弦和余弦值。可得

$$p_x c\theta_1 + p_y s\theta_1 - c\theta_{234} a_4 = (c\theta_2 c\theta_3 - s\theta_2 s\theta_3) a_3 + c\theta_2 a_2$$

$$p_z - s\theta_{234} a_4 = (s\theta_2 c\theta_3 + c\theta_2 s\theta_3) a_3 + s\theta_2 a_2$$

这两个方程中包含 $c\theta_2$ 和 $s\theta_2$ 两个未知数，求解可得

$$s\theta_2 = \frac{(c\theta_3 a_3 + a_2)(p_z - s\theta_{234} a_4) - s\theta_3 a_3 (p_x c\theta_1 + p_y s\theta_1 - c\theta_{234} a_4)}{(c\theta_3 a_3 + a_2)^2 + s\theta_3^2 a_3^2}$$

$$c\theta_2 = \frac{(c\theta_3 a_3 + a_2)(p_x c\theta_1 + p_y s\theta_1 - c\theta_{234} a_4) + s\theta_3 a_3 (p_z - s\theta_{234} a_4)}{(c\theta_3 a_3 + a_2)^2 + s\theta_3^2 a_3^2}$$

因此可以计算得到：

$$\theta_2 = \arctan \frac{(c\theta_3 a_3 + a_2)(p_z - s\theta_{234} a_4) - s\theta_3 a_3 (p_x c\theta_1 + p_y s\theta_1 - c\theta_{234} a_4)}{(c\theta_3 a_3 + a_2)(p_x c\theta_1 + p_y s\theta_1 - c\theta_{234} a_4) + s\theta_3 a_3 (p_z - s\theta_{234} a_4)}$$

因 θ_2 和 θ_3 已知，故可由 $\theta_4 = \theta_{234} - \theta_2 - \theta_3$ 求得 θ_4。又因为式(3.52)中的 θ_{234} 有两个解，所以 θ_4 也有两个解。

由方程(3.51)左右两边第 1 行、第 3 列的元素对应相等，第 2 行、第 3 列的元素对应相等可得

$$\theta_5 = \arctan \frac{c\theta_{234}(c\theta_1 a_x + s\theta_1 a_y) + s\theta_{234} a_x}{s\theta_1 a_x - c\theta_1 a_y}$$

由于 θ_6 没有解耦方程，所以必须用 A_5 矩阵的逆左乘式(3.51)来对它解耦。这样做后可得到：

$$\begin{bmatrix} c\theta_5 [c\theta_{234}(c\theta_1 n_x + s\theta_1 n_y) + s\theta_{234} n_z] & c\theta_5 [c\theta_{234}(c\theta_1 o_x + s\theta_1 o_y) + s\theta_{234} o_z] & 0 & 0 \\ -s\theta_5(s\theta_1 n_x - c\theta_1 n_y) & -s\theta_5(s\theta_1 o_x - c\theta_1 o_y) & & \\ -s\theta_{234}(c\theta_1 n_x + s\theta_1 n_y) + c\theta_{234} n_z & -s\theta_{234}(c\theta_1 o_x + s\theta_1 o_y) + c\theta_{234} o_z & 0 & 0 \\ 0 & 0 & 1 & 0 \\ 0 & 0 & 0 & 1 \end{bmatrix}$$

$$= \begin{bmatrix} c\theta_6 & -s\theta_6 & 0 & 0 \\ s\theta_6 & c\theta_6 & 0 & 0 \\ 0 & 0 & 1 & 0 \\ 0 & 0 & 0 & 1 \end{bmatrix} \tag{3.53}$$

由方程(3.53)两侧矩阵对应的第 2 行、第 1 列元素和第 2 行、第 2 列元素分别对应相等，得到

$$\theta_6 = \arctan \frac{-s\theta_{234}(c\theta_1 n_x + s\theta_1 n_y) + c\theta_{234} n_z}{-s\theta_{234}(c\theta_1 o_x + s\theta_1 o_y) + c\theta_{234} o_z}$$

至此找到了 6 个方程，它们合在一起给出了机器人置于期望位姿时所需的关节值。值得注意的是，只有当机器人的最后三个关节的轴线交于一个公共点时才能用这个方法求解，不交于一点时只能直接求解矩阵或通过计算矩阵的逆来求解未知的量。

求解机器人逆运动学问题时所建立的方程可以直接用于驱动机器人到达一个指定位置。事实上，我们一般不用正运动方程求解机器人逆运动学问题，所用到的仅为计算关节值的 6 个

方程,并用它们驱动机器人到达期望位姿。这样做是必须的,其实际原因是:计算机计算正运动方程的逆或将空间位置坐标代入正运动方程,并用高斯消元法来求解未知量(关节变量)将花费大量时间。例如,为使机器人按预定的轨迹运动,必须在 1 s 内多次反复计算关节变量。现假设机器人沿直线从起始点 A 运动到终止点 B,那么机器人从点 A 运动到点 B 的轨迹将难以预测。机器人末端在两点间运行的路径是未知的,它取决于机器人每个关节的变化率。
为了使机器人按直线运动,必须把这一路径分成如图 3-27

图 3-27　路径分段

所示的许多小段,让机器人按照分好的小段路径在两点间依次运动。这就意味着对每一小段路径都必须计算新的逆运动学解。典型情况下,每秒要对位置反复计算 50～200 次。也就是说,如果计算逆解耗时 5～20 ms 以上,那么机器人将丢失精度或不能按照指定路径运动。用来计算新解的时间越短,机器人的运动数据越精确。因此,必须尽量减少不必要的计算,从而使计算机控制器能做更多的逆解计算。

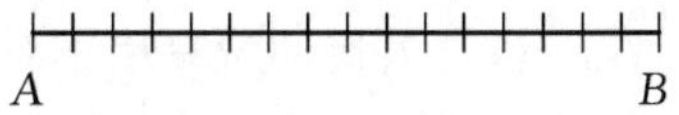

综上所述,对于例 3-14 中的链式工业机器人,给定最终的期望位姿

$$^{R}\boldsymbol{T}_{H}=\begin{bmatrix} n_x & o_x & a_x & p_x \\ n_y & o_y & a_y & p_y \\ n_z & o_z & a_z & p_z \\ 0 & 0 & 0 & 1 \end{bmatrix}$$

为了计算未知角度,控制器需要计算如下的一组逆解:

$$\theta_1 = \arctan\left(\frac{p_y}{p_x}\right) \quad \text{或} \quad \theta_1 = \arctan\left(\frac{p_y}{p_x}\right) + 180°$$

$$\theta_{234} = \arctan\left(\frac{a_z}{c\theta_1 a_x + s\theta_1 a_y}\right) \quad \text{或} \quad \theta_{234} = \arctan\left(\frac{a_z}{c\theta_1 a_x + s\theta_1 a_y}\right) + 180°$$

$$c\theta_3 = \frac{(p_x c\theta_1 + p_y s\theta_1 - c\theta_{234} a_4)^2 + (p_z - s\theta_{234} a_4)^2 - a_2^2 - a_3^2}{2a_2 a_3}$$

$$s\theta_3 = \pm\sqrt{1 - c_3^2}$$

$$\theta_3 = \arctan\frac{s\theta_3}{c\theta_3}$$

$$\theta_2 = \arctan\frac{(c\theta_3 a_3 + a_2)(p_z - s\theta_{234} a_4) - s\theta_3 a_3 (p_x c\theta_1 + p_y s\theta_1 - c\theta_{234} a_4)}{(c\theta_3 a_3 + a_2)(p_x c\theta_1 + p_y s\theta_1 - c\theta_{234} a_4) + s\theta_3 a_3 (p_z - s\theta_{234} a_4)}$$

$$\theta_4 = \theta_{234} - \theta_2 - \theta_3$$

$$\theta_5 = \arctan\frac{c\theta_{234}(c\theta_1 a_x + s\theta_1 a_y) + s\theta_{234} a_z}{s\theta_1 a_x - c\theta_1 a_y}$$

$$\theta_6 = \arctan\frac{-s\theta_{234}(c\theta_1 n_x + s\theta_1 n_y) + c\theta_{234} n_z}{-s\theta_{234}(c\theta_1 o_x + s\theta_1 o_y) + c\theta_{234} o_z} \tag{3.54}$$

虽然以上计算也并不简单,但用这些方程来计算角度要比对矩阵求逆或使用高斯消元法计算要快得多。这里所有的运算都是简单的算术运算和三角运算。

逆解求解可能存在的问题:解不存在和有多重解。解不存在一般是由于给定的工作位置落到了工作区域之外。对于有多重解的情况,需要注意以下几点:

(1) 由于实际关节活动范围的限制,有多组解时,可能某些解所确定的位姿机器人无法达到。

(2) 非零的连杆参数越多,到达某一目标的方式越多,运动学逆解的数目越多。

(3) 在避免碰撞的前提下,按"最短路程"的原则来择优。根据连杆的尺寸大小不同,应遵循"多移动小关节,少移动大关节"的原则。

3.2　工业机器人的动力学

工业机器人运动学只用于对机器人相对于参考坐标系的位姿和运动问题进行讨论,不涉及引起这些运动的力和力矩及其与机器人运动的关系。工业机器人动力学是对机器人机构的力和运动之间关系与平衡进行研究的学科。工业机器人动力学系统非常复杂,主要研究动力学正问题和动力学逆问题。需要采用系统的方法来分析机器人动力学特性。机器人动力学研究是所有类型机器人发展过程中不可或缺的环节,也是形成机器人终极产品性能评价指标的科学依据。以往机器人的发展已经表明,多体系统动力学是机器人研发中重要的基础力学理论。随着新型传动与驱动机构以及智能与软物质材料的出现,可以预计柔性化、软性化、可变化、微型化和控制智能化将成为未来机器人发展的重要方向,使机器人的各种动作更接近生物体,以仿生为主要特征的刚柔耦合的柔软体变形机器人对任务和环境的适应性强,其快速发展在一定程度上将促进机器人研究的步伐,同时,这种趋势和对仿生机器人的需求也将使机器人动力学和机器人控制研究面临重大挑战。

随着现代机械向高速、精密、重载方向发展,机构动力学问题显得日益重要,已经成为直接影响机械产品性能的关键问题。工业机器人动力学领域的重点研究方向主要包括:柔性机构动力学、柔性机器人动力学、柔顺机构动力学、并联机器人动力学和含间隙机构动力学等。本章将在机器人运动学的基础上考虑力和力矩对具有一定质量或惯量的物体运动的影响,从而引入机器人动力学问题。我们将首先讨论与工业机器人速度和静力学相关的雅可比矩阵,然后介绍工业机器人的静力学和动力学问题。

3.2.1　工业机器人雅可比矩阵与速度分析

雅克比矩阵是用时变线性关系来代替非线性关系的重要工具。机器人雅克比矩阵描述的是关节转速(自变量)和末端直角坐标空间的速度和角速度(函数值)之间的关系,可以把关节转速映射为直角坐标空间的速度和角速度,对于求机器人运动学逆解、静力学分析和动力学分析有重要意义,是机器人位置、力控制的基础。

1. 工业机器人速度雅可比矩阵

雅可比矩阵是一个多元函数的偏导矩阵,在机器人的速度分析和静力学分析中常遇到雅克比矩阵。以图 3-28 所示的平面关节型二自由度机器人为例。机器人末端坐标(x,y)用关节变量 θ_1、θ_2 表示为

$$\begin{cases} x = l_1\cos\theta_1 + l_2\cos(\theta_1+\theta_2) \\ y = l_1\sin\theta_1 + l_2\sin(\theta_1+\theta_2) \end{cases}$$

即

$$\begin{cases} x = x(\theta_1, \theta_1) \\ y = y(\theta_1, \theta_1) \end{cases} \tag{3.55}$$

对式(3.55)求微分,得

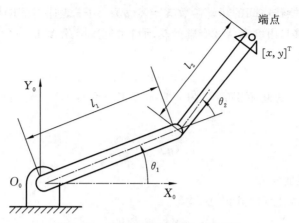

图 3-28　平面关节型二自由度机器人

$$\begin{cases} \mathrm{d}x = \dfrac{\partial x}{\partial \theta_1} \mathrm{d}\theta_1 + \dfrac{\partial x}{\partial \theta_2} \mathrm{d}\theta_2 \\[2mm] \mathrm{d}y = \dfrac{\partial y}{\partial \theta_1} \mathrm{d}\theta_1 + \dfrac{\partial y}{\partial \theta_2} \mathrm{d}\theta_2 \end{cases}$$

将其写成矩阵形式，得

$$\begin{bmatrix} \mathrm{d}x \\ \mathrm{d}y \end{bmatrix} = \begin{bmatrix} \dfrac{\partial x}{\partial \theta_1} & \dfrac{\partial x}{\partial \theta_2} \\[3mm] \dfrac{\partial y}{\partial \theta_1} & \dfrac{\partial y}{\partial \theta_2} \end{bmatrix} \begin{bmatrix} \mathrm{d}\theta_1 \\ \mathrm{d}\theta_2 \end{bmatrix} \tag{3.56}$$

定义图 3-28 中平面关节型二自由度工业机器人的速度雅可比矩阵为

$$\boldsymbol{J} = \begin{bmatrix} \dfrac{\partial x}{\partial \theta_1} & \dfrac{\partial x}{\partial \theta_2} \\[3mm] \dfrac{\partial y}{\partial \theta_1} & \dfrac{\partial y}{\partial \theta_2} \end{bmatrix} \tag{3.57}$$

并且令 $\mathrm{d}\boldsymbol{X} = \begin{bmatrix} \mathrm{d}x \\ \mathrm{d}y \end{bmatrix}$，$\mathrm{d}\boldsymbol{\theta} = \begin{bmatrix} \mathrm{d}\theta_1 \\ \mathrm{d}\theta_2 \end{bmatrix}$，则式 (3.56) 可简写为

$$\mathrm{d}\boldsymbol{X} = \boldsymbol{J} \, \mathrm{d}\boldsymbol{\theta} \tag{3.58}$$

　　速度雅可比矩阵 $\boldsymbol{J}$ 是偏导数矩阵，它反映了关节空间微小角位移 $\mathrm{d}\boldsymbol{\theta}$ 与机器人末端操作空间微小线位移 $\mathrm{d}\boldsymbol{X}$ 之间的关系。它可以表示从关节空间到操作空间运动速度的线性关系。$\mathrm{d}\boldsymbol{X}$ 称为操作空间的广义速度，简称操作速度；$\mathrm{d}\boldsymbol{\theta}$ 称为关节速度。

　　通过式 (3.57) 对上述平面关节型二自由度机器人的速度雅可比矩阵进行计算，得

$$\boldsymbol{J} = \begin{bmatrix} -l_1\sin\theta_1 - l_2\sin(\theta_1+\theta_2) & -l_2\sin(\theta_1+\theta_2) \\ l_1\cos\theta_1 + l_2\cos(\theta_1+\theta_2) & l_2\cos(\theta_1+\theta_2) \end{bmatrix} \tag{3.59}$$

从其组成元素来看，矩阵 $\boldsymbol{J}$ 是 θ_1 和 θ_2 的函数。

　　对于自由度为 n 的工业机器人，其关节变量可以用广义关节变量 $\boldsymbol{q}$ 表示：

$$\boldsymbol{q} = \begin{bmatrix} q_1 & q_2 & \cdots & q_n \end{bmatrix}^{\mathrm{T}}$$

当关节 i 为转动关节时，$q_i = \theta_i$；当关节 i 为移动关节时，$q_i = d_i$。

　　关节空间的微小运动定义为

$$\mathrm{d}\boldsymbol{q} = \begin{bmatrix} \mathrm{d}q_1 & \mathrm{d}q_2 & \cdots & \mathrm{d}q_n \end{bmatrix}^{\mathrm{T}}$$

工业机器人末端操作空间的运动参数 $X = X(q)$。由于表达空间刚体的运动需要 6 个自由度(沿 3 个轴的平移自由度和绕 3 个轴的转动自由度),因此 X 是一个 6 列的矩阵。参照式(3.58),得到类似公式:

$$\mathrm{d}X = J(q)\mathrm{d}q \tag{3.60}$$

式中:$J(q)$ 是 6 列 n 行的偏导数矩阵,为 n 自由度工业机器人速度雅可比矩阵,它的第 i 行第 j 列的元素为

$$J_{ij}(q) = \frac{\partial x_i(q)}{\partial q_j}$$

2. 工业机器人速度分析

将式(3.60)左右两边同时除以 $\mathrm{d}t$,得

$$\frac{\mathrm{d}X}{\mathrm{d}t} = J(q)\frac{\mathrm{d}q}{\mathrm{d}t}$$

即

$$V = J(q)\dot{q} \tag{3.61}$$

式中:V 为机器人末端在操作空间中的广义速度,$V = \dot{X} = \frac{\mathrm{d}X}{\mathrm{d}t}$;$J(q)$ 为速度雅可比矩阵;$\dot{q}$ 为关节空间中的关节速度。

对于二自由度机器人末端速度,若令 $J(q)$ 的第 1 列和第 2 列矢量分别为 J_1 和 J_2,则机器人手部端点的速度可以表示为

$$V = J_1\dot{\theta}_1 + J_2\dot{\theta}_2 \tag{3.62}$$

式中等号右边的第一项表示仅由第一个关节运动引起的端点速度,第二项表示仅由第二个关节运动引起的端点速度。总的端点速度为这两个速度的矢量和。因此可推得以下结论:工业机器人速度雅可比的每一列表示其他关节不动而该关节运动产生的端点速度。

将平面关节型二自由度机器人的参数代入式(3.62),得

$$V = \begin{bmatrix} v_x \\ v_y \end{bmatrix} = \begin{bmatrix} -l_1\sin\theta_1 - l_2\sin(\theta_1+\theta_2) & -l_2\sin(\theta_1+\theta_2) \\ l_1\cos\theta_1 + l_2\cos(\theta_1+\theta_2) & l_2\cos(\theta_1+\theta_2) \end{bmatrix} \begin{bmatrix} \dot{\theta}_1 \\ \dot{\theta}_2 \end{bmatrix} \tag{3.63}$$

$\theta_i = f_i(t)$ 是时间的函数。由式(3.63)就可以求出该工业机器人末端在某一时刻的速度,即手部瞬时速度。

反之,假如给定工业机器人末端瞬时速度,可由式(3.61)求出相应的关节速度,即

$$\dot{q} = J^{-1}V \tag{3.64}$$

式中:J^{-1} 称为工业机器人的逆速度雅可比矩阵。

式(3.64)是一个非常重要的公式,由它可以计算出机器人末端在任一瞬间的速度,从而保证工业机器人末端执行器能够按照规定的速度进行空间作业。一般来说,求解 J^{-1} 比较困难,有时还会出现奇异解,导致无法得到关节速度。

逆速度雅可比 J^{-1} 的奇异解有两种。

(1) 工作空间边界上的奇异解:机器人手臂全部伸开或全部折回时产生的解称为工作空间边界上的奇异解。

(2) 工作空间内部奇异解:机器人两个或多个关节轴线重合引起的奇异解。当出现这种情况时,在某空间某个方向(或子域)上,不管机器人关节速度怎样选择,机器人末端也不可能产生动作。这种现象称为退化现象。

对于平面关节型二自由度机器人,两杆件完全重合或完全伸直时,将出现奇异解。此时,

机器人末端正好处于工作空间的边界上,在此瞬间只能沿着一个方向运动,即垂直于杆件的方向,这就导致了一个自由度的退化。

在三维空间中作业的关节型工业机器人一般有 6 个自由度,其雅可比矩阵 J 是一个 $6×6$ 的矩阵。J 的前 3 行代表机器人末端线速度与关节速度的传递比;后 3 行代表机器人末端角速度与关节速度的传递比;第 i 列代表关节 i 的速度对机器人末端线速度和角速度的传递比。$\dot{q}$ 和 V 是 $6×1$ 的矩阵,其中,V 由 3 个线速度矢量和 3 个角速度矢量组成,$\dot{q}$ 由 6 个关节速度组成。

3.2.2　工业机器人静力学分析

工业机器人在作业过程中,当末端执行器与目标物体接触时,目标物体对末端执行器的作用力会使各个关节都产生相应的力。机器人各关节的驱动装置将提供关节力矩来克服这些作用力。各关节的驱动力矩(或力)与末端执行器施加的力(广义力,包括力和力矩)之间的关系就是机器人操作臂力控制的基础。当机器人各关节处于静平衡状态时,各关节"锁定",机器人成为一个机构。"锁定"用的关节力与手部所承受的载荷或外界环境作用力相平衡。为求解这种关节力,或求解在已知驱动力矩作用下手部的输出力,就需要对机器人操作臂进行静力学分析。

1. 操作臂的静力

已知末杆受力(力矩),可先分析末杆对上一连杆的力和力矩,依次分析反推,最后分析连杆 1 对基座的力和力矩,从而计算出全部连杆的受力情况。首先观察工业机器人在静平衡状态下单个关节上力和力矩。如图 3-29 所示,杆 i 通过关节 i 和关节 $i+1$ 分别与杆 $i-1$ 和杆 $i+1$ 连接。将杆 $i-1$ 通过关节 i 作用在杆件 i 上的力和力矩分别表示为 $f_{i-1,i}$ 和 $n_{i-1,i}$,杆 $i+1$ 通过关节 $i+1$ 作用在杆 i 上的力和力矩分别为 $-f_{i,i+1}$ 和 $-n_{i,i+1}$,杆 i 的重力表示为作用在其质心 C_i 上的力 $m_i g$。

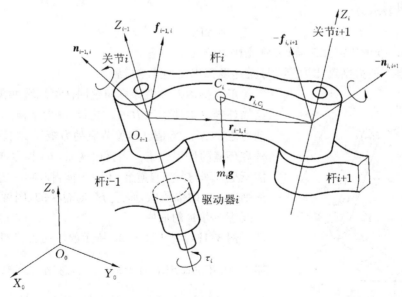

图 3-29　机器人手臂单个杆件 i 上的力和力矩

由静力学平衡方程可知,杆件 i 上的合力和合力矩都为零,因此力和力矩平衡方程分别为

$$f_{i-1,i} - f_{i,i+1} + m_i g = 0 \tag{3.65}$$

$$n_{i-1,i} - n_{i,i+1} + (r_{i-1,i} + r_{i,C_i}) \times f_{i-1,i} - r_{i,C_i} \times f_{i,i+1} = 0 \tag{3.66}$$

式中：$r_{i-1,i}$ 表示坐标系 $\{i\}$ 的原点相对于坐标系 $\{i-1\}$ 的位置矢量；r_{i,C_i} 表示质心原点相对于坐标系 $\{i\}$ 的位置矢量。假如已知外部对末端执行器的力和力矩，则可以通过式(3.65)和式(3.66)，由最后一个连杆向连杆 0(基座)递推，从而计算出每个连杆上的力和力矩。这里和速度推导的公式不太一样，在推导末端速度时，是基座固定不动，按照到基座的距离从近到远进行推导，这里静力的推导则按照到基座的距离从远到近进行。之所以要这样推导，是因为这里假设的是机器人末端受力。如果是机器人其他地方受力就要把力或力矩变换到末端去，或者在进行受力分析时把力或力矩加到受力的连杆坐标系中去，即将各个连杆坐标系中的力和力矩向各连杆坐标系的 z 轴做投影，得到使机器人保持静止时各轴上的电动机所需要输出的力矩。

为了便于表示工业机器人手部端点对外部环境的作用力和力矩(简称端点力 F)，可将 $f_{n,n+1}$ 和 $n_{n,n+1}$ 合并为一个 6 维矢量。$f_{n,n+1}$ 和 $n_{n,n+1}$ 各有关于 x_n、y_n、z_n 轴的分量。有

$$F = \begin{bmatrix} f_{n,n+1} \\ n_{n,n+1} \end{bmatrix} \tag{3.67}$$

各关节驱动器的驱动力或力矩可以表示为一个 n 维矢量，即

$$\tau = \begin{bmatrix} \tau_1 \\ \tau_2 \\ \vdots \\ \tau_n \end{bmatrix}$$

式中：n 为关节的数量；τ 为广义关节力矩，对于移动关节为关节驱动力，对于转动关节为关节驱动力矩。

2. 工业机器人力雅可比矩阵

假定忽略机器人各关节摩擦力和杆件重力，则广义关节力矩 τ 与工业机器人手部端点力 F 的关系可以表示为

$$\tau = J^{\mathrm{T}} F \tag{3.68}$$

式中：J^{T} 为 $n \times 6$ 的雅克比矩阵(力雅克比矩阵)。

工业机器人的力雅克比矩阵正好是速度雅克比矩阵的转置。

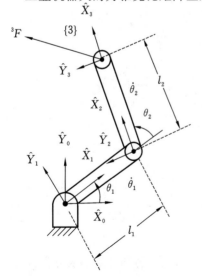

图 3-30　已知端点力 F 求关节力矩

工业机器人静力计算问题同样可以分两类：第一类是已知外界对手部作用力 F，求满足静力平衡条件的关节驱动力矩 τ；第二类是已知关节驱动力矩 τ，求机器人末端对外界环境的作用力 F。当自由度 $n > 6$ 时，力雅可比矩阵可能不是方阵，J^{T} 没有逆解，不一定能得到唯一的解。如果 F 的维数比 τ 的维数低，而且 J^{T} 是满秩的，则可以利用最小二乘法求得 F 的估值。

例 3-15　对于图 3-30 所示的平面关节型二自由度机器人，已知手部末端力 $F = \begin{bmatrix} F_x \\ F_y \end{bmatrix}$，忽略关节摩擦力与连杆的重力，机器人处于静平衡状态，求相应的关节驱动力矩。

解　由式(3.59)可知，该机器人的速度雅可比矩阵为

$$J = \begin{bmatrix} -l_1 \sin\theta_1 - l_2 \sin(\theta_1 + \theta_2) & -l_2 \sin(\theta_1 + \theta_2) \\ l_1 \cos\theta_1 + l_2 \cos(\theta_1 + \theta_2) & l_2 \cos(\theta_1 + \theta_2) \end{bmatrix}$$

则该机器人的力雅可比矩阵为

$$\boldsymbol{J}^{\mathrm{T}} = \begin{bmatrix} -l_1\sin\theta_1-l_2\sin(\theta_1+\theta_2) & l_1\cos\theta_1+l_2\cos(\theta_1+\theta_2) \\ -l_2\sin(\theta_1+\theta_2) & l_2\cos(\theta_1+\theta_2) \end{bmatrix}$$

由式(3.68)得

$$\boldsymbol{\tau} = \begin{bmatrix} \tau_1 \\ \tau_2 \end{bmatrix} = \boldsymbol{J}^{\mathrm{T}}\boldsymbol{F} = \begin{bmatrix} -l_1\sin\theta_1-l_2\sin(\theta_1+\theta_2) & l_1\cos\theta_1+l_2\cos(\theta_1+\theta_2) \\ -l_2\sin(\theta_1+\theta_2) & l_2\cos(\theta_1+\theta_2) \end{bmatrix}\begin{bmatrix} F_x \\ F_y \end{bmatrix}$$

解得

$$\tau_1 = [-l_1\sin\theta_1-l_2\sin(\theta_1+\theta_2)]F_x + [l_1\cos\theta_1+l_2\cos(\theta_1+\theta_2)]F_y$$
$$\tau_2 = -l_2\sin(\theta_1+\theta_2)F_x + l_2\cos(\theta_1+\theta_2)F_y$$

式中，F_x、F_y 已知，当 θ_1，θ_2 的值确定时，就可以得到确定的 $\boldsymbol{\tau}$。例如，当 $\theta_1=0$，$\theta_2=90°$时，可以得到：

$$\tau_1 = -l_2F_x+l_1F_y$$
$$\tau_2 = -l_2F_x$$

3.2.3　工业机器人动力学分析的拉格朗日法

驱动机器人的杆件运动，就要对机器人关节进行加速或减速。机器人的运动是关节上的力或力矩作用的结果，力或力矩的大小将影响机器人的动态性能。工业机器人动力学研究工业机器人动态方程的建立，工业机器人动态方程是一组描述机器人动态特性的数学方程。它涉及两个基本问题：

(1) 正向动力学问题：已知作用在机器人各关节上的力和驱动力矩，求该关节对应的运动轨迹和瞬时运动，即求加速度、速度和位置。此类问题在工业机器人运动仿真时经常会遇到。

(2) 逆向动力学问题：已知机器人关节当前的加速度、速度和位置，求此时关节上的受力和驱动力矩大小。工业机器人的动态控制问题属于此类问题。在机器人的实际控制器设计中经常会遇到此类问题。

简单来讲，机器人动力学研究的是机器人各关节受力大小和关节运动之间的关系。已知机器人的运动特性能够求出对应的力的大小；反之，已知受力的大小，可以确定机器人的运动特性。

工业机器人动力学常用的数学方法有矢量方法、张量方法、旋量方法及矩阵方法等。研究方法有很多，如基本力学方法、拉格朗日方法、牛顿-欧拉方法、高斯方法、凯恩方法等。目前最为常用的是拉格朗日方法和牛顿-欧拉方法，这两种方法常用于建立数学模型。对于简单系统，拉格朗日方法较牛顿-欧拉方法更显复杂，然而随着系统复杂程度的增加，用拉格朗日方法建立系统运动方程变得相对简单。实际上用这些方法建立的动力学模型是可以互相转化的。下面将着重讲解用拉格朗日法建立工业机器人动力学模型的方法。

为了简化计算，先做如下假设：

(1) 构成机器人的各杆件都是刚体（即不考虑杆件的变形）；

(2) 忽略机器人各关节的间隙的影响；

(3) 不考虑驱动系统的动力学问题。

1. 拉格朗日方程

拉格朗日方程是基于能量项对系统变量及时间的微分而建立的。首先将拉格朗日函数 L 定义为一个机器人系统的动能 E_k 和势能 E_p 之差，即

$$L = E_k - E_p \tag{3.69}$$

令 $q_i (i=1,2,\cdots,n)$ 是使系统具有完全确定位置的广义关节变量，$\dot{q}_i$ 是相应的广义关节速度。由于系统动能 E_k 是关节变量 q_i 和 $\dot{q}_i$ 的函数，系统势能 E_p 是关节变量 q_i 的函数，因此拉格朗日函数 L 也是关节变量 q_i 和 $\dot{q}_i$ 的函数。

工业机器人的拉格朗日方程为

$$F_i = \frac{\mathrm{d}}{\mathrm{d}t}\frac{\partial L}{\partial \dot{q}_i} - \frac{\partial L}{\partial q_i}, \quad i=1,2,\cdots,n \tag{3.70}$$

式中：F_i 称为关节 i 的广义驱动力。对于移动关节，F_i 为驱动力；对于转动关节，F_i 为驱动力矩。

用拉格朗日法建立工业机器人动力学方程一般按照如下步骤进行：

(1) 选取坐标系，选定完全而且独立的广义关节变量 q_i；

(2) 选取相应关节上的广义力 F_i；

(3) 求各构件的动能 E_k 和势能 E_p，构造拉格朗日函数 L；

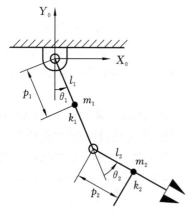

图 3-31　平面关节型
二自由度工业机器人

(4) 代入拉格朗日方程（式 3.70），求得机器人的动力学方程。

以平面关节型二自由度工业机器人（见图 3-31）为例，建立工业机器人动力学方程。具体步骤如下：

(1) 建立直角坐标系，如图 3-31 所示。连杆 1 和连杆 2 的关节变量分别为 θ_1 和 θ_2；关节 1 和关节 2 为转动关节，相应的力矩分别为 τ_1 和 τ_2，即 $\boldsymbol{\tau}=\begin{bmatrix}\tau_1\\\tau_2\end{bmatrix}$。连杆 1 和连杆 2 的杆长分别为 l_1 和 l_2，质量分别为 m_1 和 m_2，质心分别为 C_1 和 C_2，各杆质心到相应关节的距离分别为 p_1 和 p_2。

C_1 的位置坐标为

$$\begin{cases} x_1 = p_1 \sin\theta_1 \\ y_1 = -p_1 \cos\theta_1 \end{cases}$$

C_1 的速度平方为

$$v_{C_1}^2 = \dot{x}_1^2 + \dot{y}_1^2 = (p_1 \dot{\theta}_1)^2$$

C_2 的位置坐标为

$$\begin{cases} x_2 = l_1 \sin\theta_1 + p_2 \sin(\theta_1+\theta_2) \\ y_2 = -l_1 \cos\theta_1 - p_2 \cos(\theta_1+\theta_2) \end{cases}$$

C_2 的速度平方为

$$v_{C_2}^2 = \dot{x}_2^2 + \dot{y}_2^2 = l_1^2 \dot{\theta}_1^2 + p_2^2 (\dot{\theta}_1+\dot{\theta}_2)^2 + 2l_1 p_2 (\dot{\theta}_1^2+\dot{\theta}_1 \dot{\theta}_2)\cos\theta_2$$

(2) 先求系统动能。假设杆件质量全部集中在质心处，则有

$$E_{k1} = \frac{1}{2} m_1 v_{C_1}^2 = \frac{1}{2} m_1 p_1^2 \dot{\theta}_1^2$$

$$E_{k2} = \frac{1}{2} m_2 v_{C_2}^2 = \frac{1}{2} m_2 [l_1^2 \dot{\theta}_1^2 + p_2^2 (\dot{\theta}_1+\dot{\theta}_2)^2 + 2l_1 p_2 (\dot{\theta}_1^2+\dot{\theta}_1 \dot{\theta}_2)\cos\theta_2]$$

$$E_k = E_{k1} + E_{k2} = \frac{1}{2}(m_1 p_1^2 + m_2 l_1^2)\dot{\theta}_1^2 + \frac{1}{2}m_2 p_2^2 (\dot{\theta}_1 + \dot{\theta}_2)^2 + m_2 l_1 p_2 (\dot{\theta}_1^2 + \dot{\theta}_1 \dot{\theta}_2)\cos\theta_2$$

再求系统势能。以杆件运动过程中,质心能够达到的最低位置点为零势能点,则有

$$E_{p1} = m_1 g p_1 (1 - \cos\theta_1)$$

$$E_{p2} = m_2 g l_1 (1 - \cos\theta_1) + m_2 g p_2 [1 - \cos(\theta_1 + \theta_2)]$$

$$E_p = E_{p1} + E_{p2} = (m_1 p_1 + m_2 l_1)g(1 - \cos\theta_1) + m_2 g p_2 [1 - \cos(\theta_1 + \theta_2)]$$

构造拉格朗日函数:

$$
\begin{aligned}
L &= E_k - E_p = \frac{1}{2}(m_1 p_1^2 + m_2 l_1^2)\dot{\theta}_1^2 + \frac{1}{2}m_2 p_2^2 (\dot{\theta}_1 + \dot{\theta}_2)^2 + m_2 l_1 p_2 (\dot{\theta}_1^2 + \dot{\theta}_1 \dot{\theta}_2)\cos\theta_2 \\
&\quad - (m_1 p_1 + m_2 l_1)g(1 - \cos\theta_1) - m_2 g p_2 [1 - \cos(\theta_1 + \theta_2)]
\end{aligned}
$$

(3)建立系统的动力学方程。

根据拉格朗日方程(式 3.70),有

$$\tau_i = \frac{\mathrm{d}}{\mathrm{d}t}\frac{\partial L}{\partial \dot{q}_i} - \frac{\partial L}{\partial q}, \quad i = 1,2$$

计算两个关节上的力矩,得到系统的动力学方程。

关节 1 上的力矩为

$$
\begin{aligned}
\tau_1 &= \frac{\mathrm{d}}{\mathrm{d}t}\frac{\partial L}{\partial \dot{q}_1} - \frac{\partial L}{\partial q} \\
&= (m_1 p_1^2 + m_2 p_2^2 + m_2 l_1^2 + 2m_2 l_1 p_2 \cos\theta_2)\ddot{\theta}_1 + (m_2 p_2^2 + m_2 l_1 p_2 \cos\theta_2)\ddot{\theta}_2 \\
&\quad + (-2m_2 l_1 p_2 \sin\theta_2)\dot{\theta}_1 \dot{\theta}_2 + (-m_2 l_1 p_2 \sin\theta_2)\dot{\theta}_2^2 + (m_1 p_1 + m_2 l_1)g\sin\theta_1 \\
&\quad + m_2 g p_2 \sin(\theta_1 + \theta_2)
\end{aligned}
$$

关节 2 上的力矩为

$$
\begin{aligned}
\tau_2 &= \frac{\mathrm{d}}{\mathrm{d}t}\frac{\partial L}{\partial \dot{q}_1} - \frac{\partial L}{\partial q} \\
&= (m_2 p_2^2 + m_2 l_1 p_2 \cos\theta_2)\ddot{\theta}_1 + m_2 p_2^2 \ddot{\theta}_2 + (m_2 l_1 p_2 \sin\theta_2)\dot{\theta}_1^2 + m_2 g p_2 \sin(\theta_1 + \theta_2)
\end{aligned}
$$

关节力矩的表达式过于冗长,不够直观,我们可以将其简写为:

$$\tau_1 = D_{11}\ddot{\theta}_1 + D_{12}\ddot{\theta}_2 + D_{112}\dot{\theta}_1 \dot{\theta}_2 + D_{122}\dot{\theta}_2^2 + D_1 \tag{3.71}$$

$$\tau_2 = D_{21}\ddot{\theta}_1 + D_{22}\ddot{\theta}_2 + D_{212}\dot{\theta}_1 \dot{\theta}_2 + D_{211}\dot{\theta}_1^2 + D_2 \tag{3.72}$$

式中:

$$
\begin{cases}
D_{11} = m_1 p_1^2 + m_2 p_2^2 + m_2 l_1^2 + 2m_2 l_1 p_2 \cos\theta_2 \\
D_{12} = m_2 p_2^2 + m_2 l_1 p_2 \cos\theta_2 \\
D_{112} = -2m_2 l_1 p_2 \sin\theta_2 \\
D_{122} = -m_2 l_1 p_2 \sin\theta_2 \\
D_1 = (m_1 p_1 + m_2 l_1)g\sin\theta_1 + m_2 g p_2 \sin(\theta_1 + \theta_2)
\end{cases} \tag{3.73}
$$

$$
\begin{cases}
D_{21} = m_2 p_2^2 + m_2 l_1 p_2 \cos\theta_2 \\
D_{22} = m_2 p_2^2 \\
D_{212} = 0 \\
D_{211} = m_2 l_1 p_2 \sin\theta_2 \\
D_2 = m_2 g p_2 \sin(\theta_1 + \theta_2)
\end{cases} \tag{3.74}
$$

式(3.71)至式(3.74)分别表示了关节驱动力矩与关节位移、速度、加速度之间的关系,称为图 3-31 所示的平面关节型二自由度工业机器人的动力学方程。含 $\ddot{\theta}_i$ 的项表示由加速度引起的关节力矩;含 $\dot{\theta}_i^2$ 的项表示由向心力引起的关节力矩;含 $\dot{\theta}_1\dot{\theta}_2$ 的项表示由科里奥利(简称科氏力)引起的关节力矩;含 θ_1、θ_2 的项表示由重力引起的关节力矩。

从上面推导可以看出,即使是结构相对简单的平面关节型二自由度工业机器人,其动力学方程的推导和计算也是非常复杂的,因为影响机器人动力学特性的因素有很多。结构更加复杂的多自由度工业机器人的动力学方程的推导和计算则更加复杂。计算的复杂性将影响到机器人控制的实时性,因此,在实际应用中我们通常会采用一些简化计算的方法:

(1)当杆件质量不是很大时,忽略动力学方程中的重力矩项。

(2)当关节速度不是很大时,即工业机器人不是高速运动时,忽略动力学方程中的向心力矩项和科氏力矩项。

(3)当关节加速度不是很大时,也就是关节电动机升降速度不是很突然时,忽略动力学方程中的加速度力矩项。

2. 关节空间和操作空间动力学

对于 n 自由度的工业机器人,其末端位姿 X 是由 n 个关节变量所决定的,这 n 个关节变量构成的矢量称为 n 维关节矢量,用 q 表示。关节矢量 q 所构成的空间称为关节空间。机器人末端的操作是在直角坐标空间中完成的。即末端执行器的位姿是在直角坐标空间中描述的,这个直角坐标空间也称为操作空间。关节空间向操作空间的映射可以用运动学方程表示为

$$X = X(q)$$

运动学逆解就是通过映射,由在操作空间的位姿求在关节空间中的变量。关节空间中和操作空间中工业机器人的动力学方程有不同的表达形式,并且两者之间存在着一定的对应关系。

首先讨论关节空间中的动力学方程。将式(3.71)至式(3.74)写成如下的矩阵形式:

$$\tau = D(q)\ddot{q} + H(q,\dot{q}) + G(q) \tag{3.75}$$

$$D(q) = \begin{bmatrix} D_{11} & D_{12} \\ D_{21} & D_{22} \end{bmatrix} = \begin{bmatrix} m_1 p_1^2 + m_2 p_2^2 + m_2 l_1^2 + 2m_2 l_1 p_2 \cos\theta_2 & m_2 p_2^2 + m_2 l_1 p_2 \cos\theta_2 \\ m_2 p_2^2 + m_2 l_1 p_2 \cos\theta_2 & m_2 p_2^2 \end{bmatrix} \tag{3.76}$$

$$H(q,\dot{q}) = \begin{bmatrix} D_{111} & D_{122} \\ D_{211} & D_{222} \end{bmatrix}\begin{bmatrix} \dot{\theta}_1^2 \\ \dot{\theta}_2^2 \end{bmatrix} + \begin{bmatrix} D_{112} & D_{121} \\ D_{212} & D_{221} \end{bmatrix}\begin{bmatrix} \dot{\theta}_1\dot{\theta}_2 \\ \dot{\theta}_2\dot{\theta}_1 \end{bmatrix}$$
$$= \begin{bmatrix} 0 & D_{122} \\ D_{211} & 0 \end{bmatrix}\begin{bmatrix} \dot{\theta}_1^2 \\ \dot{\theta}_2^2 \end{bmatrix} + \begin{bmatrix} D_{112} & 0 \\ 0 & 0 \end{bmatrix}\begin{bmatrix} \dot{\theta}_1\dot{\theta}_2 \\ \dot{\theta}_2\dot{\theta}_1 \end{bmatrix} = -m_2 l_1 p_2 \sin\theta_2 \begin{bmatrix} \dot{\theta}_2^2 + 2\dot{\theta}_1\dot{\theta}_2 \\ \dot{\theta}_1^2 \end{bmatrix} \tag{3.77}$$

$$G(q) = \begin{bmatrix} D_1 \\ D_2 \end{bmatrix} = \begin{bmatrix} (m_1 p_1 + m_2 l_1)g\sin\theta_1 + m_2 g p_2 \sin(\theta_1+\theta_2) \\ m_2 g p_2 \sin(\theta_1+\theta_2) \end{bmatrix} \tag{3.78}$$

式中: $\quad q = \begin{bmatrix} \theta_1 \\ \theta_2 \end{bmatrix},\quad \dot{q} = \begin{bmatrix} \dot{\theta}_1 \\ \dot{\theta}_2 \end{bmatrix},\quad \ddot{q} = \begin{bmatrix} \ddot{\theta}_1 \\ \ddot{\theta}_2 \end{bmatrix}$

式(3.75)称为工业机器人在关节空间中的动力学方程的一般结构形式,它反映了关节力矩与关节变量、速度、加速度之间的函数关系。对于具有 n 个关节的机器人操作臂,$G(q)$ 是 n

$\times n$ 的正定对称矩阵，是 q 的函数，称为机器人的惯性矩阵；$H(q,\dot{q})$ 是 $n\times 1$ 的离心力与科氏力矢量；$G(q)$ 是 $n\times 1$ 的重力矢量。

接下来再看工业机器人在操作空间中的动力学方程。与关节空间的动力学方程相对应，在操作空间中，可用末端执行器的位姿矢量 X 来表示机器人的动力学方程：

$$F=M_x(q)\ddot{X}+U_x(q,\dot{q})+G_x(q) \tag{3.79}$$

式中：F 是广义的操作力矢量；$M_x(q)$ 为操作空间中的惯性矩阵；$U_x(q,\dot{q})$ 为操作空间中的向心力和科氏力矢量；$G_x(q)$ 为重力矢量。

关节空间中的动力学方程和操作空间中的动力学方程之间的对应关系，可以通过广义操作力 F 与广义关节力矩 τ 之间的关系以及操作空间与关节空间之间的速度、加速度关系得到：

$$\begin{cases} \tau=J^{\mathrm{T}}(q)F \\ \dot{X}=J(q)\dot{q} \\ \ddot{X}=J(q)\ddot{q}+\dot{J}(q)\dot{q} \end{cases} \tag{3.80}$$

一般来说，拉格朗日法是一种从能量角度考虑的方法，所以在很多情况下使用起来比较容易。但当机器人关节较多时，计算求导变得复杂，计算机耗费的时间较长，此时不宜再采用拉格朗日方法。而开链牛顿-欧拉动力学法作为一种迭代运算方法，可以应用在此种情况下。

3.2.4　工业机器人动力学分析的牛顿-欧拉法

1. 转动惯量

由力学基本原理可知，空间中刚体的运动可以看作刚体质心的平移与刚体绕质心的转动的组合。其中：质心的平移满足牛顿定律，可以用牛顿方程来描述；绕质心的转动可用欧拉方程来定义。这两种方程都涉及质量及其分布，涉及转动惯量的计算。

如图 3-32 所示，设刚体的质量为 m，以质心为原点的随体坐标系 $\{C\}$ 下的惯量矩阵 I_C 由 6 个量组成，用矩阵可表示为

$$I_C=\begin{bmatrix} I_{xx} & -I_{xy} & I_{xz} \\ -I_{xy} & I_{yy} & -I_{yz} \\ -I_{xz} & -I_{yz} & I_{zz} \end{bmatrix} \tag{3.81}$$

式中：

$$\begin{cases} I_x=\sum m_i(y_i^2+z_i^2)=\int(y^2+z^2)\mathrm{d}m \\ I_y=\sum m_i(x_i^2+z_i^2)=\int(x^2+z^2)\mathrm{d}m \\ I_z=\sum m_i(y_i^2+x_i^2)=\int(y^2+x^2)\mathrm{d}m \\ I_{xy}=I_{yx}=\sum m_i x_i y_i=\int x_i y_i\mathrm{d}m \\ I_{yz}=I_{zy}=\sum m_i y_i z_i=\int y_i z_i\mathrm{d}m \\ I_{zx}=I_{xz}=\sum m_i z_i x_i=\int z_i x_i\mathrm{d}m \end{cases} \tag{3.82}$$

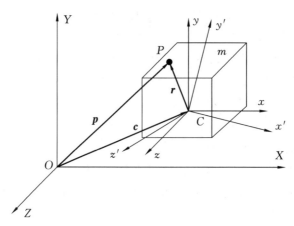

图 3-32　刚体空间动坐标系

惯量矩阵中的元素 I_{xx}、I_{yy} 和 I_{zz} 称为惯量矩，I_{xy}、I_{xz} 和 I_{yz} 称为惯量积。

对于给定的物体，惯量积的值与建立的坐标系的位置及方向有关；如果我们选择的坐标系合适，可使惯量积的值为零：

$$\boldsymbol{I}_C = \begin{bmatrix} I_x & 0 & 0 \\ 0 & I_y & 0 \\ 0 & 0 & I_z \end{bmatrix}$$

使物体惯量积为零的坐标轴称为主轴，相应的惯量称为主惯量。事实上，主惯量是惯量矩阵的特征值。

刚体惯性矩的平行轴定理：已知相对于某一原点位于物体质心坐标系 $\{C\}$ 的惯量矩阵 $\boldsymbol{I}_C$，坐标系 $\{A\}$ 的各坐标轴分别平行于坐标系 $\{C\}$ 的各坐标轴，则相对于坐标系 $\{A\}$ 的惯量矩阵 $\boldsymbol{I}_A$ 的各元素分别为

$$^{A}I_{xx} = {}^{C}I_{xx} + m(y_C^2 + z_C^2), \quad {}^{A}I_{xy} = {}^{C}I_{xy} + m x_C y_C$$
$$^{A}I_{yy} = {}^{C}I_{yy} + m(x_C^2 + z_C^2), \quad {}^{A}I_{yz} = {}^{C}I_{yz} + m y_C z_C$$
$$^{A}I_{zz} = {}^{C}I_{zz} + m(x_C^2 + y_C^2), \quad {}^{A}I_{xz} = {}^{C}I_{xz} + m x_C z_C$$

(x_C, y_C, z_C) 为质心 C 相对于坐标系 $\{A\}$ 的坐标。

2. 牛顿-欧拉方程

假设机器人的每个杆件都为刚体，为了驱动杆件，必须对关节施加力或力矩以实现关节运动的加速或减速。驱动杆件所需要的力或力矩是所需加速度和杆件质量分布的函数。为了描述机器人驱动力矩、负载力（力矩）、惯量和加速度之间的关系，可以用牛顿方程研究质心的平移，用欧拉方程研究绕质心的转动。如图 3-32 所示，假设刚体的质量为 m，质心在 C 点，质心处的位置矢量用 $\boldsymbol{C}$ 表示，则质心处的加速度为 $\ddot{\boldsymbol{C}}$；设刚体绕质心转动的角速度用 ω 表示，绕质心的角加速度为 α，根据牛顿方程可得作用在刚体质心 C 处的力 $\boldsymbol{F}$。根据三维空间欧拉方程，作用在刚体上的力对刚体质心的矩为 $\boldsymbol{M}$，有

$$\begin{cases} \boldsymbol{F} = m\ddot{\boldsymbol{C}} \\ \boldsymbol{M} = \boldsymbol{I}_C \alpha + \omega \times \boldsymbol{I}_C \omega \end{cases}$$

以上两式合称为牛顿-欧拉方程。

下面进行加速度的计算。加速度可以分为平移的线加速度和绕轴转动的角加速度。如图 3-33 所示,工业机器人的连杆 i 一端通过关节 i 与连杆 $i-1$ 连接,另一端通过关节 $i+1$ 与杆 $i+1$ 连接。设坐标系 $\{i\}$ 与连杆 $i-1$ 固连,其原点加速度为 a_{i-1},角速度为 ω_{i-1},坐标系 $\{i+1\}$ 的原点 O_{i+1} 随连杆 i 相对坐标系 $\{i\}$ 旋转,相对转速为 $\dot{\theta}_i$。P 为连杆 i 上任意一点,点 P 的相对速度和加速度分别为

$$\boldsymbol{v}_{ie} = \dot{\boldsymbol{\theta}}_i \times \boldsymbol{P}_i$$

$$\boldsymbol{a}_{ie} = \frac{\mathrm{d}\dot{\boldsymbol{\theta}}_i}{\mathrm{d}t} \times \boldsymbol{P}_i + \dot{\boldsymbol{\theta}}_i \times (\dot{\boldsymbol{\theta}}_i \times \boldsymbol{P}_i) \tag{3.83}$$

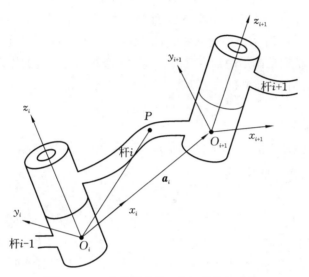

图 3-33 工业机器人第 i 个杆件的加速度

点 P 的绝对加速度为

$$\boldsymbol{a}_{Pi} = \boldsymbol{a}_{i-1} + 2\boldsymbol{\omega}_{i-1} \times \boldsymbol{v}_{ie} + \dot{\boldsymbol{\omega}}_{i-1} \times \boldsymbol{P}_i + \boldsymbol{a}_{ie} + \boldsymbol{\omega}_{i-1} \times (\boldsymbol{\omega}_{i-1} \times \boldsymbol{P}_i) \tag{3.84}$$

将式(3.83)代入式(3.84)并化简,得

$$\boldsymbol{a}_{Pi} = \boldsymbol{a}_{i-1} + (\dot{\boldsymbol{\omega}}_{i-1} + \ddot{\boldsymbol{\theta}}_i) \times \boldsymbol{P}_i + (\boldsymbol{\omega}_{i-1} + \dot{\boldsymbol{\theta}}_i) \times [(\boldsymbol{\omega}_{i-1} + \dot{\boldsymbol{\theta}}_i) \times \boldsymbol{P}_i]$$

即

$$\boldsymbol{a}_{Pi} = \boldsymbol{a}_{i-1} + \dot{\boldsymbol{\omega}}_i \times \boldsymbol{P}_i + \boldsymbol{\omega}_i \times (\boldsymbol{\omega}_i \times \boldsymbol{P}_i) \tag{3.85}$$

设杆 i 质心的位置矢量为 $\boldsymbol{C}_i$,其加速度为

$$\boldsymbol{a}_{Ci} = \boldsymbol{a}_{i-1} + \dot{\boldsymbol{\omega}}_i \times \boldsymbol{C}_i + \boldsymbol{\omega}_i \times (\boldsymbol{\omega}_i \times \boldsymbol{C}_i)$$

坐标系 $\{i+1\}$ 原点 O_{i+1} 的加速度为

$$\boldsymbol{a}_{O(i+1)} = \boldsymbol{a}_{i-1} + \dot{\boldsymbol{\omega}}_i \times \boldsymbol{a}_i + \boldsymbol{\omega}_i \times (\boldsymbol{\omega}_i \times \boldsymbol{a}_i)$$

杆 i 的角加速度为

$$\boldsymbol{\omega}_i = \boldsymbol{\omega}_{i-1} + \boldsymbol{\omega}_{i-1} \times \dot{\boldsymbol{\theta}}_i + \ddot{\boldsymbol{\theta}}_i$$

计算出每个杆件质心的加速度后,我们可以应用牛顿-欧拉方程来计算作用在每个杆件质心的惯性力和惯性力矩。根据牛顿-欧拉方程,有

$$\begin{cases} \boldsymbol{F}_i = m_i \dot{\boldsymbol{v}}_{Ci} \\ \boldsymbol{N}_i = \boldsymbol{I}_{Ci} \dot{\boldsymbol{\omega}}_i + \boldsymbol{\omega}_i \times \boldsymbol{I}_{Ci} \boldsymbol{\omega}_i \end{cases}$$

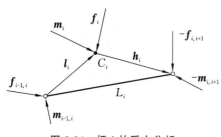

图 3-34　杆 i 的受力分析

将杆 i 作为隔离体进行受力分析。如图 3-34 所示，作用在其上的力和力矩包括：作用在杆 i 上的外力和外力矩，杆 $i-1$ 作用在杆 i 上的力和力矩，以及杆 $i+1$ 作用在杆 i 上的力和力矩。其中：

$f_{i,i+1}$ 为杆 $i+1$ 作用在杆 i 上的力；$m_{i,i+1}$ 为杆 $i+1$ 作用在杆 i 上的力矩；

$f_{i-1,i}$ 为杆 $i-1$ 作用在杆 i 上的力；$m_{i-1,i}$ 为杆 $i-1$ 作用在杆 i 上的力矩；

f_i 为作用在杆 i 上的外力简化到质心 C_i 处的合力，即外力的主矢；

m_i 为作用在杆 i 上的外力矩简化到质心 C_i 处的合力矩，即外力的主矩。

上述力和力矩包括运动副中的约束反力、驱动力、摩擦力等引起的作用力和作用力矩。作用在杆 i 上的所有力简化到质心的合力为

$$F_i = f_{i-1,i} - f_{i,i+1} + f_i$$

相对于质心的合力矩为

$$M_i = m_{i-1,i} - f_{i-1,i} \times l_i - m_{i,i+1} - f_{i,i+1} \times h_i + m_i$$

综上所述，杆的力和力矩递推计算公式为

$$f_{i-1,i} = f_{i,i+1} - f_i + F_i$$

$$M_i = m_{i-1,i} - (f_{i,i+1} - f_i + F_i) \times l_i - m_{i,i+1} - f_{i,i+1} \times h_i + m_i$$

$$= m_{i-1,i} - f_{i,i+1} \times (l_i + h_i) - m_{i,i+1} + f_i \times l_i - F_i \times l_i + m_i$$

$$m_{i-1,i} = f_{i,i+1} \times (l_i + h_i) + m_{i,i+1} + F_i \times l_i - f_i \times l_i - m_i + M_i$$

杆 i 需要的关节力矩为相邻杆件作用于它的力矩的 z 向分量，即

$$\tau_i = m_{i-1,i} \hat{z}_i$$

牛顿-欧拉方程的递推算法由两部分组成：首先，从杆 1 到杆 n，向前递推计算各杆的速度和加速度；然后，再从杆 n 到杆 1，向后递推计算作用力和力矩，以及关节驱动力矩。将整个递推算法总结如下。

递推算法应用条件：基础杆件和各关节的角速度和角加速度已知。

向前递推时，需要用到以下公式：

$$\omega_i = \omega_{i-1} + \dot{\theta}_i$$

$$\dot{\omega}_i = \dot{\omega}_{i-1} + \omega_{i-1} \times \dot{\theta}_i + \ddot{\theta}_i$$

$$\dot{v}_{Ci} = \dot{v}_{i-1} + \dot{\omega}_{i-1} \times C_i + \omega_{i-1} \times (\omega_{i-1} \times C_i)$$

$$F_i = m_i \dot{v}_{Ci}$$

$$M_i = I_{Ci} \dot{\omega}_i + \omega_i \times I_{Ci} \omega_i$$

向后递推时，需要用到以下公式：

$$f_{i-1,i} = f_{i,i+1} - f_i + F_i$$

$$m_{i-1,i} = f_{i,i+1} \times (l_i + h_i) + m_{i,i+1} - f_i \times l_i - m_i + F_i \times l_i + M_i \tag{3.86}$$

$$\tau_i = m_{i-1,i} \hat{z}_i$$

上面给出了平面关节型机器人的动力学计算方法。该递推算法是一种通用算法，可以用于任意自由度数的关节型机器人。

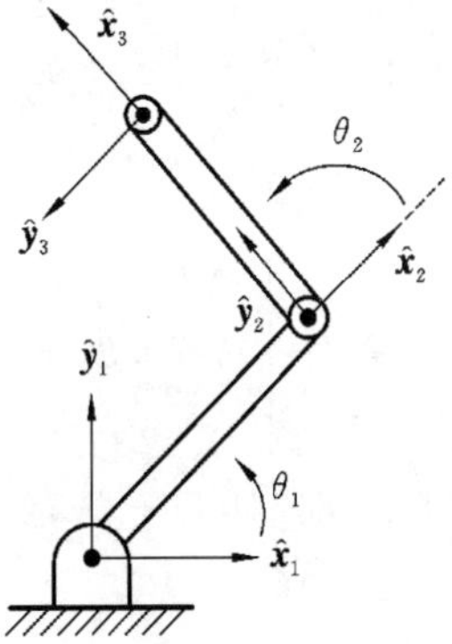

例 3-16　图 3-35 所示为平面关节型二自由度机器人，为简单起见，假设各杆的质量均集中于杆的尾部，其大小为 m_1 和 m_2，长度为 l_1 和 l_2。试用牛顿-欧拉方程法建立机器人的动力学方程。

解　首先，列出一系列的初始条件：坐标系分别为 $\{0\}$、$\{1\}$、$\{2\}$，各杆的质心矢量为 $\boldsymbol{P}_{C1}=l_1\hat{\boldsymbol{x}}_1$，$\boldsymbol{P}_{C2}=l_2\hat{\boldsymbol{x}}_2$。

由于假设质量集中于质点，因此各杆相对质心的惯性矩阵为零，即

$$\boldsymbol{I}_{C1}=\boldsymbol{I}_{C2}=\boldsymbol{0}$$

末端执行器上无作用力，所以有

$$\boldsymbol{f}_3=\boldsymbol{0},\quad \boldsymbol{n}_3=\boldsymbol{0}$$

基座静止，因此有

$$\boldsymbol{\omega}_0=\boldsymbol{0},\quad \dot{\boldsymbol{\omega}}_0=\boldsymbol{0}$$

考虑到重力，我们令

$$\dot{\boldsymbol{v}}_0=-g\hat{\boldsymbol{y}}_1$$

其次，应用递推公式(3.86)向前递推，对于杆 1，有

图 3-35　平面关节型二自由度机器人

$$^1\boldsymbol{\omega}_1=\dot{\boldsymbol{\theta}}_1^1\hat{\boldsymbol{z}}_1=\begin{bmatrix}0\\0\\\dot{\theta}_1\end{bmatrix}\qquad ^1\dot{\boldsymbol{\omega}}_1=\ddot{\boldsymbol{\theta}}_1^1\hat{\boldsymbol{z}}_1=\begin{bmatrix}0\\0\\\ddot{\theta}_1\end{bmatrix}$$

$$^1\dot{\boldsymbol{v}}_1=\begin{bmatrix}c\theta_1 & s\theta_1 & 0\\-s\theta_1 & c\theta_1 & 0\\0 & 0 & 1\end{bmatrix}\begin{bmatrix}0\\g\\0\end{bmatrix}=\begin{bmatrix}g\,s\theta_1\\g\,c\theta_1\\0\end{bmatrix}$$

$$^1\dot{\boldsymbol{v}}_{C1}=\begin{bmatrix}0\\l_1\ddot{\theta}_1\\0\end{bmatrix}+\begin{bmatrix}-l_1\dot{\theta}_1^2\\0\\0\end{bmatrix}+\begin{bmatrix}g\,s\theta_1\\g\,c\theta_1\\0\end{bmatrix}=\begin{bmatrix}-l_1\dot{\theta}_1^2+g\,s\theta_1\\l_1\ddot{\theta}_1+g\,c\theta_1\\0\end{bmatrix}$$

$$^1\boldsymbol{F}_1=\begin{bmatrix}-m_1l_1\dot{\theta}_1^2+m_1g\,s\theta_1\\m_1l_1\ddot{\theta}_1+m_1g\,c\theta_1\\0\end{bmatrix}\qquad ^1\boldsymbol{M}_1=\begin{bmatrix}0\\0\\0\end{bmatrix}$$

对于杆 2，有

$$^2\boldsymbol{\omega}_2=\begin{bmatrix}0\\0\\\dot{\theta}_1+\dot{\theta}_2\end{bmatrix}\qquad ^2\dot{\boldsymbol{\omega}}_2=\begin{bmatrix}0\\0\\\ddot{\theta}_1+\ddot{\theta}_2\end{bmatrix}$$

$$^2\dot{\boldsymbol{v}}_2=\begin{bmatrix}c\theta_2 & s\theta_2 & 0\\-s\theta_2 & c\theta_2 & 0\\0 & 0 & 1\end{bmatrix}\begin{bmatrix}-l_1\dot{\theta}_1^2+g\,s\theta_1\\l_1\ddot{\theta}_1+g\,c\theta_1\\0\end{bmatrix}=\begin{bmatrix}l_1\ddot{\theta}_1s\theta_2-l_1\dot{\theta}_1^2c\theta_2+g\,s(\theta_1+\theta_2)\\l_1\ddot{\theta}_1c\theta_2+l_1\dot{\theta}_1^2s\theta_2+g\,c(\theta_1+\theta_2)\\0\end{bmatrix}$$

$$^2\dot{\boldsymbol{v}}_{C2}=\begin{bmatrix}0\\l_2(\ddot{\theta}_1+\ddot{\theta}_2)\\0\end{bmatrix}+\begin{bmatrix}-l_2(\dot{\theta}_1+\dot{\theta}_2)^2\\0\\0\end{bmatrix}+\begin{bmatrix}l_1\ddot{\theta}_1s\theta_2-l_1\dot{\theta}_1^2c\theta_2+g\,s(\theta_1+\theta_2)\\l_1\ddot{\theta}_1c\theta_2+l_1\dot{\theta}_1^2s\theta_2+g\,c(\theta_1+\theta_2)\\0\end{bmatrix}$$

$$= \begin{bmatrix} l_1\ddot{\theta}_1 s\theta_2 - l_1\dot{\theta}_1^2 c\theta_2 + g s(\theta_1+\theta_2) - l_2(\dot{\theta}_1+\dot{\theta}_2)^2 \\ l_2(\ddot{\theta}_1+\ddot{\theta}_2) + l_1\ddot{\theta}_1 c\theta_2 + l_1\dot{\theta}_1^2 s\theta_2 + g c(\theta_1+\theta_2) \\ 0 \end{bmatrix}$$

$${}^2\boldsymbol{F}_2 = \begin{bmatrix} m_2 l_1\ddot{\theta}_1 s\theta_2 - m_2 l_1\dot{\theta}_1^2 c\theta_2 + m_2 g s(\theta_1+\theta_2) - m_2 l_2(\dot{\theta}_1+\dot{\theta}_2)^2 \\ m_2 l_2(\ddot{\theta}_1+\ddot{\theta}_2) + m_2 l_1\ddot{\theta}_1 c\theta_2 - m_2 l_1\dot{\theta}_1^2 s\theta_2 + m_2 g c(\theta_1+\theta_2) \\ 0 \end{bmatrix} \qquad {}^2\boldsymbol{M}_2 = \begin{bmatrix} 0 \\ 0 \\ 0 \end{bmatrix}$$

再向后递推,对于杆 2,有

$${}^2\boldsymbol{f}_2 = {}^2\boldsymbol{F}_2$$

$${}^2\boldsymbol{m}_2 = \begin{bmatrix} 0 \\ 0 \\ m_2 l_2^2(\ddot{\theta}_1+\ddot{\theta}_2) + m_2 l_1 l_2\, \ddot{\theta}_1 c\theta_2 - m_2 l_1 l_2\, \dot{\theta}_1^2 s\theta_2 + m_2 g l_2 c(\theta_1+\theta_2) \end{bmatrix}$$

对于杆 1,有

$${}^1\boldsymbol{f}_1 = \begin{bmatrix} c\theta_2 & -s\theta_2 & 0 \\ s\theta_2 & c\theta_2 & 0 \\ 0 & 0 & 1 \end{bmatrix} \begin{bmatrix} m_2 l_1\ddot{\theta}_1 s\theta_2 - m_2 l_1\dot{\theta}_1^2 c\theta_2 + m_2 g s(\theta_1+\theta_2) - m_2 l_2(\dot{\theta}_1+\dot{\theta}_2)^2 \\ m_2 l_2(\ddot{\theta}_1+\ddot{\theta}_2) + m_2 l_1\ddot{\theta}_1 c\theta_2 - m_2 l_1\dot{\theta}_1^2 s\theta_2 + m_2 g c(\theta_1+\theta_2) \\ 0 \end{bmatrix}$$
$$+ \begin{bmatrix} -m_1 l_1\dot{\theta}_1^2 + m_1 g s\theta_1 \\ m_1 l_1\ddot{\theta}_1 + m_1 g c\theta_1 \\ 0 \end{bmatrix}$$

$${}^1\boldsymbol{m}_1 = \begin{bmatrix} 0 \\ 0 \\ m_2 l_2^2(\ddot{\theta}_1+\ddot{\theta}_2) + m_2 l_1 l_2\ddot{\theta}_1 c\theta_2 - m_2 l_1 l_2\, \dot{\theta}_1^2 s\theta_2 + m_2 g l_2 c(\theta_1+\theta_2) \end{bmatrix} + \begin{bmatrix} 0 \\ 0 \\ m_1 l_1^2\ddot{\theta}_1 + m_1 l_1 g c\theta_1 \end{bmatrix}$$
$$+ \begin{bmatrix} 0 \\ 0 \\ m_2 l_1^2\ddot{\theta}_1 - m_2 l_1 l_2 s\theta_2 (\dot{\theta}_1+\dot{\theta}_2)^2 + m_2 l_1 g s\theta_2 s(\theta_1+\theta_2) + m_2 l_1 l_2 c\theta_2(\ddot{\theta}_1+\ddot{\theta}_2) + m_2 l_1 g c\theta_2 c(\theta_1+\theta_2) \end{bmatrix}$$

取力矩的 z 向分量,得到关节力矩:

$$\tau_1 = m_2 l_2^2(\ddot{\theta}_1+\ddot{\theta}_2) + m_2 l_1 l_2 c\theta_2(2\ddot{\theta}_1+\ddot{\theta}_2) + (m_1+m_2) l_1^2\ddot{\theta}_1 - m_2 l_1 l_2 s\theta_2\dot{\theta}_2^2$$
$$- 2m_2 l_1 l_2 s\theta_2\dot{\theta}_1\dot{\theta}_2 + m_2 l_2 g c(\theta_1+\theta_2) + (m_1+m_2) l_1 g c\theta_1$$

$$\tau_2 = m_2 l_1 l_2 c\theta_2\ddot{\theta}_1 + m_2 l_1 l_2 s\theta_2\dot{\theta}_1^2 + m_2 l_2 g c(\theta_1+\theta_2) + m_2 l_2^2(\ddot{\theta}_1+\ddot{\theta}_2)$$

3.3　工业机器人的运动轨迹规划

在工业机器人应用过程中,通常是先得到机器人末端执行器的空间位姿,然后确定机器人各关节的运动变量。实际操作场景中普遍存在误差和干扰,如目标物的尺寸和位置变化、机器人末端执行器的安装误差、外物的意外碰触等。如果机器人各关节一直按照设定好的变量运动,则无法保证机器人末端的实际位姿与期望的位姿保持一致。即如果在机器人的作业过程中不能根据实际工况对机器人运动轨迹进行在线调整,将无法满足高精度加工需求。因此,在机器人作业过程中实时检测目标的真实位置,同时结合机器人的本体信息,完成机器人作业的动态引导,可以大幅度提高机器人适应性,真正实现机器人系统的自动化、柔性化和智能化,达到提高良品率、降低制造成本的目的。工业机器人的运动轨迹规划时需在给定的路径端点之间插入用于控制的中间点序列,以实现工业机器人末端执行器沿给定路线的平稳运动。

3.3.1　轨迹规划的基本原理

工业机器人的轨迹规划是指根据作业任务要求确定轨迹参数,并实时计算和生成运动轨迹。轨迹规划包含机器人各关节的位移、速度和加速度等信息。轨迹规划的目标是在机器人关节空间移动时,使机器人运行时间尽量短或能量消耗尽量少。轨迹规划一般情况下要完成如下三个任务:

(1) 对机器人的任务及运动轨迹进行描述;

(2) 根据已经确定的轨迹参数,在计算机上模拟所要求的轨迹;

(3) 对轨迹进行实际计算,即在运行时间内按一定的速率计算出位置、速度和加速度,从而生成运动轨迹。

在进行工业机器人的轨迹规划时,要规定机器人运动的起始点和终止点,而且要给出中间点(路径点)的位姿并进行路径点之间的时间分配,即给出两个路径点之间的运动时间。

轨迹规划一般有两种方法:关节空间规划方法和直角坐标空间规划方法。如果采用关节空间规划方法,则在关节空间中将所有关节变量表示为时间函数,用其一、二阶导数描述机器人的预期动作。如果采用直角坐标空间规划方法,则在直角坐标空间中将机器人末端位姿参数表示为时间函数,相应的关节位置、速度、加速度由机器人末端位姿信息导出。

下面以平面关节型二自由度机器人为例,介绍轨迹规划的基本原理。

如图 3-36 所示,机器人末端在起始位置 A 时,规划的终止位置为 B。起始位置两个连杆相对自身坐标系的转角分别为 $\alpha=20°$ 和 $\beta=30°$。图中数字 1～6 表示间隔时间为 1 s 时杆件的不同位置。在图 3-36(a)中,两杆都绕关节以定转速 10(°)/s 转动。杆 1 用 2 s 的时间到达终止位置(由 $\alpha=20°→\alpha=40°$),杆 2 用 5 s 的时间到达终止位置(由 $\beta=30°→\beta=80°$)。两个杆件耗时差别很大。而且小臂在前 2 s 时间内在空间内移动的范围较大,在后 3 s 时间内移动的范围较小,移动速度不是均匀分布的。因此,在实际轨迹规划中,常常做运动的归一化设计。如图 3-36(b)所示,使两个关节具有相同的到达时间(也可用其他公共因子),得到两个连杆的转速分别为 4(°)/s 和 10(°)/s。其轨迹分布如图 3-36(b)所示,在空间中的移动速度比较均匀。当然,我们也可以利用直角坐标空间进行运动轨迹规划。如图 3-36(c)所示,规划机器人末端沿直线 AB 进行运动,可以用插值法,将直线 AB 等分为 n 段,逐个位置计算出相应的转角,计算结果如图 3-36(c)中列表所示。显然利用直角坐标空间进行轨迹规划时,连杆末端的

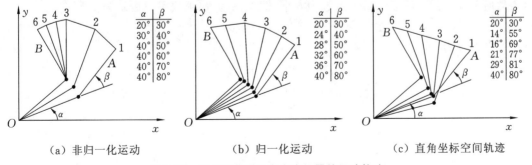

| (a) 非归一化运动 | (b) 归一化运动 | (c) 直角坐标空间轨迹 |

图 3-36　平面关节型二自由度机器的运动轨迹

位移是均匀的,即末端的移动速度是均匀的,但其关节的转速是不均匀的。下面我们详细介绍这两种规划方法。

3.3.2　基于关节空间的轨迹规划

基于关节空间的轨迹规划是在关节空间内,对每个关节的受控参数进行规划,从而达到使关节空间轨迹平滑的目的。一般情况下,基于关节空间的规划方法便于计算,并且由于关节空间与直角坐标空间并不存在连续对应关系,因此不会发生机构的奇异性问题。基于关节空间的轨迹规划方法有很多,最常见的有多次多项式轨迹规划法(如三次多项式轨迹规划法)和抛物线过渡线性轨迹规划法。

1. 三次多项式轨迹规划法

已知机器人初始位姿,通过求解逆运动学方程,可以求得对应的关节变量。关节在 t_i 时刻处于起始位置,变量值为 θ_i;在 t_f 时刻处于终止位置,关节变量为 θ_f。关节的起始速度、终止速度均为 0。由这四个边界条件可以求解三次多项式方程中的四个未知量:

$$\begin{cases}\theta(t_i)=\theta_i\\\theta(t_f)=\theta_f\\\dot{\theta}(t_i)=0\\\dot{\theta}(t_f)=0\end{cases} \tag{3.87}$$

给出关节转角 θ 关于时间 t 的三次多项式,并求其一阶导数和二阶导数:

$$\begin{cases}\theta(t)=c_0+c_1t+c_2t^2+c_3t^3\\\dot{\theta}(t)=c_1+2c_2t+3c_3t^2\\\ddot{\theta}(t)=2c_2+6c_3t\end{cases} \tag{3.88}$$

将边界条件(3.87)代入式(3.88)得

$$\begin{cases}\theta(t_i)=c_0=\theta_i\\\theta(t_f)=c_0+c_1t_f+c_2t_f^2+c_3t_f^3=\theta_f\\\dot{\theta}(t_i)=c_1=0\\\dot{\theta}(t_f)=c_1+2c_2t_f+3c_3t_f^2=0\end{cases}$$

此方程组中有 4 个未知常数 $c_0\sim c_3$,而边界条件也有 4 个,因此方程组有解。求得的三次多项式方程可用于轨迹规划。轨迹通过一系列点时,将求解得出的每一段末端的位置和速度作为下一段轨迹的初始条件,由此形成多段三次轨迹。这种轨迹在速度上是连续的。

如还要求加速度连续,可采用五次多项式进行轨迹规划,且需要采用高阶多项式插值,边界条件增至 6 个。高阶多项式的系数为 6 个,即 $c_0\sim c_5$,多项式可以表示为

$$\theta(t)=c_0+c_1t+c_2t^2+c_3t^3+c_4t^4+c_5t^5 \tag{3.89}$$

边界条件为

$$\begin{cases}\theta(t_i)=\theta_i\\\theta(t_f)=\theta_f\\\dot{\theta}(t_i)=\dot{\theta}_i\\\dot{\theta}(t_f)=\dot{\theta}_f\\\ddot{\theta}(t_i)=\ddot{\theta}_i\\\ddot{\theta}(t_f)=\ddot{\theta}_f\end{cases}$$

2. 抛物线过渡的线性轨迹规划法

直接进行线性插值会导致起始点和终止点的关节运动速度不连续,因此我们可以在轨迹中间进行线性插值,两端利用抛物线过渡。如图 3-37 表示,机器人关节以恒定速度完成从起始点到终止点之间的运动,轨迹方程为一次多项式,但在起始点、终止点处速度须有过渡,以产生连续的速度切换。

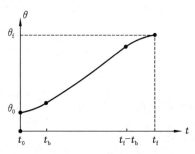

图 3-37 抛物线过渡的线性运动规划

边界条件同式(3.87),t_b、$t_f - t_b$ 为抛物线与直线过渡节点,$t_0 \sim t_b$ 段的抛物线与 $t_{f-b} \sim t_f$ 段的抛物线长度相等,且关于直线部分中心对称。

抛物线方程为

$$\begin{cases} \theta(t) = c_0 + c_1 t + \dfrac{1}{2} c_2 t^2 \\ \dot{\theta}(t) = c_1 t + c_2 t \\ \ddot{\theta}(t) = c_2 \end{cases} \tag{3.90}$$

由式(3.90)可见,抛物线运动段对应的关节角加速度为常数。为了保证直线段的存在,关节角加速度不能过小。

将式(3.87)中边界条件代入式(3.90)得

$$\begin{cases} c_0 = \theta_i \\ c_1 = 0 \\ c_2 = \ddot{\theta} \end{cases}$$

则抛物线方程可(3.90)简化为

$$\begin{cases} \theta(t) = \theta_i + \dfrac{1}{2} c_2 t^2 \\ \dot{\theta}(t) = c_2 t \\ \ddot{\theta}(t) = c_2 \end{cases} \tag{3.91}$$

设线性段角速度为 ω,初始角速度和终止角速度均为 0,代入式(3.91)得

$$\begin{cases} \theta_A = \theta_i + \dfrac{1}{2} c_2 t_b^2 \\ \dot{\theta}_A = c_2 t_b = \omega \\ \theta_B = \theta_A + \omega[(t_f - t_b) - t_b] = \theta_A + \omega(t_f - 2t_b) \\ \dot{\theta}_B = \dot{\theta}_A = \omega \\ \theta_f = \theta_B + (\theta_A - \theta_i) \\ \dot{\theta}_f = 0 \end{cases}$$

求得

$$\begin{cases} c_2 = \dfrac{\omega}{t_b} \\ \theta_f = \theta_i + \left(\dfrac{\omega}{t_b}\right) t_b^2 + \omega(t_f - 2t_b) \end{cases}$$

进而求出过渡时间：

$$t_b = \frac{\theta_i - \theta_f + \omega t_f}{\omega}$$

由于要保证直线段的存在，因此 t_b 必须满足条件：

$$t_b \leqslant \frac{1}{2} t_f$$

因此可求得

$$\omega \leqslant \frac{2(\theta_f - \theta_i)}{t_f}$$

当 ω 取等号时，没有直线段。至此求得起始过渡线段。如初始时间不为零，可平移时间轴使初始时间为零。终止段过渡抛物线和起始段过渡抛物线对称，但角加速度方向相反，即

$$\theta(t) = \theta_f - \frac{1}{2} c_2 (t_f - t)^2, \quad c_2 = \frac{\omega}{t_b}$$

可得

$$\begin{cases} \theta(t) = \theta_f - \dfrac{\omega}{2t_b}(t_f - t)^2 \\ \dot{\theta}(t) = \dfrac{\omega}{t_b}(t_f - t) \\ \ddot{\theta}(t) = -\dfrac{\omega}{t_b} \end{cases}$$

3.3.3　基于直角坐标空间的轨迹规划

基于直角坐标空间的轨迹规划，就是计算机器人在给定路径上各点处的位置与姿态。按在关节空间中计算出的路径可保证机器人末端能够到达中间点和目标点，即使这些路径点是用直角坐标系来规定的。不过，机器人末端在空间的路径一般不是直线，而且，其路径的复杂程度取决于操作臂特定的运动学特征。因此，一般规定机器人末端的运动路径，采用的是基于直角坐标空间的轨迹规划法。

1. 位置的规划

将机器人末端运动轨迹规划为直线时，其运动方程为

$$P_i = P_0 + ai$$

式中：P 为位置；a 为步长。

将机器人末端运动轨迹规划为圆弧时，在圆弧上取 3 个点 P_1、P_2、P_3，首先利用这 3 个点确定圆弧的圆心，定义从圆心到圆弧上点的矢量，圆弧上的轨迹步长就等于圆心到步长段两侧端点矢量的和，故利用矢量相加可逐步规划每一个中间点的位置。

2. 姿态规划

假设机器人在起始位置的姿态为 R_1，在目标位置的姿态为 R_2，则机器人需要进行的变换为

$$R = R_1^T R_2$$

通过旋转变换求取等效转轴和等效转角，进而求取机器人第 i 步的姿态相对于初始姿态的调整量。在直角坐标空间，将机器人第 i 步的位姿相结合，就得到机器人第 i 步的位姿矩阵：

$$T_i = \begin{pmatrix} R_i R(i) & P_i \\ 0 & 1 \end{pmatrix}$$

在规划和产生直角坐标空间直线轨迹时,如果将每个中间点的位姿定义成旋转矩阵,则无法对其分量进行线性插值,因为由直角坐标空间的轨迹规划法可能无法得到有效的旋转矩阵。直角坐标空间的轨迹规划还存在一些几何空间方面的问题。例如,有可能机器人末端路径的起始点和目标点都在其工作空间内部,但是在连接这两点的直线上有一些点不在工作空间内;有可能在某些位置无法用有限的关节速度来实现机器人末端在直角坐标空间内的期望速度;有可能两杆操作臂的两个杆长度相同,但是关节存在约束,这使得机器人到达空间给定点的解数量减少。

习　题

1. 图 3-38 中的物体 6 个顶点的坐标分别为 $(1,0,0)$、$(-1,0,0)$、$(-1,0,2)$、$(1,0,2)$、$(1,4,0)$、$(-1,4,0)$。如果该物体在基坐标系中先绕 z 轴旋转 $90°$,然后绕 y 轴旋转 $90°$,再沿 x 轴平移 4,求运动后物体 6 个顶点的位置。

2. 在六自由度工业机器人上指定坐标系(见图 3-39),并填写 D-H 参数表。该机器人是一个球坐标型机器人,其关节 1、2 是旋转关节,关节 3 是滑动关节,最后三个关节(腕关节)全是旋转关节。

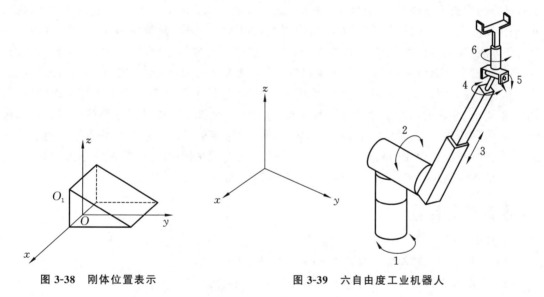

图 3-38　刚体位置表示　　　　　　　　图 3-39　六自由度工业机器人

3. 在理想条件下,用拉格朗日法推导图 3-40 所示的两自由度系统的力和加速度关系,假设车轮的惯性可以忽略不计。

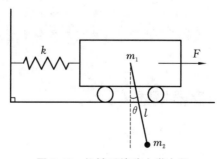

图 3-40　机械系统动力学方程

第4章　工业机器人传感器及感知技术

工业机器人传感器是机器人系统的关键核心零部件,在机器人感知、控制中具有重要作用,传感器的种类、数量、智能性等在一定程度上反映了工业机器人的智能性。机器人智能性最重要的特征之一是机器人具有将变化的复杂环境中的各种有用信息及时反馈给机器人控制系统的全域全时全感知系统,并能通过多传感器信息融合,进一步有效地适应环境、自主行动。

工业机器人传感器主要包括视觉传感器、力觉传感器、触觉传感器、接近觉传感器等;机器人感知技术主要包括图形图像分析处理技术、立体视觉技术、传感器动态分析与补偿技术、非线性传感评测与标定技术、多传感器信息融合技术、人机交互融合技术、虚拟现实临场感技术等。随着传统工业机器人的简单结构化环境作业向现代工业机器人(人机协作机器人)的未知非结构化环境的智能作业转变,机器人对传感器依赖程度越来越大。我们势必要在充分利用现有成熟感知技术基础上,结合新材料(如二维功能材料、石墨烯材料、碳纳米管材料、有机高分子材料、液态金属等)、新工艺(如微机电系统(MEMS)工艺、微纳制造工艺、3D打印工艺等)、新方法(如柔性传感、感控一体化方法等),并借助于先进信息处理技术(如人工智能、大数据、多传感信息融合技术等)来提高工业机器人传感器的性能指标,拓展机器人的应用需求。

本章首先介绍了工业机器人传感器的基本知识,包括工业机器人传感器的功能特点、分类、选型要求、存在的问题及发展趋势等;接着阐述了工业机器人中常用内部传感器和外部传感器,如位移传感器、视觉传感器、力/力矩传感器、触觉传感器等传感器的基本结构组成及功能、种类、发展现状、存在的问题及发展趋势;最后,剖析了焊接机器人、装配机器人、打磨抛光机器人、搬运机器人等典型工业机器人的智能感知系统。

本章学习目标

1) 知识目标
(1) 了解工业机器人常用传感器的种类、特点、选型要求。
(2) 掌握工业机器人常用传感器的工作原理、结构组成。
(3) 熟悉工业机器人典型应用中的感知系统组成和常用感知技术。

2) 能力目标
(1) 根据工业机器人感知系统典型应用需求特点和选型要求,培养机器人感知系统分析设计能力。
(2) 培养对工业机器人典型应用中的常用传感器及感知系统的集成应用能力。

4.1　工业机器人传感器概述

4.1.1　人类感官与机器人传感器

机器人研究是从模拟人或动物等智能生命体开始的。人类通过五种感官(耳、目、鼻、舌、身)接收外界刺激,将外界刺激转化为生物电信号,再将生物电信号通过突触、神经元等周围神经传递给大脑;大脑对接收的分散信息进行加工、分析、储存、综合分析后发出指令,通过传输神经系统调动肌体执行相应动作。在机器人中,计算机相当于人的大脑,机器人的机构本体(执行机构)对应人的肌体,机器人的各种内、外部传感器对应人的五官。可见,计算机是人类大脑或智力的外延,执行机构是人类四肢的外延,传感器是人类五官的外延。机器人要获取外界环境或自身信息,则需要与人的感官具有类似功能的传感器。传感器是机器人实现自我认知和与外界联系的窗口和桥梁。要使机器人具有智能,能对环境变化做出反应,则:首先要通过传感器采集信息,使机器人具有感知环境变化的能力;其次,要采用适当、高效的方法,对传感器采集的信息进行分析处理,并做出综合决策,然后控制机器人进行指定的作业。

4.1.2　机器人与传感器

自从 1959 年世界上第一台工业机器人诞生以来,工业机器人技术取得了长足的进步和发展。在机器人的发展历程中,传感器技术如影随形。第一代工业机器人——示教再现型工业机器人未配备任何传感器,一般采用开关控制、示教再现控制和可编程控制方法进行作业控制,机器人在作业过程中无法感知环境的变化和自身状态的改变,只能通过操作人员示教或编程设定的运动轨迹或路径参数来运行。示教再现型机器人对外界环境没有感知能力,不能获取关于操作力的大小、操作对象、工件状态、操作过程的任何信息。第二代工业机器人——感觉型工业机器人配备了内、外部传感器,能够感知自身运行的位置、姿态、速度等物理量,并将这些信息进行反馈,构成闭环控制。感觉型工业机器人具有类似人类的某种感觉,能够通过传感器感知和识别操作环境状态,工件的形状、大小、颜色等。第三代工业机器人——智能型工业机器人具有多种传感器,可以进行复杂的逻辑推理、判断及决策,能在内部状态和外部环境随时发生变化的情况下,自主决定自身行为,具有自感知、自推理、自决策等自主行为能力。

传感器技术的快速发展推动了机器人技术的整体进步,为机器人更多功能的实现提供了可能。为了实现在复杂、动态及不确定环境下机器人的自主性,满足人机共融、人机协作的应用需求,研究人员逐渐开始尝试将视觉、听觉、压觉、力觉传感器等不同功能的传感器融合在一起,形成机器人智能感知系统,从而为机器人提供详细的外界环境信息,从而使机器人能对外界环境变化做出实时、准确、灵活的响应。

4.1.3　工业机器人传感器的功能及特点

工业机器人传感器是机器人感知自身位置、速度、加速度、力/力矩等内部信息和检测工作环境、操作对象、人及其他机器人的物理属性、运动状态、相互作用等外界信息的工具,采集的传感信号反馈给控制系统,由控制系统经过分析处理后做出整体决策。传感器的智能化水平决定了工业机器人的先进性。

工业机器人传感器与传统工业自动化检测中所用的传感器的工作原理、基本结构组成相同,但工业机器人传感器所获取信息的种类、数据更丰富,智能化、集成化水平及性能要求更高。传感器的使用大大提升了机器人的智能化水平,机器人产业的快速发展为传感器的应用提供了广阔的空间。

传感器在机器人中既可以用于内部信息反馈控制,也可以用于与外部环境交互,具有感知、检测、识别、导航等功能。机器人通过传感器了解其自身和操作对象所处的环境,实时掌握动态信息,使得其工作顺序、操作内容能适应工况的变化。从机器人内部和外部获取有用信息,并进行实时检测、分析、决策,对实现机器人高效操作及安全稳定工作具有重要作用。传感、认知、决策、动作是体现机器人智能的重要环节,可用于判断机器人是否具有智能。智能工业机器人应该具有感知环境的能力、执行某种任务而对环境施加影响的能力,以及将所感知的信息与行为联系起来的思维决策能力。因此,工业机器人传感器及智能感知系统在工业机器人中占有重要地位。

4.1.4　工业机器人传感器分类

传感器是工业机器人的"电五官",可使工业机器人具备视觉、触觉、听觉、嗅觉、味觉、平衡觉等智能感知能力。光学传感器(智能摄像机)好比人的眼睛,可使机器人具备视觉;压力传感器、温度传感器、流体传感器(电子皮肤)好比人的皮肤,可使机器人具备触觉;气敏传感器(电子鼻)好比人的鼻子,可使机器人具备嗅觉;声敏传感器好比人的耳朵,可使机器人具备听觉;生物、化学传感器好比人的舌头,可使机器人具备味觉。

工业机器人所要完成的工作任务不同,所配置的传感器类型、规格也就不同。工业机器人传感器可按多种方法进行分类。

1. 按用途分类

工业机器人传感器按用途可分为内部传感器和外部传感器,如图 4-1 所示。

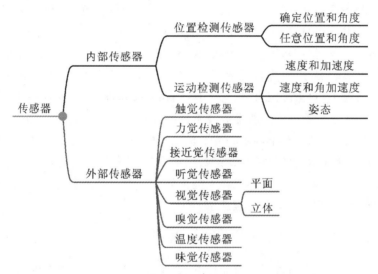

图 4-1　工业机器人传感器按不同用途分类

　　内、外部传感器是相对机器人而言的。内部传感器是指用来检测机器人自身状态的传感器,例如,检测机器人关节的线位移、角位移等几何量,速度、角速度、加速度等运动量,倾角、方位角等物理量的传感器。这些采集机器人自身内部信息的传感器称为内部传感器。内部传感器的输出信号通常作为机器人伺服控制系统的反馈信号。常见的内部传感器有测量回转关节位置的旋转编码器、测量速度以控制其运动的测速计。外部传感器是指用来检测机器人与外部环境、机器人与工作对象、机器人与人之间相互作用信息的传感器,例如,机器人检测操作对象的颜色和形状、操作距离及夹持物体的压力时所用的传感器等。常见的外部传感器有视觉传感器、力觉传感器、触觉传感器、接近觉传感器等。

　　某些传感器既可以作为内部传感器使用,也可以作为外部传感器使用。例如:力传感器可以用于操作臂的自重补偿,此时为内部传感器;也可以用于测量操作对象反作用力,此时为外部传感器。

2. 按与外界是否接触分类

　　机器人按其与外界是否接触可分为接触式传感器和非接触式传感器。

　　接触式传感器通过实际接触来测量目标响应(如力、力矩、压力、位置、温度、电量和磁量等)。非接触式传感器以某种电磁射线(如可见光、X射线、红外线、声波、超声波和电磁射线等)来测量目标响应。

4.1.5　工业机器人传感器的选型

1. 根据工作任务的需求选择

　　不同的工作任务对工业机器人传感器有不同的要求。例如,搬运和装配任务对传感器的要求主要是实现力觉、触觉和视觉;焊接、喷涂任务和检测任务对传感器要求主要是实现接近觉和视觉。根据工业机器人的结构形式、工作环境、工艺流程等,通常要求传感器具有以下特点。

1) 一般要求

　　(1) 精度高,重复性好。工业机器人传感器的精度直接影响机器人的工作质量。工业机器人能否准确无误地工作,往往取决于传感器的测量精度是否足够。

　　(2) 稳定性好,可靠性高。工业机器人传感器的稳定性和可靠性是保证机器人能够长期稳定、可靠工作的必要条件。

　　(3) 抗干扰能力强。工业机器人传感器的工作环境一般比较恶劣,它应当能够承受强电磁干扰、强振动,并能够在一定的高温、高压、污染环境中工作。

　　(4) 质量小,体积小,安装方便可靠。安装在机器人操作臂等运动部件上的传感器质量要小,否则会增大机器人运动时的惯性,影响机器人的运动性能。当机器人工作空间受到限制时,要求传感器的体积尽可能小,且安装方便。

2) 特定要求

　　针对具体任务,可能对工业机器人还有一些特定要求,如控制精度要求、安全性要求以及其他辅助性工作要求。

　　例如,选择工业机器人力矩传感器,主要还要考虑以下五个方面的因素:

　　(1) 负载。力矩传感器的规格要满足精确测量机器人有效负载的要求,以及满足应用程序中的荷载测量范围的要求。

　　(2) 作用力的强度。力矩传感器所能测量的最高负载超过传感器额定负载的倍数越大,则在受到冲击的情况下,力矩传感器能够显示的负载值越准确。

　　(3) 集成性能。有些传感器与机器人的集成方法非常复杂,通常可将机械、电子和软件部分都简单捆绑在传感器中。

　　(4) 噪声水平。噪声水平与传感器能检测到的力的最小值直接相关。

　　(5) 滞后问题。滞后问题会对传感器的测量结果产生影响。

2. 根据机器人控制的要求选择

　　实现机器人控制,需要采用传感器检测机器人的运动位置、速度、加速度等。除了较简单的开环控制机器人外,多数机器人都采用了位移传感器作为闭环控制的反馈元件。机器人控制系统根据位移传感器反馈的位置信息,对机器人的运动误差进行补偿。不少机器人还装备有速度传感器和加速度传感器。加速度传感器可以检测机器人构件受到的惯性力,使控制系统能够补偿惯性力引起的变形误差。速度传感器用于预测机器人的运动时间,计算和控制由离心力引起的变形误差。

3. 根据检测辅助工作的要求选择

工业机器人在从事某些辅助工作时,也要求具有一定的感知能力。辅助工作包括产品的检验和工件的准备等。目前机器人在外观检验中的应用日益增多,其主要应用包括检查毛刺、裂缝或孔洞的存在,确定工件表面粗糙度和装配质量,检查装配体的完成情况等。总而言之,可根据检测辅助工作(如产品检验)的要求来选择机器人传感器。

4. 根据安全方面的要求选择

从安全方面考虑,机器人对传感器的要求包括:①能测量机器人的受力,以确保机器人的各个构件的受力都不会超过其受力极限,使机器人能安全地工作而不发生损坏。②能保证机器人操作者的安全,当机器人与人体发生碰撞时,传感器应能检测到疼痛/伤害阈值。

4.1.6　工业机器人感知技术存在的问题及其研究方向

1. 存在的问题

虽然现代机器人已有近七十年的发展历史,但机器人智能水平与人类相比仍具有非常大的差距。即使是目前世界上最先进的机器人或智能程度最高的机器人,其对外界环境的适应能力也非常有限,远远没有达到人类的预期。

如何高效、低成本、稳定地实现高精度信息获取,如何平衡传感器各项性能参数之间的矛盾而达到最佳应用需求,如何利用新技术实现异质源、多传感源、海量信息的解析、融合及维间耦合误差等信息的处理,并最终实现机器人智能的稳定性是当前机器人感知技术领域科研工作者面临的重要挑战。目前,工业机器人传感器及感知技术仍存在一些问题(如传感器的材料、结构设计,多传感数据融合,信号干扰等问题)需要进一步解决,致使工业机器人中所应用的传感器的稳定性差、种类少、价格高。

2. 发展趋势

1)机器人传感器的发展趋势

高性能、大面阵、高集成度、网络化、稳定性好是高性能机器人传感器的发展趋势。利用新材料、新工艺、新型工作机制,实现传感器的多功能化、微型化、阵列集成化、网络化、智能化,进一步将多传感信息融合,实现机器人的自感知、自推理、自决策的自主运动,是目前机器人传感器研究的主要方向。

传感器材料技术是传感器技术的重要基础,是传感器技术升级的重要支撑。早期硅基半导体材料、压电陶瓷、光导纤维、超导材料等为传感器的发展提供了物质基础。基于 MEMS 技术的硅基半导体材料易于实现传感器的微型化、集成化,具有灵敏度高、稳定性好等特点;碳基材料(石墨烯、碳纳米管、碳纳米线)因其优异性能,在柔性传感器中得到了大量应用;高分子有机材料采用不同配方调配,可制备具有不同功能的智能材料。

发展新型传感器离不开新工艺的应用。可利用高性能的激光束、离子束、电子束、分子束等,将溅射、蒸镀、刻蚀(化学刻蚀、等离子束刻蚀)、化学气相沉积(CVD)、光刻等微纳加工工艺应用到传感器的制作当中。

　　开发新型传感器重点在于发展高性能、多功能、低成本和小型化传感器。开发新型传感器要研究电阻、电容、电感、光电、磁电、摩擦电/静电、生物电、热电等相关效应和定律,研究电子型传感器、离子型传感器、光子型传感器等新型物性型传感器。利用量子隧穿效应研制高灵敏度、低阈值的新型柔性传感器,用来检测微弱信号,是传感器发展的新动向之一。

2) 机器人感知技术的研究方向

　　机器人感知是指机器人通过内部传感器检测本身的状态,如位置、速度、加速度等,实现本身与环境信息(距离、温度、力等)的交互。环境信息由外部传感器检测,然后控制器选择相应的环境模式指挥机器人完成任务。传感器为机器人的动作提供反馈信息。

　　机器人感知技术主要用于完成以下两个方面的工作:其一,信息的获取,通常是将对象的物理特征(如光学特征、力学特征、机械特征等)变成对应的易处理和易传送的电信息;其二,获取的电信息的处理和识别,如对信息进行滤波、平滑和分组处理,以及对信息进行时域、频域分析和特征提取。

　　机器人感知技术研究方向:更高性能的传感器;传感器信息反馈技术,以实现更加精确的控制;基于传感器的复杂路径规划;增加传感器数量和智能性,如实现动态视觉。目前该领域研究人员尤为关注的是机器人感知技术中的高速高精视觉图像处理技术,微型化、网络化、集成化技术及多信息融合技术(multisensor information fusion),致力于开发更加灵巧的手眼协调系统,更智能的触觉传感器、电子皮肤、柔性传感器。

　　多信息融合技术领域的研究热点包括多传感器分布检测技术,异类传感器信息融合技术,多源异构信息认知与决策技术,信息融合所涉及的数据库和知识库技术,多信息融合系统的性能测试与度量、评价技术,多信息融合应用中的人工智能技术等。

4.2　工业机器人中常用的传感器

　　如前文所述,工业机器人传感器分为用于测量机器人自身状态的内部传感器和测量与机器人外部环境等相互作用信息的外部传感器。内部传感器有测量机器人关节运动位置、速度、加速度的传感器,测量机器人倾斜度的倾角传感器、陀螺仪等。外部传感器有超声波测距传感器、视觉传感器、接近觉传感器、语音合成器、GPS、激光雷达等等。

4.2.1　工业机器人位移与速度传感器

　　位置和位移的检测是机器人最基本的要求;工业机器人关节的位置控制是机器人最基本的控制要求。机器人位移传感器主要用于测量机器人自身位置和位移。常见的机器人位移传感器有电容式位移传感器、电阻式位移传感器、光电式位移传感器、电感式位移传感器、霍尔元件位移传感器、磁栅式位移传感器等,其中光电式位移传感器因响应时间快、性能稳定、精度高等优点应用越来越广泛。对机器人各关节和连杆的运动定位精度、重复定位精度及运动范围等方面的要求是选择机器人传感器的重要依据。

　　在机器人自动化技术应用中,测量旋转运动速度的情况较多,且直线运动速度常通过测量旋转速度来间接得到。在机器人中,主要测量机器人关节的运行速度。角速度传感器分为测速发电机、增量式光电编码器两种。测速发电机可以把机械转速变换成电压信号,而且输出电压与输入的转速成正比。增量式光电编码器既可测量增量角位移,又可测量瞬时角速度。

1. 直线型电位计式位移传感器

典型的线位移传感器是直线型电位计式位移传感器(又称为电位差计、分压计),它由一个线绕电阻(或薄膜电阻)和一个滑动触头组成。直线型电位计式位移传感器主要用于直线位移检测,其电阻采用直线型螺线管或直线型碳膜电阻,滑动触点只能沿电阻的轴线方向做直线运动,其具有结构简单、应用方便等优点。同时,电位计式位移传感器也存在滑头易磨损、体积大等缺点,从而影响电位器的可靠性和使用寿命,因此,电位计式位移传感器在机器人上的应用受到了一定的限制,近年来随着光电编码器价格的降低已逐渐被后者取代。

图 4-2 所示为直线型电位计式位移传感器工作原理与实物。在载有物体的工作台下装有滑动触头,当工作台或关节左右移动时,滑动触头也随之左右移动,改变与电阻接触的位置,滑动触头与电位器端点之间的电阻和输出电压也随之改变,从而检测出机器人各关节的位置和位移变化。

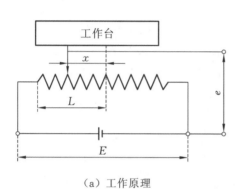 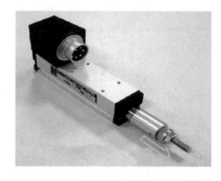

(a) 工作原理　　　　　　　　　　　(b) 实物图

图 4-2　直线型电位计式位移传感器

假设输入电压为 E,滑动触头最大移动距离(从电位器电阻中心到一端的长度)为 L,滑动触头从电阻中心向电阻左端移动的距离为 x,从滑动触头到电阻右端部分的分压为 e。若电位器电路上流过一定的电流,由于电压与电阻的长度成比例(全部电压按电阻长度进行分压),因此左右的电压比等于电阻长度比,也就是

$$\frac{x}{2L} = \frac{e - \dfrac{E}{2}}{E}$$

可得滑动触头的移动距离 x 为

$$x = \frac{L(2e - E)}{E}$$

2. 光电式位移传感器

光电式位移传感器是采用光电元件作为检测元件,通过把光强度的变化转换成电信号的变化来实现控制的。如图 4-3(a)所示,光电式位移传感器由发光二极管(LED)、光敏晶体管、复位弹簧等器件组成。通过求出光源(LED)和感光部分(光敏晶体管)之间的距离同感光量的关系(见图 4-3(b)),以及检测的感光量 α,可以确定位移量 x。

3. 旋转型电位计式位移传感器

图 4-4 所示为旋转型电位计式位移传感器结构及实物。旋转型电位计式位移传感器的电

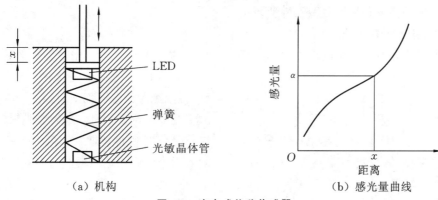

（a）机构　　　　　　　　　　　　　　（b）感光量曲线

图 4-3　光电式位移传感器

阻元件呈圆弧形,滑动触头的另一端固定在圆的中心,并可像钟表时针那样转动,随着其旋转角度的变化,接入电路的电阻元件长度也发生变化,因此输出电压变化,从而使传感器可以测量角度。旋转型电位计式位移传感器根据其电阻元件不同,可分为两种类型:导电塑料型电阻器和线圈型电阻器,如图 4-4 所示。旋转型电位计式位移传感器按电阻元件的圈数可分为单圈电位计式位移传感器和多圈电位计式位移传感器。单圈电位计式位移传感器因受滑动触头限制,工作范围小于 360°,分辨率较低。

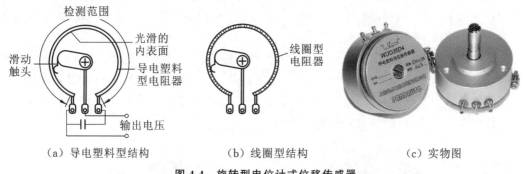

（a）导电塑料型结构　　　　　　（b）线圈型结构　　　　　　（c）实物图

图 4-4　旋转型电位计式位移传感器

　　线圈型电位计式位移传感器的电压是呈阶梯状变化的,它的分辨率由可能检测范围(在单圈电位计式位移传感器中可以是 340°)内绕制的电阻圈数决定,可以达到 $1/100° \sim 1/2000°$。导电塑料型电位计式位移传感器的电压可以连续变化,理论上其分辨率值可以达到无穷小。这类传感器的缺点是:滑动触头与电阻器表面经多次摩擦,两者都会受到磨损,从而使平滑的接触变得不可能,会因为滑动触头与电阻器接触不好而产生噪声。

4. 旋转编码器

　　目前应用较多的角位移传感器是旋转编码器(又称转轴编码器、回转编码器),一般安装在机器人各关节的转轴上,用来测量各关节转轴的实时角度。

　　根据传感器工作原理的不同,旋转编码器又可分为光电式、磁场式和感应式。普通绝对型光电编码器的分辨率[①]能达到 2^{-12} P/R,高精度绝对型光电编码器分辨率可以达到 2^{-20} P/R。

　　光电编码器是一种应用广泛的角位移传感器,其分辨率完全能满足机器人技术要求。这

---

① 分辨率是指编码器所能分辨的最小变化量,旋转编码器的分辨率通常用每转刻线数或每转输出脉冲数来表示。

种非接触型传感器可分为绝对型和增量型。

1）**绝对型光电编码器**

机器人关节处常采用光电编码器，为伺服控制系统提供反馈信号。绝对型光电编码器（见

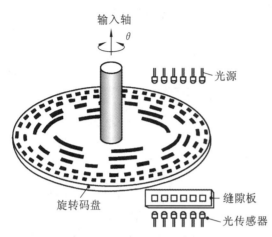

图 4-5　绝对型光电编码器

图 4-5)直接把被测角位移转化成相应的代码，显示绝对位置而无绝对误差，在电源切断时不会失去位置信息。绝对型光电编码器可以检测角度和角速度。如图 4-6 所示，在其输入轴上的旋转透明圆盘上刻有许多同心码道，每条码道按一定编码规律（二进制、十进制）分布着透光区（亮区）和不透光区（暗区），透光区和不透光区分别对应光敏元件输出信号为"1"和"0"。将圆盘置于光线的照射下，当透过圆盘的光由 n 个光传感器进行判读时，判读出的数据变成 n 位的二进制码。编码器的分辨率由位数（环带数）决定，如 12 位编码器的分辨率为 2^{-12} P/R，而一个 360°圆

周分为 2^{12} 个方位，可对 0～360°内的角度进行检测。BCD 编码器以十进制作为基数，其分辨率为 360°/4000。这种编码器的输出是角位移的实时值，若对采集的值进行记忆，并计算它与实时值之间的差值，就可以求出角速度。

二进制码编码盘使用时，编码盘在其两个相邻位置的边缘交替或来回摆动，由于制造精度和安装质量误差或光电器件的排列误差，编码数据将产生大幅跳动，导致位置显示和控制失常。格雷码码盘则不存在此类问题。格雷码是一种无权码，能有效克服任意相邻数码间由制作和安装带来的误差，因此格雷码码盘应用较广。

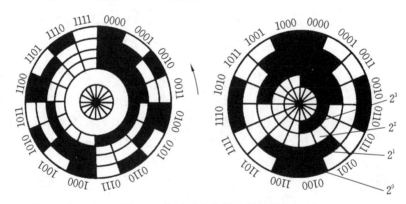

图 4-6　绝对型光电编码器的码盘

2）**增量型光电编码器**

增量型光电编码器不仅能够以数字形式测量出转轴相对于某一基准位置的瞬间角位置，还能测出转轴的转速和转向。增量型光电编码器主要由光源、编码盘、检测光栅、光电检测器和转换电路组成。其编码盘是通过在旋转圆盘上设置一条环带，并将环带沿圆周方向均匀分割成多个等份而形成的。把编码盘置于光线的照射下，采用光敏传感器对透过编码盘的光线

亮/暗进行判读;编码盘每转过一定角度,光电传感器的输出电压就会对应地在高电平(high level)与低电平(low level)之间交替地进行转换,用计数器统计转换次数,就能得到旋转角度的变化,如图 4-7 所示。

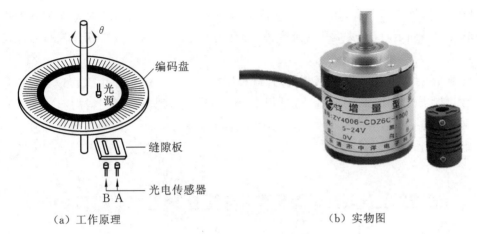

（a）工作原理　　　　　　　　　　　　（b）实物图

图 4-7　增量型光电编码器

不论转轴是顺时针方向旋转,还是逆时针方向旋转,增量型光电传感器的输出电压都同样地会在高电平与低电平间交替转换,所以这种光电编码器不能得到旋转方向。从一个条纹到下一个条纹可以作为一个周期,在相对于传感器 A 移动 1/4 周期的位置上增加传感器 B,并提取输出量 B。于是,由传感器 A 得到的输出量 A 的时域波形与输出量 B 的时域波形在相位上相差 1/4 周期,如图 4-8 所示。顺时针方向旋转时,A 的变化比 B 的变化先发生,逆时针方向旋转时则情况相反,因此,可以根据 A、B 的相位判断旋转方向。增量型光电编码器得到的是从角度的初始值开始检测到的角度变化,不能确定初始角度。

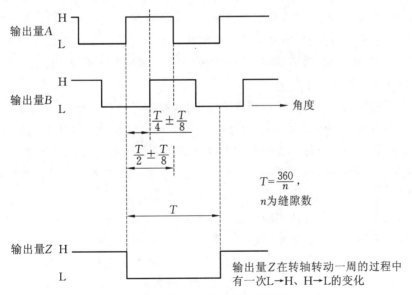

图 4-8　增量型光电编码器的输出波形

注:H—高电平;L—低电平。

角度的分辨率由环带上缝隙(条纹)的个数决定。例如,在一圈(360°)内能形成 600 个缝隙,就称其为 600P/R(个脉冲/转)。增量型光电编码器工作时,有相应的脉冲输出,其旋转方向的判别和脉冲数量的增减需要借助判相电路和计数器来实现。其计数点可任意设定,并可实现多圈的无限累加和测量;还可以把每转发出一个脉冲的 Z 信号的时刻作为参考机械零位。当脉冲数已固定时,需要提高分辨率,则可利用 90°相位差的 A、B 两路信号对原脉冲进行倍频处理。

增量型光电编码器作为速度传感器时,既可以在数字量方式下使用,又可以在模拟量方式下使用,其测速原理如图 4-9 所示。通过频率-电压变换器,把编码器测得的脉冲频率转换成与速度成正比的模拟信号。频率-电压变换器必须有良好的零输入、零输出特性和较小的温度漂移才能满足测试要求。

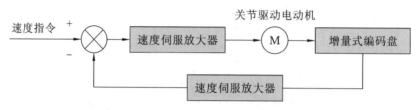

图 4-9 增量型光电编码器测速原理

增量型光电编码器具有如下优点:工作原理、结构组成简单,易于制造;平均寿命长,可达几万小时以上;分辨率高;抗干扰能力强、可靠性高;信号传输距离长等。其缺点是无法读取转轴的绝对位置,只能提供相对某基准点的位置信息。

5. 测速发电机

测速发电机是应用最广泛、能直接得到代表转速的电压且具有良好实时性的一种速度测量传感器。它主要用于检测转速,能把转速变换为电压信号。测速发电机的输出电动势与转速成比例,改变旋转方向时输出电动势的极性即相应改变。被测机构与测速发电机同轴连接时,只要检测出输出电动势,就能获得被测机构的转速。测速发电机按其构造分为直流测速发电机和交流测速发电机。

直流测速发电机实际上是一种微型直流发电机,按定子磁极的励磁方式分为永磁式和电磁式。永磁式直流测速发电机采用高性能永久磁钢励磁,受温度变化的影响较小,输出变化小,斜率高,线性误差小。电磁式直流测速发电机是他励式发电机,不仅结构复杂,而且因励磁受电源、环境等因素的影响,输出电压变化较大,应用不多。直流测速发电机的结构如图 4-10 所示。

交流异步测速发电机与交流伺服电动机的结构相似,其转子有笼型的,也有杯型的,在自动控制系统中多用空心杯转子异步测速发电机。图 4-11 为交流异步测速发电机的结构。

将测速发电机与机器人关节伺服驱动电动机相连就能测出机器人运动过程中的关节转速。测速发电机在机器人自动系统中还能作为速度闭环控制系统的反馈元件。机器人速度闭环控制系统原理如图 4-12 所示。测速发电机具有线性度好、灵敏度高等特点,目前检测范围一般为 20～40 r/min,精度为 0.2%～0.5%。

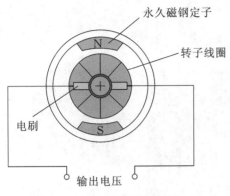

图 4-10　直流测速发电机的结构

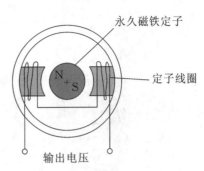

图 4-11　交流异步测速发电机的结构

图 4-12　机器人速度闭环控制系统原理

4.2.2　工业机器人视觉传感器

有研究结果表明,在人体中,视觉获得的感知信息占人对外感知信息的 80%。人类视觉细胞数量的量级大约为 10^8,且细胞数量是听觉细胞的 300 多倍,是皮肤感觉细胞的 100 多倍。视觉传感器则是应用在机器人中最复杂的传感器之一。视觉传感器一般由图像采集单元、图像处理单元、图像处理软件、通信装置、I/O 接口等构成。视觉传感器包括 CCD(charge coupled device,电荷耦合器件)或 CMOS(complementary metal oxide semiconductor,互补金属氧化物半导体)固体图像传感器、立体视觉传感器等。

CCD 固体图像传感器在目前的机器视觉系统中最为常用,能实现信息的获取、转换和视觉功能的扩展,是在同一硅片上用超大规模集成电路工艺制作而成的三维结构的智能传感器。CCD 是采用光电转换原理,将被测物体的图像转换为电子图像信号输出的一种大规模集成电路光电元件。CCD 由许多感光单元组成,感光单元可形成若干像素点。光学系统将被测物体成像在 CCD 的受光面上,CCD 表面受到光线照射时,这些像素点将投射到它上面的光转换成电荷信号,电流传输电路读取反映光图像的电荷信号并顺序输出,完成从光图像到电信号的转换过程。CCD 的突出特点是以电荷作为信号,而不同于其他器件是以电流或者电压作为信号。图 4-13 所示为面阵 CCD 与普通 CCD。

对于工作于非结构化环境的智能机器人,立体三维信息的获取可以大大提高机器人的智能性。距离信息是处理三维图像不可缺少的,而距离测量多采用三角原理。立体视觉系统使用两台或两台以上视觉传感器,通过比较不同视觉传感器获取的图像,找出对应点,再按两幅图像与两台视觉传感器几何位置的配置,确定对应的对象物体的距离信息。使用一台视觉传感器和一台激光发射器运用三角原理来测量距离。

立体视觉传感器更是一个复杂的智能传感器,它一般由图像采集、摄像机标定、特征提取、立体匹配、三维重建、机器人视觉伺服等部分构成。微软 Kinect(见图 4-14)是一种 3D 体感技

图 4-13　面阵 CCD 及普通 CCD

术摄影机,具有即时动态捕捉、影像辨识、麦克风输入、语音辨识、社群互动等功能。Kinect 硬件系统组成包括 RGB 彩色摄像头、深度(红外)传感器、红外线投影机、麦克风。其中,彩色摄像头用于拍摄视角范围内的彩色视频图像。红外线投影机用于主动投射近红外光谱,照射到粗糙物体或穿透毛玻璃之后,光谱发生扭曲,会形成随机的反射斑点(称为散斑),进而能被红外摄像头读取。深度(红外)传感器用于分析红外光谱,创建可视范围内的人体、物体的深度图像。4 个麦克风内置数字信号处理器(DSP)等组件,用于过滤背景噪声,定位声源方向。

图 4-14　Kinect 1.0 和 Kinect 2.0

4.2.3　工业机器人力/力觉传感器

1. 工业机器人力/力觉传感器

机器人作业过程是一个机器人与周围环境、工件、作用对象相互作用的交互过程,可以分为两类:一类是非接触式的,如弧焊、喷漆等,基本不涉及力;另一类是接触式的,如拧螺钉、装配、打磨、抛光等。进行接触式作业时显然用力不能太大也不能太小,因此要求机器人具有力控制功能,并需要测量力/力矩数据以进行反馈。机器人力觉是指对机器人的手指、手掌、手臂和关节等在运动中所受力的感知能力,用于明确所夹持物体的状态,校正由于手臂变形而产生的运动误差,保护机器人及零件不会损坏。

2. 工业机器人力觉传感器的分类

力觉传感器根据安装位置可分为关节力传感器、腕力传感器和指力传感器等;根据被测对象的负载,可以分为测力传感器(单轴力传感器)、力矩表(单轴力矩传感器)、手指传感器(检测机器人手指作用力的超小型单轴力传感器)和六维力传感器;根据力的检测方式不同,可以分为检测应变或应力的应变片式力觉传感器(应变片式力觉传感器被机器人广泛采用)、利用压电效应的压电元件式力觉传感器、用位移计测量负载产生的位移的差动变压器、电容位移计式力觉传感器。

1）关节力传感器

关节力传感器安装在关节驱动器上，它用于测量驱动器本身的输出力和力矩，以实现控制过程的力反馈。这种传感器信息量单一，结构比较简单，是一种专用的力传感器。

2）腕力传感器

腕力传感器安装在末端执行器和机器人最后一个关节之间，它能直接测出作用在末端执行器上的力和力矩。从结构上来说，这是一种相对复杂的传感器，它能获得手爪三个方向上的受力（力矩），安装部位在末端执行器和机器人手臂之间。

3）指力传感器

指力传感器安装在机器人手指关节（或手指上），用来测量夹持物体时机器人手指的受力情况。指力传感器一般测量范围较小，同时受手爪尺寸和质量的限制，要求结构小巧。

3. 机器人六维力传感器

机器人六维力传感器测量的是三个方向的力（力矩）。由于六维力传感器既是测量的载体又是传递力的环节，所以六维力传感器一般采用弹性结构梁，通过测量弹性体的变形得到三个方向的力（力矩），因此，弹性结构梁的设计是机器人六维力传感器设计的重要部分。

图 4-15(a)所示为 Draper 实验室研制的六维力传感器。它是将一个整体金属环按 $120°$ 周向分布铣出三根细梁而形成的。其上部圆环上有螺孔与手臂相连，下部圆环上的螺孔与手爪连接，传感器的测量电路置于空心的弹性构架内。该传感器结构比较简单，灵敏度较高，但六维力（力矩）的获得需要解耦运算，传感器的抗过载能力较差，容易受损。

图 4-15(b)所示为斯坦福研究所（Stanford Research Institute，SRI）研制的六维腕力传感器。它由一个直径为 75 mm 的铝管铣削而成，具有 8 个窄长的弹性梁，每一个梁的颈部开有小槽以使颈部只传递力，转矩作用很小。梁的另一头两侧贴有应变片，应变片的阻值分别为 R_1、R_2。由于 R_1、R_2 应变方向相反，输出电压 V_{out} 比使用单个应变片时大一倍。图中 P_{x+}、P_{y+}、Q_{x+}、Q_{y+}、P_{x-}、P_{y-}、Q_{x-}、Q_{y-}，代表 8 根应变梁的变形信号的输出。

图 4-15(c)所示为日本大和制衡株式会社林纯一在 JPL 实验室研制的腕力传感器。它采用了整体轮辐式结构，在十字架与轮缘连接处有一个柔性环节，简化了弹性体的受力模型（在受力分析时可简化为悬臂梁）；在四根交叉梁上总共贴有 32 个应变片（图中以小方块表示），组成 8 路全桥输出，采用过解耦算法计算六维力大小。这一传感器一般将十字交叉主杆与手臂的连接件设计成可变形限幅的弹性体形结构，可有效起到过载保护作用，是一种较实用的结构。

图 4-15(d)所示为一种非径向中心对称三梁结构的腕力传感器，传感器的内圈和外圈分别固定于机器人的手臂和手爪，力沿与内圈相切的三根梁进行传递。每根梁的上下、左右各贴一对应变片，这样非径向的三根梁上就一共贴有 6 对应变片，分别组成 6 组半桥，对这 6 组电桥信号进行解耦可得到六维力（力矩）的精确解。这种力觉传感器结构有较好的刚性。

1975 年，美国的 P.C.Watson 等设计出了三竖直肋结构的六维力传感器，达到了测量传感器外部六个方向力的目的。这种构型的力传感器如图 4-16 所示。在这种传感器中，应变片被

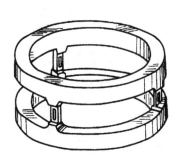

（a）Draper的六维力传感器

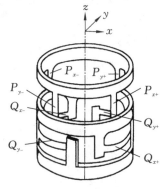

（b）SRI腕力传感器

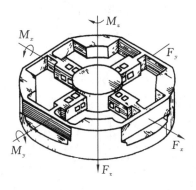

（c）林纯一研制的腕力传感器

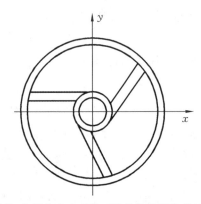

（d）非径向中心对称三梁结构的腕力传感器

图 4-15　六维力传感器的弹性结构

粘贴在 3 个竖直的梁上，由应变片组成测量电路，从而达到测量的目的。

1982 年，德国人 Schott 设计了双环形结构的六维力传感器，如图 4-17 所示，它应用 8 个应变梁来实现测量。

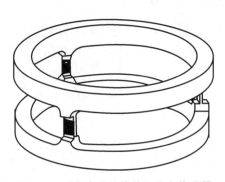

图 4-16　三竖直肋结构的六维力传感器

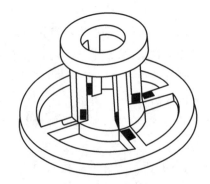

图 4-17　双环形结构的六维力传感器

1983 年，Gaillet 和 Reboulet 使用 Stewart 并联结构设计了六维力传感器。后来这种构型的传感器因为其自身的优点逐渐成为研究重点。

1987 年，Uchiyama 与 Bayo 等学者对六维力传感器中的十字梁结构（见图 4-18）进行了研究,此传感器结构比较简单,拥有较大的刚度但动态性能不良。

如图 4-19 所示为 King 等人设计的 Stewart 六维力传感器。

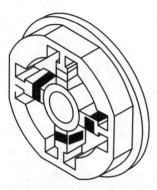

图 4-18　十字梁结构

图 4-19　King 设计的 Stewart 六维力传感器

国内对六维力传感器的研究虽然起步较晚,但是近些年发展迅速,涌现出大批结构设计精巧,适合各种应用场景的六维力传感器及弹性梁结构。

哈尔滨工业大学袁俊哲等人提出了采用 8 个竖直肋结构(见图 4-20)的六维力传感器。

台湾的 Liu 等人为了改变构造,于 2002 年提出了一种 T 形梁结构(见图 4-21)的六维力传感器。

燕山大学赵铁石等通过研究传感器柔性结构,开发了柔性结构的六维测力平台,如图 4-22 所示。

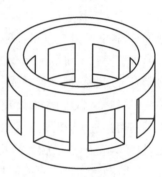

图 4-20　8 个竖直肋结构

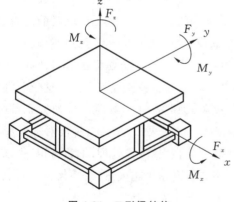

图 4-21　T 形梁结构

图 4-22　柔性结构的六维测力平台

4. 机器人力传感器的选用

在选用力传感器时,首先要特别注意额定值,其次要注意分辨率。在机器人通常的力控制中,力的精度意义不大。

4.2.4　工业机器人触觉传感器

触觉是智能机器人获取环境信息的一种重要感知功能,仅次于视觉。机器人触觉不仅仅是视觉的一种补充。触觉是接触、冲击、压迫等机械刺激感觉的综合,机器人可以利用触觉来进行物体的抓取,进一步感知物体的形状、纹理、软硬程度等等。当机器人在昏暗、沙尘或遮挡物多的光线不足环境或光线太强的环境工作时,触觉传感器可以获得机器人与外界接触力、温度、湿度、振幅等物理量数据,以及所接触物体材质的软硬度、粗糙程度、几何形状、结构大小等信息,这为机器人在非结构化环境下的精确复杂反馈控制提供了方便。

触觉传感器又称为电子皮肤、机器人智能皮肤,主要有检测和识别两大功能。检测功能用于对机器人与操作对象的接触状态、接触力大小以及操作对象的物理属性(形状、纹理、材质、刚度、位置等)进行检测。识别功能是在检测功能的基础上提取操作对象的形状、大小、刚度、纹理等特征,通过算法进行分类和目标识别等。

机器人触觉的原理是模仿人的触觉功能,通过触觉传感器与被识别物体相接触或相互作用来完成对物体表面特征和物理性能的感知。广义的触觉包括接近觉、接触觉、压觉、滑觉、力觉五种,狭义的触觉是指接触觉、压觉和滑觉三种感知接触的感觉。一般将接触觉、压觉、滑觉等的传感器称为机器人触觉传感器。虽然触觉传感器在小型化、柔性化方面有很多研究成果,但满足市场需要的多种功能、性能稳定、价格适中的触觉传感器相关技术还需要进一步发展。如实现对物体材质、表面纹理、软硬度等信息的测量的触觉技术。

利用接近觉,机器人可感知附近的物体,从而使手臂减速,慢慢接近目标物体;利用接触觉,机器人可感知接触到的物体,从而控制手臂移动,使物体处于手指中间,合上手指握住物体;利用压觉,机器人可控制握力;如果物体较重,则机器人需要靠滑觉来检查物体是否滑动,并修正设定的握力来防止物体滑动。

机器人触觉感知技术的研究始于 20 世纪 70 年代。当时国外的机器人研究已成热点,但触觉感知技术的研究才开始且很少。当时对触觉感知技术的研究仅限于与对象接触与否、接触力大小,虽有一些好的设想但研制出的传感器少且简陋。20 世纪 80 年代是机器人触觉感知技术研究、发展的快速增长期,在此期间人们对传感器设计、原理和方法做了大量研究,主要基于电阻、电容、压电、热电、磁、磁电、力、光、超声和电阻应变等相关原理和方法。这一时期的机器人触觉感知技术研究可分为传感器研制、触觉数据处理研究、主动触觉感知研究三部分,其突出特点是以传感器装置研究为中心,主要面向工业自动化。20 世纪 90 年代对触觉感知技术的研究继续深入并朝多方向(如感知技术与传感器设计、触觉图像处理、形状辨识、主动触觉感知、结构与集成等)发展。近年来,机器人触觉传感器研究越来越火热,柔性化、阵列化、高密度、智能化、网络化、多功能集成等成为机器人触觉传感器发展的趋势。

1. 接触觉传感器

接触觉是通过与对象物体相互接触而产生的。机器人手指是机器人与物体接触最频繁的部位,因此常设计高敏感度分布式手部触觉传感阵列。

接触觉传感器安装在工业机器人的运动部件或末端执行器上,用以判断机器人部件是否与对象物体发生接触,以确保机器人运动的正确性,实现合理把握运动方向或防止发生磁撞等。机器人在探测是否接触到物体时有时用开关传感器,传感器接收由于接触而产生的柔量

（位移等的响应）。

接触觉传感器主要有机械式、弹性式、光纤式等。

机械式接触觉传感器利用触点的接触和断开触发信号，可以组成微动开关阵列识别物体的二维轮廓。微动开关是按下开关就能接入电信号的简单机构。接触觉传感器即使用很小的力也能动作，多采用杠杆原理。限定机器人动作范围的限位开关等也是机械式接触觉传感器。限位开关为了防止油污染，把微动开关的控制杆部分（与物体接触的部分）加上了罩盖。图 4-23 所示是一种机械式接触觉传感器的结构原理和应用。

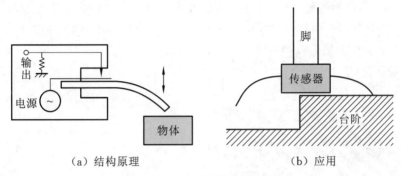

（a）结构原理　　　　　　　　　　　　　（b）应用

图 4-23　机械式接触觉传感器

如在机器人手爪的前端及内外侧面，相当于手掌心的部位安装接触觉传感器，通过识别手爪上接触物体的位置，可使手爪接近物体并准确地完成把持动作。当接触觉传感器与物体接触时，依据物体的形状和尺寸，不同的接触觉传感器将以不同的次序对接触做出不同的反应（见图 4-24），控制器就利用这些信息来确定物体的大小和形状。

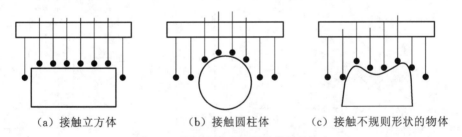

（a）接触立方体　　　　　　　（b）接触圆柱体　　　　　　　（c）接触不规则形状的物体

图 4-24　接触觉传感器提供的物体信息

弹性式接触觉传感器一般由弹性元件、导电触点和绝缘体构成。如采用导电性石墨化碳纤维、氨基甲酸乙酯泡沫、印制电路板和金属触点构成的传感器，碳纤维被压后与金属触点接触，开关导通。也可由弹性海绵、导电橡胶和金属触点构成弹性式接触觉传感器，导电橡胶受压后，海绵变形，导电橡胶和金属触点接触，开关导通。还可由金属和铍青铜构成弹性式接触觉传感器，被绝缘体覆盖的青铜箔片被压后与金属接触，触点闭合，开关导通。

光纤式接触觉传感器包括一束光纤构成的光缆和一个可变形的反射表面两部分。光通过光纤束投射到可变形的反射材料上，反射光按相反方向通过光纤束返回。如果反射表面是平的，则通过每条光纤所返回的光的强度是相同的。如果反射表面因与物体接触受力而变形，则反射的光强度不同。用高速光扫描技术进行处理，即可得到反射表面的受力情况。如光纤布拉格光栅传感器（FBG 传感器）就是一种光纤式接触觉传感器。

2. 压觉传感器

压觉传感器是接触觉传感器的延伸。机器人的压觉传感器安装在手爪上面,可以在把持物体时检测到物体与手爪间产生的压力及其分布情况。压觉传感器的原始输出信号是模拟量。常用的压觉传感器有压阻型、压电型、压容型、光电型、压磁型等。

图 4-25 所示为压阻型阵列触觉传感器。压阻型阵列触觉传感器根据压阻效应,其上下层分别为行、列电极,中间层为压敏薄膜(碳毡)。碳毡灵敏度高,具有较强的耐过载能力。其缺点是有时滞、线性度差。图 4-26 所示为碳毡的压阻特性曲线。导电橡胶的电阻随压力增大而减小,也常用来作为触觉传感器的敏感材料。导电橡胶是由导电性好的金属颗粒、金属纤维、碳纳米颗粒、碳纳米管、石墨烯等导电材料均匀掺杂到硅橡胶中而形成的具有一定压阻效应的敏感材料。

图 4-27 所示为压阻型阵列触觉传感器的扫描电路。

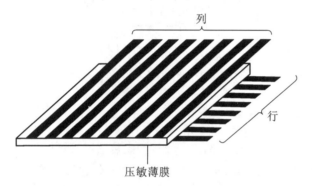

图 4-25　压阻型阵列触觉传感器的结构组成

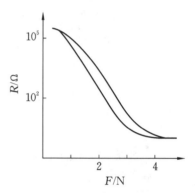

图 4-26　碳毡的压阻特性曲线

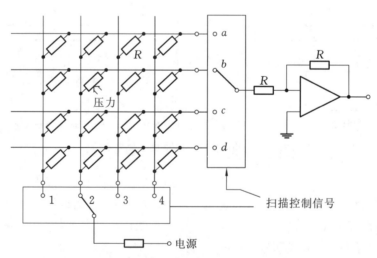

图 4-27　压阻型阵列触觉传感器的扫描电路

如果把多个压电元件和弹簧排列成平面状,就可识别各处压力的大小以及压力的分布。由于压力分布可反映物体的形状,因此也可用于识别物体。通过对压觉的巧妙控制,机器人可抓取豆腐及鸡蛋等受力时易于破损或变形的物体。图 4-28 所示为机械手利用压觉传感器抓取塑料吸管。

图 4-28　机械手利用压觉传感器抓取塑料吸管

3. 滑觉传感器

滑觉传感器主要用于检测物体接触面之间相对运动的大小和方向,判断是否握住物体及应该用多大的夹紧力等。机器人的握力应满足物体既不产生滑动而握力又为最小临界握力的条件。当机器人抓住特性未知的物体时,必须确定最适合的握力值。为此,需要检测出握力不够时所产生的物体滑动信号,然后利用这个信号,在不损坏物体的情况下,牢牢地抓住该物体。

机械手一般采用两种抓取方式:硬抓取和软抓取。硬抓取指末端执行器利用最大的夹紧力抓取工件,一般在无滑觉传感器时采用。软抓取指末端执行器使夹紧力保持在能稳固抓取工件的最小值,以免损伤工件,一般在有滑觉传感器时采用。

滑觉传感器主要有两种:一种是采用光学系统的滑觉传感器;另一种是采用晶体接收器的滑觉传感器。前者的滑动检测灵敏度等随滑动方向不同而异,后者的检测灵敏度则与滑动方向无关。

根据检测滑动的不同方法,滑觉传感器可分为振动式、滚动式、剪切式、位移式,如图 4-29 所示。振动式滑觉传感器是利用滑动时产生的振动来实现检测的。其表面伸出的触针与滑动物体接触,当物体滑动时,触针和物体产生振动,然后通过压电器件或电磁场线圈的微小位移计对振动进行检测。滚动式滑觉传感器是通过把滑动的线位移变成角位移来检测角度变化的。即当物体在传感器表面滑动时,将与滚轮或滚环相接触,物体的滑动转换为滚轮的转动,从而实现滑动检测。但这种滚轮式滑觉传感器一般只能检测到一个方向的滑动,因此出现了

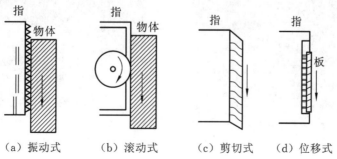

（a）振动式　　（b）滚动式　　（c）剪切式　　（d）位移式

图 4-29　滑觉传感器不同检测模式

用滚球代替滚轮的球式滑觉传感器。球式滑觉传感器可以实现各个方向的检测。剪切式滑觉传感器是根据滑动时传感器与被测物体间的动、静摩擦力来进行检测的。位移式滑觉传感器是通过传感器压力分布的改变来实现滑觉检测的。

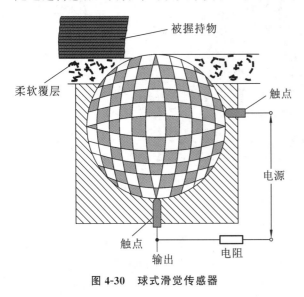

图 4-30   球式滑觉传感器

图 4-30 所示为贝尔格莱德大学研制的机器人专用的球式滑觉传感器。当工件滑动时,金属球也随之转动,在触点上输出脉冲信号。脉冲信号的频率反映滑移速度,脉冲信号的个数对应滑移的距离。球与物体相接触,无论滑动方向如何,只要球一转动,传感器就会产生脉冲输出。该球体在冲击力作用下不转动,因此抗干扰能力强。

4. 柔性触觉传感器

机器人操作臂、灵巧手、智能假肢等设备的刚性曲面或运动关节,软体机器人、柔性夹爪等设备都对触觉传感器提出了柔性需求。在高精度、高灵敏度、小型化、集成化等方面柔性触觉传感器具有优势。柔性触觉传感器更轻薄柔软,易加工成各种形状,便于贴附在机器人各种复杂表面。

柔性触觉传感器主要用在机器人对操作对象的感知、识别、抓取和运动控制反馈以及机器人安全避障、人机交互协作等方面。

目前国内外已有许多关于柔性触觉传感器在机器人灵巧手上应用的研究。机器人灵巧手在抓取物体时,接触位置随机,容易受到外界干扰,产生滑移、压碎、抓取不稳等现象,需要高密度、高空间分辨率、高灵敏度的多维柔性触觉传感器及传感阵列,来实现在非结构化复杂环境中的稳定性和灵巧抓取。我国机器人灵巧手技术居世界前列,已应用在空间站协助宇航员。图 4-31 所示为天宫空间站的航天员用五指灵巧手进行国际上首次人机协同在轨维修试验。图 4-32 所示为我国科研人员研制的灵巧手,其在指尖、关节上集成了力传感器等多种传感器,具备多种感知功能。

图 4-31   人机协同在轨维修试验

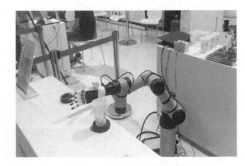

图 4-32   机器人灵巧手

上海交通大学研制的 SJT-5 型假肢手,集成了基于导电液体的指尖单维压力传感器。华中科技大学的滑轮绕线的欠驱动灵巧假肢手,通过单维力传感器测试抓取力大小。哈尔滨工业大学 HIT 型假肢手的每个指尖上均集成了一个三维力传感器,为假肢手的闭环控制提供指尖压力与切向力信息。北京航空航天大学机器人研究所研制了一系列 BH 灵巧手。其采用模块化结构设计,9 个自由度,具有关节旋转角和空间力的传感器分别装在各关节和指端上,手指内部放入电动机驱动器。

机器人灵巧手作为柔性触觉传感器的典型应用场景,其智能化将进一步扩大柔性触觉传感器在感知、识别、抓取、人机交互、碰撞安全等方面的应用。

4.2.5 工业机器人与自动化系统中的其他传感器

1. 接近觉传感器

接近觉传感器可使机器人手在距离接触对象或障碍物几毫米到十几厘米时,就能检测其表面距离、斜度和表面状态。图 4-33 所示为接近觉传感器的测量物理量和媒介。接近觉传感器采用非接触式测量元件,一般安装在工业机器人末端执行器上。接近觉传感器的作用:在接触到对象物体之前事先获得物体的位置、形状等信息,为后续操作做好准备;提前发现障碍物并规划机器人运动路径,以免发生碰撞。

接近觉传感器按输出信号类型可以分为输出开关量的接近开关、光电开关;输出模拟量的超声波传感器、红外传感器等。

接近开关有高频振荡式、电容感应式、超声波式、气动式、光电式、光纤式等多种。

光电开关是由 LED 光源和光电二极管或光电三极管等光敏元件,相隔一定距离构成的透光式开关。光电开关的特点是采用非接触检测方式,精度可达到 0.5 mm。

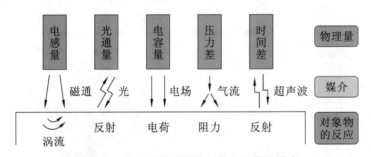

图 4-33 接近觉传感器的测量物理量和媒介

接近觉传感器按工作原理可以分为光电式(反射或投射式)、电容式、气压式、超声波式、红外线式、电磁式(感应电流式)等。

图 4-34 所示为电磁式接近觉传感器的工作原理和实物图。由于工业机器人的工作对象大多是金属部件,因此电磁式接近觉传感器的应用较广,如用在焊接机器人中以探测焊缝。

光电式接近觉传感器具有响应快、维修方便、测量精度高等特点,目前应用较多,但其信号处理较复杂,使用环境也受到限制。图 4-35 所示为光电式接近觉传感器的工作原理和实物图。

电容式接近觉传感器可检测任何固体和液体材料,外界物体靠近时这种传感器会产生电容量的变化,由此反映距离信息。电容式接近觉传感器对物体的颜色、构造和表面都不敏感且实时性好。图 4-36 所示为电容式接近觉传感器的工作原理和实物图。

气压式接近觉传感器由一根细的喷嘴喷出气流,如果喷嘴靠近物体,则内部压力发生变

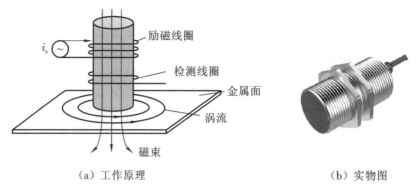

（a）工作原理 （b）实物图

图 4-34　电磁式接近觉传感器

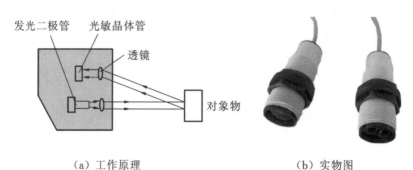

（a）工作原理 （b）实物图

图 4-35　光电式接近觉传感器

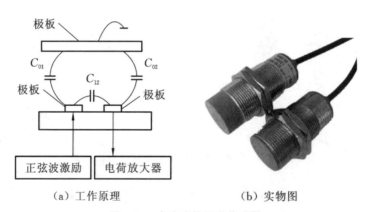

（a）工作原理 （b）实物图

图 4-36　电容式接近觉传感器

化，这一变化可用压力计测量出来。它可用于检测非金属物体，适用于测量微小间隙。图 4-37 所示为气压式接近觉传感器的工作原理和实物图。

超声波式接近觉传感器适用于较远距离和较大物体的测量，这种传感器对物体材料和表面的依赖性较低。超声波接近觉传感器是由发射器和接收器构成的。

2. 听觉传感器

听觉传感器（声觉传感器）也是用于机器人的一种重要的传感器。由于计算机技术及语音学的发展，现在已经实现用听觉传感器代替人耳，通过语音处理与识别技术识别讲话人，以及

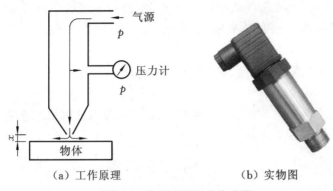

图 4-37　气压式接近觉传感器

理解一些简单的语句。麦克风就是一种应用最广的听觉传感器。

　　在听觉系统中,最重要的是语音识别。听觉传感器主要用于感受和解释在气体(非接触式感受)、液体或固体(接触感受)中的声波。听觉传感器结构不同,功能也不同,从简单的声波存在性检测到复杂的声波频率分析和对连续自然语言中单独语音、词汇的辨识皆可通过听觉传感器来实现。在识别输入语音时,可以分为特定人的语音识别及非特定人的语音识别,而对特定人语音的识别率比较高。

　　1) 特定人的语音识别系统

　　特定人语音识别方法是将事先指定的人的声音中的每一个字音的特征矩阵存储起来,形成一个标准模板,然后再进行匹配。

　　2) 非特定人的语音识别系统

　　在系统工作时,根据接收到的声音信号求出特征矩阵,再与标准模式相比较,看它与哪个模板相同或相近,从而识别该信号的含义。

　　为了便于存储标准语音波形及选配语音波形,需要对输入的语音波形频带进行适当的分割,将每个采样周期内各频带的语音特征能量抽取出来。目前声音识别系统已越来越多地获得应用。

　　3. 味觉传感器

　　实现味觉传感的一种有效方法是使用生物材料做传感器的敏感膜。如电子舌是用类脂膜作为味觉传感器,其能够以类似人的味觉感受方式检测物质。味觉传感器采用的技术有多通道类脂膜技术、基于表面等离子体共振技术、表面光伏电压技术。

　　4. 嗅觉传感器

　　嗅觉可以帮助人们辨识那些看不见或者隐藏的东西,如气体。嗅觉传感器主要用于检测空气的化学成分、浓度等,一般为气体传感器及射线传感器等。目前,主要采用三种方法来实现机器人嗅觉功能:机器人安装单个或者多个气体传感器,再配置相应的处理电路;自行研制嗅觉装置;采用商业的电子鼻产品。

　　5. 温度传感器

　　温度传感器有接触式和非接触式两种,均可用于工业机器人。当机器人自主运行时,或者不需要人在场时,或者需要知道温度信号时,温度感觉功能是很用的。目前有必要提高温度传感器(如测量钢水温度的传感器)的精度及区域反应能力。常用的温度传感器为热敏电阻和热电偶。这两种传感器必须和被测物体保持实际接触。热敏电阻的阻值与温度成正比例变化。热电偶能够产生一个与两端温度差成正比的小电压。

4.3　工业机器人感知技术与感知系统

传感器处于连接外界环境与机器人的接口位置,是机器人获取信息的窗口,感知系统在工业机器人系统中占有重要位置,如图 4-38 所示。

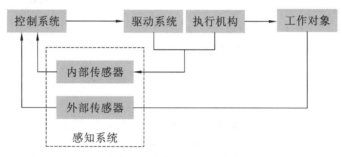

图 4-38　感知系统在工业机器人中的位置

机器人感知系统类似于人的神经系统,将机器人各种内部状态信息和环境信息从信号转变为机器人自身或者其他机器人能够理解和应用的数据、信息甚至知识,它与机器人控制系统和决策系统一起组成了机器人的核心。机器人的智能水平在很大程度上取决于它的感知系统的性能。要想使机器人具有智能:首先应使其具有感知自身和环境信息的能力,用传感器采集信息是实现机器人智能化的第一步;其次应采取适当的方法,将多个传感器获取的环境信息加以综合处理,以控制机器人进行智能作业。因此,传感器及其信息处理系统是构成机器人智能的重要部分,它为机器人智能作业提供决策依据。

4.3.1　多传感器信息融合技术与系统

1. 多传感器信息

机器人从外部采集到的信息是多种多样的,为了使这些信息得到统一有效的应用,对信息进行分类和处理是必要的。为使信息分类与多传感器信息融合的形式相对应,将传感器信息分为以下三类:冗余信息、互补信息和协同信息。

(1) 冗余信息　冗余信息是由多个独立传感器(这些传感器一般是同质的)提供的关于环境信息中同一特征的多个信息,也可以是某一传感器在一段时间内多次测量得到的信息。由于系统必须根据这些信息形成统一的描述,所以这些信息又被称为竞争信息。冗余信息可以用来提高系统的容错能力和可靠性。进行冗余信息的融合可以消除或减少测量噪声等引起的不确定性,提高整个系统的精度。由于环境的不确定性,感知环境中同一特征时两个传感器也可能得到彼此差别很大甚至矛盾的信息。为了实现冗余信息的融合,必须解决传感器间的这种冲突,所以在冗余信息融合前要针对同一特征信息进行传感数据的一致性检验。

(2) 互补信息　在多传感器信息融合系统中,每个传感器提供的环境特征信息都是彼此独立的,即感知的是环境各个不同的侧面。将这些特征综合起来就可以构成一个更为完整的环境描述,这些信息称为互补信息。互补信息的融合可减少由于缺少某些环境特征而产生的对环境理解的歧义,提高系统对环境的描述的完整性和正确性,增强系统正确决策的能力。由于互补信息来自于异质传感器,它们在测量精度、范围、输出形式等方面有较大的差异,因此融合前先将不同传感器的信息抽象为同一种表达形式极为重要。

(3) 协同信息　在多传感器信息融合系统中,当一个传感器信息的获得必须依赖于另一个传感器的信息,或者一个传感器必须与另一个传感器配合工作才能获得所需信息时,这两个传感器提供的信息为协同信息。协同信息的融合在很大程度上与各传感器使用的时间或顺序有关,如一个配备了超声波传感器的系统通常以超声波测距获得远处目标物体的距离信息,然后系统根据这一距离信息自动调整摄像机的焦距,从而获得检测环境中物体的清晰图像。

2. 多传感器信息融合系统的结构与组成

多传感器是信息融合的物质基础,传感器信息是信息融合的加工对象,协调优化处理是信息融合的思想核心。图 4-39 所示为多传感器信息融合系统的一般结构。在一个多传感器信息融合系统中,多传感器信息的协调管理极为重要,往往是系统性能的决定性因素,在具体的系统中多传感器信息的协调管理通过各种控制方法来实现。

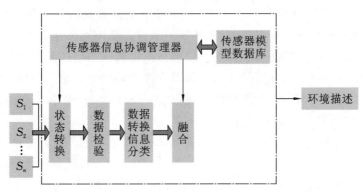

图 4-39　多传感器信息融合系统的一般结构

多传感器信息融合系统包括三个主要部分:

(1) 传感器信息协调管理器　传感器信息协调管理器用于实现对传感器信息的协调管理。传感器信息协调管理是指对时间因素、空间因素和工作因素的全面管理,它由实际信息需求、目标和任务等多种因素所驱动。多传感器信息的协调管理主要通过传感器选择、坐标变换、数据转换,并借助于传感器模型数据库来实现。

(2) 信息融合处理器　信息融合通常由信息融合处理器采用不同的信息融合方法来完成。信息融合方法是多传感器信息融合的核心,多种传感信息通过各种融合方法实现融合。目前使用的融合方法很多,主要分为定量信息、融合和定性信息融合。具体使用哪种融合方法要视具体应用场合而定,但被融合的数据必须采用同类或具有一致性的表达方式。定量信息融合是将一组同类数据经融合后给出一致的数据(从数据到数据)。定性信息融合将多个单一传感器决策融合为集体一致的决策,实现了多种不确定表达与相对一致表达之间的转换。多传感器信息融合的常用的方法有加权平均法、基于参数估计的信息融合方法、Dempster-Shafer 证据推理方法、产生式规则模糊理论方法和神经网络方法、卡尔曼滤波方法等。

(3) 传感器模型数据库　多传感器信息的协调管理和融合都离不开传感器模型数据库的支持。传感器模型数据库是为定量地描述传感器特性以及各种外界条件对传感器特性的影响而提出的,它是分析多传感器信息融合系统的基础之一。

3. 多传感器信息融合系统的应用及控制

1）多传感器信息融合系统的应用

多传感器信息融合系统在机器人领域内主要应用在移动机器人中。

自主自导的移动机器人需要采用一些固定式机器人所不需要的特殊传感器。考虑到移动机器人对传感器的要求以及使用传感装置时会遇到的一些问题，非常有必要为移动机器人配备多个传感器（包括接触式触觉传感器、接近觉传感器、局部及整体位移传感器和水平传感器等），使机器人避免碰撞或利用传感器反馈的信息进行导引、定位以及寻找目标等。移动机器人属于智能型机器人，它在很多方面得到了应用，如工业用材料运输、军事侦察、照顾病人、做家务，以及平整草坪和真空吸尘等。

移动机器人所需要的最重要也是最难实现的感知系统之一就是定位装置。局部和整体位置信息都可能是移动机器人所需要的。而信息的准确度对确定机器人控制对策也是很重要的，因为机器人作业的准确度与机器人定位的准确度直接相关。移动机器人常采用旋转编码器。事实上，安装旋转编码器对于短距离可提供准确信息，而由于轮子打滑以及其他因素，对于长距离可能产生大的累积误差，所以采用一些可修正确定位置的方法也是必要的。

在多数移动式机器人中，采用了一种整体定位系统。使用整体定位装置时可能还需要把一幅地图通过编程输入机器人存储器，这样即可根据机器人当前位置和预期位置拟订对策。这种需求已经促使一些研究人员去研发制作机器人环境地图的方法。例如，移动机器人上的测距装置可测出其至周围环境中各物体的距离，经进一步处理，即可得出一幅地图。

2）多传感器信息融合系统的控制

因为一台智能机器人可能采用多种传感器，所以如何把传感器获得的信息和系统存储的信息集成起来形成控制规则也是重要的问题。在某些情况下，采用一台计算机就完全能够控制机器人。但在某些复杂系统（如移动机器人或柔性制造系统）中，可能要采用多台计算机进行分层、分散控制。一台执行控制器可用于总体规划。它把信息传递给一系列专用的处理器以控制机器人各功能，并从传感器接收输入信号。位于不同的层次的计算机可用于完成不同的任务。一台只有高级语言能力的大型中心微处理机，与在一条公共总线上的若干台较小的微处理器相连，可实现分层控制。这样，软件规划功能可由主控制器实现，而高速动作则可由分散的微处理器控制。

分散的传感器和控制系统在许多方面像人类的中枢神经系统。人的很多动作可由脊椎神经网络控制，而无须中枢神经系统的意识控制。这种局部反应和自主功能对人类的生存而言是必要的。设法在机器人上实现局部反应和自主功能也是非常重要的。对机器人多传感器信息融合系统的研究能使我们进一步理解如何才能让机器人的工作表现更接近人类。

4.3.2　机器视觉技术与系统

1. 机器视觉技术

视觉控制的关键在于视觉测量。机器视觉技术根据光源的不同可分为直接视觉技术和间接视觉技术，根据获取被测物体三维形貌的方式可分为主动视觉技术和被动视觉技术。

主动视觉技术是指采用特殊的光源进行照明（常用的照射光源有卤钨灯、红外发光二极管、激光管等），光源投射到工件表面，再经过漫反射进入视觉传感器，形成特征图像的视觉技术。主动视觉技术用于焊接作业时，因为采用了外接光源，因此减少了电弧光对图像质量的影响,提高了熔池图像的质量。但主动视觉技术所需要的设备较多,系统复杂且造价昂贵,这些缺点限制了其在实际生产中的应用。

被动视觉技术是指无须外接光源,仅利用摄像机确定被测物与摄像机间的相对关系,从而获取被测物表面信息的视觉技术。

2. 机器视觉系统概述

随着自动化生产对效率和精度控制要求的不断提高,人工检测已经无法满足工业需求,解决的方法就是采用自动检测技术。自从 20 世纪 70 年代机器视觉系统产品出现以来,其已经逐步向复杂检测、引导机器人和自动测量几个方向发展,逐渐地消除了人为因素,降低了错误发生的概率。

机器视觉系统是一种非接触式的光学感知系统,同时集成软硬件,综合现代计算机、光学、电子技术,能够自动地从所采集到的图像中获取信息或者产生控制动作。机器视觉系统的具体应用需求千差万别,视觉系统也可能有多种形式,但其工作过程通常都包括三个步骤:

(1) 利用光源照射被测物体,通过光学成像系统采集视频图像,摄像机和图像采集卡将光学图像转换为数字图像;

(2) 计算机通过图像处理软件对图像进行处理,然后通过分析获得其中的有用信息;

(3) 计算机将通过图像处理获得的信息用于对对象(被测物体、环境)的判断,并形成相应的控制指令,发送给相应的执行机构。

1) 机器视觉系统的功能

如果要赋予机器人较高级的智能,机器人必须通过视觉系统更多地获取周围环境信息。视觉传感器是固态图像传感器(如 CCD、CMOS 固态图像传感器)成像技术和 Framework 软件相结合的产物,它可以识别条形码和任意 OCR 字符。图 4-40所示为用作视觉传感器的智能摄像机。

机器视觉系统的主要功能如下:

(1) 引导和定位:视觉定位要求机器视觉系统能够快速准确地找到目标物体并确认其位置。在物流领域,上下料使用机器视觉系统来定位,引导机械手臂准确抓取;在半导体封装领域,设备需要

图 4-40　智能摄像机

根据机器视觉系统取得的芯片位置信息调整拾取头,准确拾取芯片并进行绑定。这是机器视觉系统在机器视觉工业领域最基本的应用。

(2) 外观检测:检测生产线上产品有无质量问题,该环节也是机器人取代人工最多的环节。如在医药领域,机器视觉系统主要用于产品尺寸检测、瓶身外观缺陷检测、瓶肩部缺陷检测、瓶口检测等。

(3) 高精度检测:有些产品的精密度较高,达到 0.01～0.02 m 甚至微米级,人眼无法检测,必须使用机器完成。

(4) 识别:利用机器视觉对图像进行处理、分析和理解,以识别各种不同模式的目标和对象,在汽车零部件、食品、药品等领域应用较多。

概括地说,机器视觉系统的特点是提高生产的柔性和自动化程度。在一些不适合于人工

作业的危险工作环境或人工视觉难以满足要求的场合,常用机器视觉来替代人工视觉;在大批量工业生产过程中,用人工视觉检查产品质量效率低且精度不高,用机器视觉检测方法可以大大提高生产效率和生产的自动化程度。而且机器视觉易于实现信息集成,是实现计算机集成制造的基础技术。

2) 机器视觉系统的工作过程

机器视觉系统可以通过视觉传感器获取环境的二维图像,并通过视觉处理器进行分析和解释,进而转换为符号,让机器人能够辨识物体,并确定位置。机器视觉系统包括图像输入(获取)、图像处理和图像输出等几个部分,实际系统可以根据需要选择其中的若干部件。在视觉检测过程中,系统将被测对象的信息通过光学方式转化为图像信息或视频,再对图像进行处理和分析,得到需要的特征描述信息,最后根据获得的信息特征进行判断和决策。

一个完整的机器视觉系统的主要工作过程如下:

(1) 工件定位检测器探测到物体已经运动至接近摄像系统的视野中心,向图像采集部分发送触发脉冲。

(2) 图像采集部分按照事先设定的程序和时延,分别向摄像机和照明系统发出启动脉冲。

(3) 摄像机停止目前的扫描,重新开始新的一帧扫描,或者摄像机在启动脉冲来到之前处于等待状态,启动脉冲到来后启动一帧扫描。

(4) 摄像机开始新的一帧扫描之前打开曝光机构,曝光时间可以事先设定。

(5) 另一个启动脉冲打开灯光照明,灯光的开启时间应该与摄像机的曝光时间匹配。

(6) 摄像机曝光后,正式开始一帧图像的扫描和输出。

(7) 图像采集部分接收模拟视频信号,通过模/数(A/D)转换将其数字化,或者是直接接收数字化后的数字视频数据。

(8) 图像采集部分将数字图像存放在处理器或计算机的内存中。

(9) 处理器对图像进行处理、分析、识别,获得测量结果或逻辑控制值。

(10) 系统用处理结果控制流水线的动作、定位、纠正运动的误差等。

3) 机器视觉系统的硬件组成

如图 4-41 所示,机器视觉系统主要由光源、视觉传感器、摄像机、图像处理机(图像采集卡)、计算机(包括图像和视觉处理软件)、通信模块等硬件组成。

(1) 视觉传感器　视觉传感器用于将景物的光信号转换成电信号,它利用摄像机对目标图像信息进行收集与处理,然后计算出目标图像的特征,如位置、数量、形状等,最后输出数据和判断结果。

由于视觉传感器具有灵活性高、检测范围大、体积小和质量小等特点,因此在工业中的应用越来越广泛。

(2) 摄像机和光源　机器视觉系统直接把景物转化成图像输入信号,以便得到一张容易处理的图像,为此其应具备以下功能:

① 焦点能自动对准目标物体;

② 能根据光线强弱自动调节光圈;

③ 能自动转动摄像机,使目标物体位于视野中央;

④ 能根据目标物体的颜色选择滤光器;

⑤ 能调节光源的方向和强度,使目标物体能够看得更清楚。

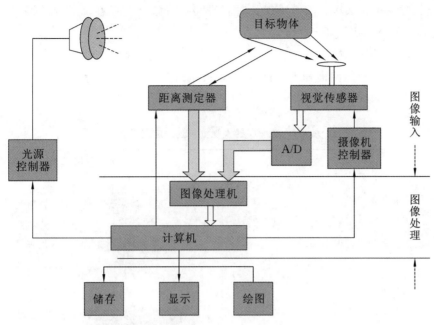

图 4-41 机器视觉系统的硬件组成

（3）图像处理器 一般计算机都是串行运算的，要处理二维图像耗费时间较长。在使用要求较高的场合，可设置一种专用的图像处理器（如现场可编程门阵列（FPGA）、DSP），以缩短计算时间。图像处理只是对图像数据做一些简单、重复的预处理，数据进入计算机后，再进行各种运算。

（4）计算机 计算机用于对视觉传感器得到的图像信息进行存储和处理，根据各种目的输出处理结果。20 世纪 80 年代以前，由于微型计算机的内存小、价格高，因此机器视觉系统需要加一个图像存储器来存储图像数据。现在，除了某些大规模视觉系统之外，一般都使用微型计算机或小型机。摄像机获取的图像通过显示器显示；还可用打印机或绘图仪输出图像。为了实现图像输出，通常使用转换精度为 8 位的 A/D 转换器。但由于数据量大，要求转换速度快，目前已在使用 100 MB 以上的 8 位 A/D 转换芯片。

4）机器视觉系统的优点

机器视觉系统具有以下优点：

（1）可靠性好。采用非接触测量方式，不仅满足在狭小空间的检测需求，还提高了系统的安全性。

（2）精度高。人工目测受测量人员主观意识的影响，而机器视觉系统不存在这种干扰，可提高测量精度，保证测量结果的准确性。

（3）灵活性好。视觉系统能够进行各种测量，当使用环境变化后，只需软件做相应变化或升级以适应新的需求即可。

（4）具有自适应性。机器视觉系统可以不断获取多次运动后的图像信息，反馈给运动控制器，直至最终结果准确，实现自适应闭环控制。

（5）具有较宽的光谱响应范围，例如使用人眼看不见的红外线测量，扩展了人眼的视觉范围。

（6）能长时间稳定工作。人类难以长时间对同一对象进行观察，而机器视觉系统可以长时间地作测量、分析和识别任务。

5）机器视觉系统的应用

机器视觉系统具有检测面积大、目标位置准确、方向灵敏度高等特点，因此，在工业机器人中应用尤为广泛，如表 4-1 所示。

表 4-1　工业机器人视觉系统的应用领城

应用领域	功能	图例
识别	检测一维码和二维码，对光学字符进行识别和确认	
检测	色彩和瑕疵检测、部件有无的检测及目标位置和方向的检测	
测量	尺寸（如孔到孔的距离）和容量的检测，预设标记的测量	
引导	弧焊跟踪	
三维扫描	3D 成形	

3. 机器视觉系统的分类

机器视觉系统按摄像机的数目不同，可分为单目视觉系统、双目视觉系统和多目视觉系统;按摄像机放置位置的不同,可分为固定摄像机系统(eye-to-hand 结构)和手眼系统(eye-in-hand 结构)。由摄像机和机械手构成,摄像机安装在机械手末端并随机械手一起运动的视觉系统称为手眼系统。摄像机不安装在机械手末端,且摄像机不随机械手运动的视觉系统称为固定摄像机系统。

1) 单目视觉系统

单目视觉系统是利用单一视觉传感器(摄像机)来获取图像的,利用图像信息提取目标物体的轮廓、位置等信息。单目配置形式的特点是系统结构简单,使用方便灵活,适应性广。单目视觉系统多用于平面视觉传感,其对深度信息的恢复能力较弱;当摄像机运动条件已知时,通过对运动前后摄像机拍摄的两张图片进行匹配,也能得到目标物体的三维信息,但这种方法实时性不佳,实际应用较少。双目和多目视觉系统比较复杂,但具备获取三维空间信息的能力,在障碍物识别、机器人导航等领域中具有明显的优势。

2) 双目视觉系统

双目视觉系统是在单目视觉系统基础上进行扩展而得到的视觉系统,其基本原理是:利用两台摄像机从不同视点对同一目标物体进行观察,得到目标物体的立体图像对,再通过立体匹配得到若干对同名像点,计算出各对像点的视差,最后由三角测量原理算出目标物体的深度坐标,从而恢复出该物体的三维信息。

双目视觉系统的工作流程一般包括图像获取、摄像机标定、图像预处理、特征提取、立体匹配和三维重建六个环节,如图 4-42 所示。

(1) 图像获取　立体图像对的获取是图像预处理的前提,同时也是双目视觉的基础。目前常用的图像采集设备有摄像机、扫描仪以及视频采集卡等。双目摄像机可采用平行模式(两光轴平行)和汇聚模式(两光轴交于一点)两种放置方式。在获取图像对时必须考虑光照条件、两个摄像机的视点差异、图像平面以及同步性等问题。

(2) 摄像机标定　摄像机标定是通过实验确定摄像机在成像几何模型中的内外参数的过程,其中,内参数是指摄像机固有的几何和光学特性参数,包括光轴中心点的图像坐标、成像平面坐标到图像坐标的放大系数(又称焦距归一化系数)、镜头畸变系数等。而外参数则是摄像机坐标系相对于世界坐标系的位置和方向。得到内外参数后,就可以确定世界坐标系中的物体点在摄像机图像坐标系中的位置。

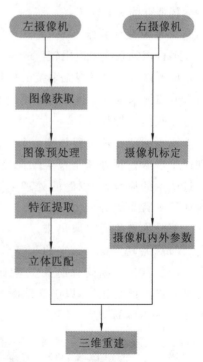

图 4-42　双目视觉系统的工作流程

(3) 图像预处理　摄像机在采集图像时,往往会受到各种因素的干扰,因此得到的原始图像会有随机噪声及各种畸变。为了改善图像质量以便于后续操作,需要先对原始图像进行预处理。在双目视觉系统中用到的图像预处理方法主要有图像滤波、图像灰度化以及图像对比度增强等。

(4) 特征提取　特征提取是对图像中的特征点进行检测和提取,为立体匹配提供匹配基元。常用的匹配特征主要有点状特征、线状特征和区域特征等。点状特征提取和描述比较方便,但其数量较多而包含的信息少,导致匹配效率低且容易产生误匹配,因此需要引入较强的约束准则。线状特征和区域特征所含信息多且数量少,易于获得较高的匹配速度,但其定位精度不佳,特征提取和描述比较困难。因此,匹配时需要综合考虑各种因素来选择合适的匹配特征。

(5)立体匹配　立体匹配是对提取的图像特征建立某种对应关系,将空间中的同一个点在一对图像中的像点对应起来,并由此得到相应的视差图。立体匹配是双目视觉技术的重点和难点。目前,为了更好地进行立体匹配,研究人员提出了不同的立体匹配算法。根据匹配基元的不同,立体匹配算法可分为区域匹配算法、特征匹配算法和相位匹配算法三种。

(6)三维重建　三维重建是根据摄像机标定和立体匹配得到信息,恢复出目标物体三维坐标的过程。三维重建的精确程度受多方面因素的影响,如摄像机的标定精度、特征点的提取精度以及立体匹配的准确度等。因此,为了保证三维重建的质量,在设计双目视觉系统时必须充分考虑各个环节的精度问题。

双目视觉技术应用于机器人避障、工件定位、视觉测距以及虚拟现实等领域。

多目视觉测量是采用三台或三台以上摄像机相互配合,从不同角度获取同一目标物体的图像,通过图像间的关联性达到视野拼接和融合的目的,或者通过视野间的视差关系,还原出目标特征空间 3D 形貌。

3)多目视觉系统

多目视觉系统中应用较广的是三目视觉系统。由于具有更大的视野空间覆盖率,三目视觉系统可以解决双目视觉系统的视野局限性问题,同时,三目视觉系统可以通过第三个摄像机引入的约束来减少双目视觉立体匹配中产生的误匹配问题。

4. 视觉图像处理

视觉图像处理过程如图 4-43 所示,包括预处理、图像分割、图像特征提取和图像模式识别四个步骤。预处理是视觉图像处理的第一步,其任务是对输入图像进行加工,消除噪声,改进图像的质量,为以后的处理创造条件。为了给出物体的属性和位置的描述,必须先将物体从其背景中分离出来,因此对预处理以后的图像首要进行分割,就是把代表物体的那一部分像素集合提取出来。一旦这些像素被提取出来,就要检测它的各种特性,包括颜色、纹理,尤其重要的是它的几何形状特性,这些特性构成了识别某一物体和确定它的位置和方向的基础。物体识别主要基于图像匹配,即根据物体的模板、特征或结构与视觉处理的结果进行匹配比较,以确认该图像中包含的物体属性,给出有关的描述,输出到机器人控制器完成相应的动作。

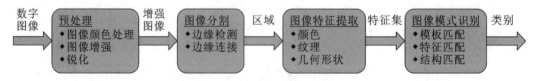

图 4-43　视觉图像处理过程及方法

1)预处理

由于采集的图像受到采集环境、摄像机性能以及图像在传输过程中信号通道的影响,经常会存在噪声,以及亮度和对比度不够等缺点,需要增强图像的一部分特性而抑制其他不需要的特性,因此需要对图像进行预处理来除去噪声,调整图像的对比度和突出图像中的重要细节,抑制不必要的细节,从而改善图像的质量。预处理的主要目的是清除原始图像中的噪声等无用的信息,改进图像的质量,增强有用信息的可检测性,从而使后面的分割、特征提取和模式识别处理得以简化,并提高所获取信息的可靠性。

机器视觉系统常常需要进行的预处理包括图像滤波、颜色处理、图像增强和锐化等。

图像滤波法可消除因为摄像机性能、传输通道所引起的随机性噪声。图像滤波方法主要有两种:

(1) 邻域平均法　该方法可能会模糊图像中的尖锐不连续部分,而且必然会使图像边界模糊。

(2) 中值滤波法　该方法可避免邻域平均法的缺陷,而且在平滑脉冲噪声方面非常有效。

灰度变换法是图像增强方法的一种,用于改善因成像时曝光不足或曝光过度而产生的图像模糊不清的情况,可改善图像的视觉效果。

2) 图像分割

机器人通过视觉图像进行物体识别时,往往只关注特定的图像或只关心图像中的一些代表性特征,比如颜色、形状等,因此,需要计算机将这些特征与其他图像区分开,而这种区分与提取的过程就称为图像的分割。常用的图像分割方法有阈值处理法、边缘检测法等。

阈值处理法是根据给定的原则,在画面中找出灰度一致的部分。阈值处理方法分为全局阈值法和局部阈值法。如果在图像的分割过程中对图像的每个像素所使用的阈值 t 是同一个阈值,称为全局阈值法;若每个像素所使用的阈值 t 都不相同,则称局部阈值法。

边缘检测的目的是发现图像中关于形状和反射或透射比的信息。边缘检测法是图像分离时最重要的方法,而且可以弥补阈值处理法在处理复杂图像时的不足。

边缘检测的实质是采用某种算法来提取出图像中对象与背景间的交界线。边缘定义为图像中灰度发生急剧变化的区域边界。图像灰度的变化情况可以用图像灰度分布的梯度来反映,因此可以用局部图像微分技术来获得边缘检测算子。

边缘检测方法划分为两类:基于查找的方法和基于零穿越的方法。基于查找的方法通过寻找图像一阶导数的最大值和最小值来检测边界,通常是将边界定位在梯度最大的方向上;基于零穿越的方法通过寻找图像二阶导数零穿越来寻找边界,通常是 Laplacian(拉普拉斯)过零点或者非线性差分表示的过零点。

3) 图像特征提取

图像特征指图像中的物体所具有的特征。图像特征是区分不同目标类别的依据。图像特征主要有颜色、纹理和几何形状等。

颜色特征是人类认识世界的最基本视觉特征。颜色特征具有较好的稳定性,不易因大小或方向等的变化而发生改变,具有较高的鲁棒性。特征提取及计算方法相对简单。颜色特征属于全局特征。目前常用的颜色特征的表示方法有颜色直方图、颜色矩、颜色聚合矢量、颜色相关图等。

纹理也是识别物体的一个重要特征。纹理在图像中表现为不同的亮度与颜色。纹理很直观,但由于对纹理的认识和考察角度不同,纹理并没有一个准确的定义,从而也导致对纹理特征提取的方法有很多种。目前,纹理特征提取方法主要有统计方法、模型方法、结构方法和信号处理方法,针对每种方法的特性又产生了各种各样的算法。

几何形状特征的描述对物体的识别起着不可忽视的作用。形状特征一般从轮廓特征和区域特征两个角度描述。轮廓特征指的是外边界特征,区域特征指的是整个区域的特征。对于任何一个物体,都可以把它分解为若干个点、线、面,这样,对其形状特征的提取就转化为对点、线、面的提取。

4) 图像模式识别

图像模式识别方法主要有模板匹配方法、特征匹配方法和结构匹配方法。

模板匹配方法是最原始、最基本的图像模式识别方法,其基本原理可表述为:提供一个物体的参考图像(模板图像)和待检测图像(输入图像),按照一定的度量准则,计算模板图像与待检测图像在像素精度上的相似程度,根据相似程度确定待检测图像中是否存在与模板相匹配的区域,并且找到它们的位置。根据实际需要,有时还需要识别出可能存在的模板旋转或缩放情况。模板匹配方法主要有基于灰度值的模板匹配方法和基于边缘的模板匹配方法。

特征匹配方法通过图像预处理,提取图像中保持不变的特征,如点特征、线特征、面特征等,作为两幅图像进行匹配的参考信息。

结构匹配是一种结构化的模式,图像识别时将图像划分成几个部分进行处理,一种描述方法对应一类物体。这种模式可以将最重要的信息提取出来,并且可以用于进一步推理,是一种比较适合实际应用的模式。

4.4　工业机器人典型应用中的智能感知系统

目前多传感器融合技术在产品体系化系统中已经得到应用,如装配机器人、焊接机器人、搬运机器人等工业机器人除采用传统的位置、速度、加速度传感器外,还应用了视觉、力觉传感器、触觉传感器等。本节将详细介绍焊接、装配、打磨抛光、搬运机器人应用的典型传感器及智能感知系统。

4.4.1　弧焊机器人中的感知系统

图 4-44 所示为一种弧焊机器人系统。

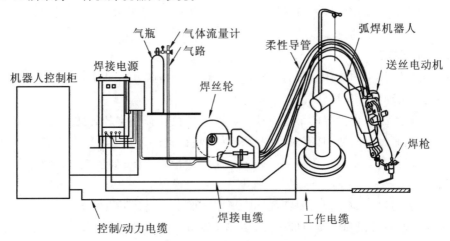

图 4-44　弧焊机器人系统

1. 弧焊机器人中的内部传感器

弧焊机器人中的内部传感器用于测位置、速度。弧焊机器人采用增量式光电编码盘来检测位置,也可采用较精密的电位器。增量式光电编码盘具有较高的检测精度和较高的可靠性,但价格昂贵。

速度传感器采用测速发电机,其中,交流测速发电机的线性度比较高,且正向与反向输出特性比较对称,比直流测速发电机更适合弧焊机器人使用。

2. 焊接机器人中的外部传感器

弧焊用外部传感器按工作原理可分为机械式、机电式、电磁式、电容式、射流式、超声波式、红外式、光电式、激光式、电弧式、光谱式及光纤式等;按用途划分,有用于焊缝跟踪的传感器、用于焊接条件等(如熔宽、熔深、成形面积、焊速、冷却速度和干伸长等)控制的传感器及用于温度分布、等离子体粒子密度、熔池行为等的控制的传感器。日本焊接技术学会的调查显示,在日本、美国等发达国家,焊接传感器80%用于焊缝跟踪。目前,我国常用的弧焊用传感器是电弧式、机械式和光电式。

1) 摆动电弧传感器

摆动电弧传感器从焊接电弧自身直接提取焊缝位置偏差信号,实时性好,不需要在焊枪上附加任何装置,即可使焊枪具备极好的运动灵活性和可达性,尤其符合焊接过程低成本自动化的要求。

摆动电弧传感器工作原理:当电弧位置变化时,电弧自身电参数相应发生变化,得出焊枪导电嘴至坡口表面距离的变化量,进而根据电弧的摆动形式及焊枪与工件的相对位置关系,推导出焊枪与焊缝间的相对位置偏差。

2) 视觉传感器

对于自动化焊接,视觉传感器能带来最丰富的焊缝信息。机器人焊接视觉感知技术包括机器人初始焊接位置定位导引、焊缝跟踪、工件接头识别、熔池几何形状实时传感、熔滴过渡形式检测、焊接电弧行为检测等技术。

机器人焊接视觉感知系统根据使用的照明光的不同分为主动视觉系统和被动视觉系统。

机器人焊接被动视觉系统是利用弧光或普通光源和摄像机组成的系统。在大部分被动视觉系统中,电弧本身就是监测对象,所以没有热变形等因素所引起的超前检测误差,并且能够获取接头和熔池的大量信息,这对焊接质量自适应控制非常有利。

机器人焊接主动视觉系统是使用具有特定结构的光源与摄像机组成的视觉感知系统。由于采用的光源能量大都比电弧能量小,一般把激光传感器安装在焊枪前面以避开弧光直射的干扰。由于主动光源是可控的,可滤掉环境干扰,所获取的图像真实性好。

(1) 结构光视觉传感器　目前,结构光视觉传感器在焊接机器人中的应用较为成熟,可用于检测坡口信息、焊缝轮廓和焊枪高度等。如图 4-45 所示为与焊枪一体式的结构光视觉传感器结构。激光光束经过柱面镜形成单条纹结构光。由于 CCD 摄像机与焊枪保持合适的位置关系,可避开电弧光直射的干扰。

(2) 激光扫描视觉传感器　与结构光视觉传感器相比,激光扫描视觉传感器因光束集中于一点,因而信噪比要大得多。其一般基于光学三角原理,用激光做光源,用 CCD 摄像机作为检测器,根据光源、物体和检测器三者之间的几何成像关系来确定空间物体各点的三维坐标。

典型的激光扫描视觉传感器结构原理如图 4-46 所示。其采用激光通过扫描转镜进行扫

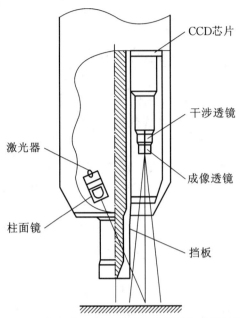

图 4-45　与焊枪一体式的结构光视觉传感器结构

描,扫描速度较高。通过测量扫描电极的转角测量出接头的轮廓尺寸。

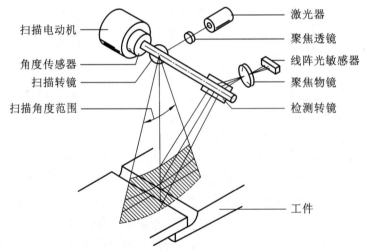

图 4-46　激光扫描视觉传感器结构原理

　　焊接电流和电弧电压是焊接过程中的重要参数,焊接电流和电弧电压信号包含丰富的电弧特征信息,常被用于评估焊接过程的稳定性和焊接质量。基于霍尔效应(霍尔效应是指当半导体薄片置于磁场中,有电流流过时,在垂直于电流和磁场的方向上将产生电动势)的电流、电压传感器可用于测量电弧电流或者焊接电压信号。霍尔电流传感器既可以测量直流、交流电信号,又可以测量快速变化的脉冲信号。

　　弧焊机器人系统的焊接电流一般小于 1000 A,电弧电压峰值按照标准应低于 114 A。弧焊电流传感器量程小于 1000 A,多数选择 500 A 量程的传感器;电弧电压传感器的量程可选为 150 A 或 200 A。

4.4.2　机器人手爪中的触觉感知系统

机器人手爪是机器人的重要组成部分,便于机器人完成精巧的操作和执行复杂的任务。要使机器人能够在存在不确定性的环境中完成灵巧的操作,必须使其手爪具备很强的感知能力。手爪通过传感器来获得环境信息,以实现快速、准确、柔顺地触摸、抓取、操作工件或装配件等。

机器人手爪配置的传感器主要包括视觉传感器、接近觉传感器、温度传感器、速度/加速度传感器、位置/姿态传感器、触觉/滑觉传感器、力/力矩传感器。以 PUMA 560 机器人为例,其夹持式手爪上安装了视觉、接近觉、触觉传感器等,如图 4-47 所示。

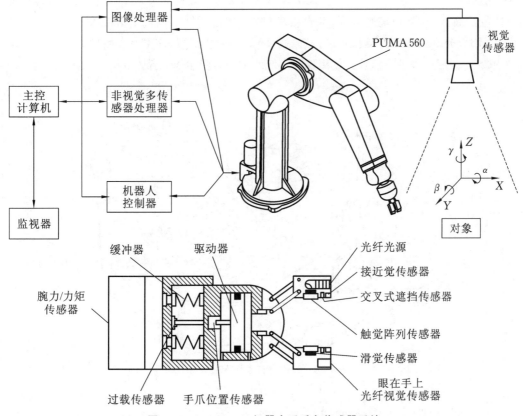

图 4-47　PUMA 560 机器人手爪多传感器系统

这些传感器可分为以下三类:

(1)远距离传感器　用于获取远距离场景中的有用信息,包括位置、姿态信息,视觉纹理、颜色、形状、尺度等物体特征信息,以及环境温度、辐射水平。远距离传感器包括温度传感器、全局视觉传感器及距离传感器等。

(2)近距离传感器　近距离传感器用于进一步完成位置、姿态、颜色、视觉纹理信息及辐射的测量,以便更新第一阶段的同类信息。近距离传感器包括各种接近觉传感器、视觉传感器、角度编码器等。

(3)接触觉传感器　当距离物体十分近时,上述传感器无法使用,此时,机器人可通过接触觉传感器获取物体的位置和姿态信息,以便进一步证实近距离传感器所获取信息的准确性。通过接触传感可以得到更精确、详细的物体特征信息。

PUMA 机器人手爪多传感器系统模块包括数据获取单元、知识库单元、数据预处理单元、补偿单元、数据处理单元、决策和任务执行单元。

4.4.3　装配机器人中的智能感知系统

装配机器人(机械手)需要安装力觉和视觉传感器。

要求视觉系统必须满足以下要求:能够识别传送带上所要装配的机械零件,确定该零件的空间位置;能够检查工件的完好性,测量工件的极限尺寸;能够根据信息控制机械手的动作,实现准确装配。机械手应可以根据视觉的反馈信息进行自动焊接、喷漆和自动上下料等。图 4-48 所示为吸尘器自动装配实验系统,该系统由 2 台关节机器人和 7 台图像传感器组成。吸尘器部件包括底盘、气泵和过滤器等,都自由堆放在右侧备料区,该区上方装设三台图像传感器(α、β、γ),用以分辨物料的种类和方位。机器人的前部为装配区,这里有 4 台图像传感器 A、B、C 和 D,用来对装配过程进行监控。使用这套系统装配一台吸尘器只需 2 min。

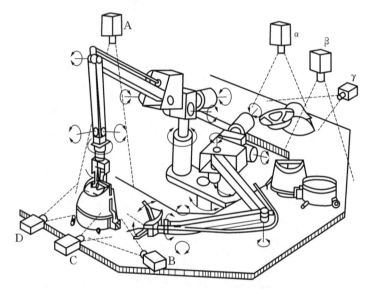

图 4-48　吸尘器自动装配实验系统

4.4.4　打磨抛光机器人的力觉感知系统

机器人进行打磨抛光作业(见图 4-49)时需要力矩传感器反馈打磨过程中的恒力,实现自动化可控的打磨抛光、制造流程的一致性。

图 4-49　多维力传感器用于打磨抛光机器人

4.4.5　搬运机器人视觉系统

搬运机器人要求视觉系统能够识别室内或室外的景物,进行道路跟踪和自主导航,能够用于危险材料的搬运和野外作业等任务。视觉传感器是视觉系统的核心,是提取环境特征最多的信息源。它既要容纳进行轮廓测量的各种光学、机械、电子元器件等,又要体积小、质量小。搬运机器人的视觉传感器包括激光器、扫描电动机及扫描机构、角度传感器、线性 CCD 传感器及其驱动板和各种光学组件。

图 4-50 所示为搬运机器人视觉系统。

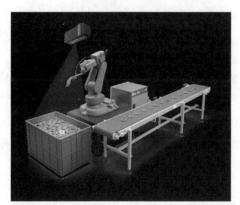
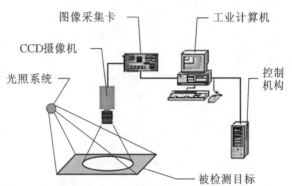

图 4-50　搬运机器人视觉系统

4.5　工业机器人碰撞检测与人机安全策略

1. 基于距离检测的人机安全策略

基于距离检测的人机安全策略(见图 4-51)是指通过视觉摄像机、激光扫描仪、超声传感器等检测机器人与人之间距离,设置虚拟栅栏的安全策略。例如,ABB 机器人利用激光传感器与超声波传感器建立虚拟栅栏安全策略,根据机器人工作空间建立虚拟的危险区、预警区、安全区。当人处在距离较远的安全区时,机器人以正常速度工作;当人进入预警区时,机器人降低运行速度;当人进入距离较近的危险区时,机器人则立即停止运动。

图 4-51　基于距离检测的人机安全策略

此类安全策略的特点:相对于使用安全栅栏进行物理隔离,人机协作的作业区域有所增大,但还是极大限制了人与机器人的协同作业区域,人机协同化程度不高,视觉检测对场地部署要求较高。

2. 基于电力环的碰撞检测与人机安全策略

基于电力环的碰撞检测与人机安全策略(见图 4-52)是通过检测伺服电动机中的反馈电流

图 4-52　基于电流环的碰撞检测与人机安全策略

和转矩的突变来检测碰撞的安全策略。用户施加力于机器人上,当检测到外力矩超过阈值时,即认为发生碰撞,机器人停止工作或立即进入拖动示教状态,主动避让用户,进一步保证用户安全。例如,UR 机器人利用伺服电动机编码器及电流传感器实时检测机器人关节位置及各关节电动机的电流,通过机器人的位置信息及电流信息推断出机器人的输出力和力矩的大小。当发生碰撞时机器人关节电流发生变化;当碰撞力大于阈值时,机器人停止运动。

此类安全策略的特点:成本低;不用限制机器人的作业区域,但由于碰撞前没有任何安全措施,常通过限制机器人运行速度、机器人质量及刚度等降低冲撞力,主要应用在小型机器人上;另外,通过电流推算输出力矩,由于减速传动机构的摩擦,理论力矩与实际力矩存在较大误差,因此碰撞检测力矩精度较低,难以准确建模和辨识,易导致机器人对是否发生碰撞出现误判。

3. 基于表面皮肤的碰撞检测与人机安全策略

基于表面皮肤的碰撞检测与人机安全策略(见图 4-63)是指将柔性皮肤传感器覆盖在机器人表皮构成机器人电子皮肤,通过全覆盖电子皮肤检测机器人碰撞时的外部力大小、位置等信息,实现机器人碰撞的空间态势感知。例如,Bosch 机器人的 APAS 人机协作智能系统,给机器人所有关节配置触觉传感器,能够检测到任何非正常的碰撞力,并实时反馈给控制系统,实现人机安全策略。

图 4-53　基于电子皮肤的碰撞检测与人机安全策略

此类安全策略的特点:此方法检测灵敏度、检测精度高,检测范围大;缺点是成本高、装配复杂、布线复杂且抗干扰能力较差,数据处理量大,对计算机硬件要求高,传感器成本高。

4. 基于关节力/力矩传感器的碰撞检测与人机安全策略

机器人利用力/力矩传感器感知机械手末端执行器的力度。在多数情况下,力/力矩传感器都位于机械手和夹具之间,用来保证所有反馈到夹具上的力都在机器人的监控之中。有了力/力矩传感器,装配、人工引导、示教、力度限制等应用才能得以实现。基于关节力/力矩传感器的碰撞检测与人机安全策略(见图 4-54)是通过关节腕力传感器检测外力/力矩来反映机器人手部末端碰撞力的大小,从而实现人机安全的策略。例如:KUKA LBR iiwa 在其本体上安装了七个关节扭矩传感器;Universal Robotics 机器人 UR3 基于力矩传感器技术进行碰撞检测,实现急停。

此类安全策略的特点:关节内置力矩传感器成本过高,检测精度较高,只能感知到机器人末端执行器上的接触力,不能检测到机器人其他部分的碰撞,检测范围有限,常用于打磨、抛光、装配机器人的手部碰撞力检测。

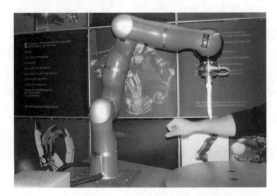

图 4-54　基于关节力/力矩传感器的碰撞检测与人机安全策略

先驱之光

中国机器人之父——蒋新松

1982 年 4 月,中国科学院沈阳自动化研究所成功研制了我国第一台具有点位控制和速度轨迹控制的 SZJ-1 示教再现型工业机器人,开创了中国工业机器人发展的新纪元,拉开了中国机器人研发和产业化的序幕。SZJ-1 示教再现型工业机器人正是在时任沈阳自动化研究所所长的蒋新松院士(见图 4-55)的主持下诞生的。

蒋新松(1931—1997),男,江苏省江阴人,中国科学院沈阳自动化研究所所长、研究员、博士生导师,"863"自动化领域首席科学家,中国工程院院士。他牵头创建了机器人技术研究国家工程中心和中国科学院机器人学开放实验室,为我国机器人学研究及机器人技术工程化建立了基地。他是一位伟大而平凡的战略科学家,成功研制系列水下机器人产品,将我国水下

图 4-55　蒋新松院士塑像

机器人研究推向世界先进水平；积极推进计算机集成制造系统（CIMS）的研究和应用，一生致力于工业强国梦，是我国机器人事业的开拓者之一。

"科学事业是一种永恒探索的事业，它既没有起点，也没有终点。成功的欢乐，永远是一刹那。无穷的探索、无穷的苦恼，正是它本身的魅力所在。从事科研工作40年了，我又进入了新的一轮无穷的探索和无穷的苦恼中……"，蒋新松院士的这番话，表现了一位伟大的科学家对祖国、对人民、对科学的诚挚之心，这也正是蒋新松高尚人格的体现。

习　题

1. 简述机器人触觉传感器的种类及工作原理。
2. 简述机器人视觉感知系统的组成及功能。
3. 列举两种工业机器人传感器的典型应用场景。
4. 简述工业机器人碰撞安全策略常用的传感器类型及特点。
5. 简述工业机器人中常用的六维力/力矩传感器的工作原理及常见的弹性结构类型。
6. 工业机器人精确位置检测常用编码器的工作原理。
7. 分析绝对型光电编码器和增量型光电编码器的区别。
8. 简述机器人双目视觉系统的组成及功能。
9. 简述二维视觉识别与三维视觉识别的工作原理。

第5章　工业机器人控制及编程

本章介绍工业机器人的控制系统。机器人控制系统的功能是接收来自传感器的检测信号,根据操作任务的要求,驱动机械臂中的各台电动机。控制系统是工业机器人最为重要的组成部分,对机器人功能的实现及作业性能的保障起着至关重要的作用,直接决定着机器人的运动精度及工作效果。

本章学习目标

1) 知识目标

(1) 了解工业机器人控制系统的特点、功能与组成。

(2) 掌握工业机器人控制系统的分类、结构、控制方式。

(3) 熟悉工业机器人的示教方式。

(4) 掌握工业机器人的编程方式和方法。

2) 能力目标

(1) 能准确解读工业机器人的控制框图。

(2) 能应用 RobotStudio 进行离线编程及在线编程。

5.1　机器人控制系统

5.1.1　机器人控制系统定义

如果机器人的应用场合简单、功能单一,用户可通过固定程序或示教编程的方式对机器人进行编程,完成不同场合所需要的任务。但随着机器人的功能和作业环境越来越复杂多变,固定程序或示教编程越来越无法满足要求,因此适应性更强的机器人控制系统应运而生,它具有更多样的编程方式,更丰富的传感器接口,更丰富的通信方式。

机器人控制系统通过指令描述机器人的动作,使机器人能够顺利完成指定操作,而且能够详尽地描述机器人的作业环境,并利用传感器的状态信息使机器人具有判断、规划、决策等功能。

如果说机械系统是机器人的骨骼或身体,那么控制系统就是机器人的大脑,是机器人的控制核心。它能够依据已有的编程指令和传感器采集的信息,帮助机器人完成指定任务或者决策。

机器人控制系统一般由控制器、控制软件和运动控制单元组成。控制器指的是控制系统的硬件部分,它决定了机器人性能的优劣。控制器通常包括运动控制单元、运动控制器、存储单元、通信接口和人机交互模块。对于不同类型的机器人,控制系统的结构、功能有较大差别,控制器的设计方案也不一样。

运动控制单元是一种用于控制机器人或其他自动化设备运动的电子设备。它通常包括主控制器、电动机驱动器和传感器等组件。运动控制单元可以接收用户输入的指令,例如速度、位置和加速度等,并将这些指令转化为电信号,通过电动机驱动器控制电动机的运动。运动控制单元还可以通过传感器获取设备当前的位置、速度和加速度等状态信息,并根据这些信息进行运动控制和调整。

比如工业机器人,其控制器通常是工控主板或者嵌入式主板和 PLC 控制器,控制软件多为机器人厂家根据自家的控制器开发的专用软件,而运动控制单元则多数直接采用运动控制卡或直接运动控制器。工业机器人的控制系统因其特定的应用场景(制造业),具有较为典型的特征。

控制器技术是各大工业机器人厂商的核心技术,基本由厂商控制。而控制软件是在控制器结构基础上开发的,仅向用户提供二次开发包,以便用户进行二次开发。控制软件的功能包括示教、感知、通信、存储等。

控制系统是工业机器人的主要组成部分,支配着工业机器人按规定的程序运动,并记忆人们给予工业机器人的指令信息(如动作顺序、运动轨迹、运动速度及时间),同时按其控制系统的信息对执行机构发出指令,必要时可对工业机器人的动作进行监视,当动作有错误或发生故障时发出报警信号。

工业机器人控制系统主要用于控制机器人各关节的位置、速度和加速度等参数,从而使机器人的手爪以指定的速度按照指定的轨迹到达目标位置。

5.1.2　机器人控制系统的特点

多数机器人的结构是一个空间开链结构,各个关节的运动是相互独立的,为了实现机器人末端执行器的位置精度,需要多关节协调运动,因此,机器人控制系统相对普通的控制系统要复杂一些。具体来讲,机器人控制系统主要具有以下特点。

(1)机器人控制系统是一个多变量控制系统,即使简单的工业机器人也有 3～5 个自由度。比较复杂的机器人有十几个自由度,甚至几十个自由度。一般每个自由度对应一个伺服机构,多个独立的伺服系统必须有机地协调起来。例如,机器人的手部运动是所有关节的合成运动,要使手部按照一定的轨迹运动,就必须控制各关节协调运动,包括运动轨迹、动作时序等多方面的协调。

(2)运动描述复杂,机器人的控制与机构运动学及动力学密切相关。描述机器人状态和运动的数学模型是一个非线性模型,随着状态的变化,其参数也在变化,各变量之间还存在耦合。因此,仅仅考虑位置闭环是不够的,还要考虑速度闭环,甚至加速度闭环。在控制过程中,根据给定的任务,应当选择不同的基准坐标系,并做适当的坐标变换,求解机器人运动学正问题和逆问题。此外,还要考虑各关节之间惯性力、科氏力等的耦合作用和重力负载的影响,因此,在控制系统中还经常采用一些控制策略,如重力补偿、前馈、解耦或自适应控制策略等。

(3)具有较高的重复定位精度,系统刚性好。除直角坐标机器人外,机器人关节上的位置检测元件不能安装在末端执行器上,而应安装在各自的驱动轴上,构成半闭环位置控制系统。但机器人的重复定位精度较高,一般为 ±0.1 mm。此外,由于机器人运行时要求运动平稳,不受外力干扰,为此系统应具有较好的刚性。

(4)信息运算量大。机器人的动作往往可以通过不同的方式和路径来完成,因此存在一个最优化问题。较高级的机器人可以采用人工智能方法,用计算机建立起庞大的信息库,借助信息库进行控制、决策管理和操作,根据传感器和模式识别的方法获得对象及环境的工况,按照给定的指标要求,自动选择最佳的控制规律。

（5）需采取加（减）速控制策略。过大的加（减）速度会影响机器人运动的平稳性，甚至使机器人发生抖动，因此在机器人启动或停止时需进行加（减）速控制。通常采用匀加（减）速运动指令来实现。此外，机器人不允许有位置超调，否则将可能与工件发生碰撞。因此，要求控制系统位置无超调，动态响应尽量快。

（6）工业机器人还有一种特有的控制方式——示教再现控制方式。当要求工业机器人完成某作业时，可预先移动工业机器人的手臂来示教作业顺序、位置等，在此过程中把相关的作业信息存储在机器人内存中，在执行任务时，依靠工业机器人的动作再现功能，重复进行该作业。此外，从操作的角度来看，要求控制系统具有良好的人机界面，尽量降低对操作者的要求。因此，多数情况要求控制器的设计人员不仅要完成底层伺服控制器的设计，还要完成规划算法的编程。

总之，工业机器人控制系统是一个与运动学和动力学密切相关的、紧耦合的、非线性的多变量控制系统。随着实际工作情况的不同，可以采用各种不同的控制方式。

5.1.3　机器人控制系统的功能

1. 机器人控制系统的功能概述

控制系统是工业机器人的重要组成部分。大多数工业机器人采用"工控机＋运动控制器"的控制模式，能够通过示教编程或离线编程等方式实现运动控制、示教再现、环境感知、人机交互等功能。

为了更精确地描述机器人的运动过程，机器人控制系统必须做到：

（1）正确建立世界模型。机器人及相应的工具、工件都是在三维空间中运动的，所以需要给机器人及工具、工件等物体建立对应的坐标系，包括世界坐标系、工件坐标系、工具坐标系等。在不同坐标系下，机器人控制系统必须能够描述物体的位置和姿态信息。

（2）正确描述机器人作业环境。机器人能否正常完成作业任务与机器人的作业环境息息相关。机器人控制系统对机器人作业环境的描述水平，决定了机器人作业任务的完成水平。若无法详尽地描述机器人的作业环境、构建环境模型，则机器人就无法准确无误地完成操作任务。

（3）正确描述机器人的运动。机器人的运动过程可以转化为机器人控制系统中的动作指令。用户可通过编程语言中的指令进行运动速度、运动时间、路径规划等操作，定义机器人的动作，完成机器人运动过程。

（4）允许用户定义执行过程。机器人控制系统需要允许用户定义机器人的执行过程，包括定义指令动作、循环、中断等。

（5）包含人机接口和传感器接口。人机接口用于人与机器人之间的信息交流，有利于及时处理运行过程中产生的故障，提高安全性。同样，传感器接口也是必不可少的。具备传感器接口的机器人控制系统能够根据传感器的信息，结合已有的决策能力，更有效地控制程序流程。

（6）具备良好的编程环境。具有良好的编程环境有利于提高程序员的工作效率。例如，系统中断功能会大大简化编程人员的工作。此外，环境友好的机器人控制系统还应该具有在线修改、立即重启、仿真等功能。

工业机器人控制系统的功能结构如图 5-1 所示。从图中可知，机器人的控制系统有三种基本操作状态：监控状态、编辑状态和执行状态。下面对这三种状态予以说明。

（1）监控状态：操作者可以利用示教器修改机器人的空间位姿、运动速度等。

（2）编辑状态：操作者可利用机器人编程语言在编程环境中定义机器人动作。

（3）执行状态：系统执行机器人程序，操作者不能再编辑或修改机器人的任一参数。

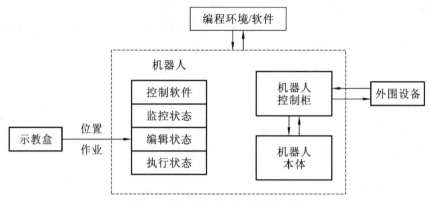

图 5-1　机器人控制系统功能结构

2. 机器人控制系统的基本功能

机器人控制系统是机器人的主要组成部分，用于控制操作机来完成特定的工作任务，其基本功能有示教再现功能、坐标设置功能、与外围设备的联系功能、位置伺服功能。

1）**示教-再现功能**

机器人控制系统可实现离线编程、在线示教及间接示教等功能，在线示教又包括示教盒示教和导引示教两种情况。在示教过程中，控制系统可存储作业顺序、运动路径、运动方式、运动速度及与生产工艺有关的信息；在再现过程中，控制系统能控制机器人按照示教的加工信息执行特定的作业。

2）**坐标设置功能**

一般的工业机器人控制器设置有关节坐标系、绝对坐标系、工具坐标系、用户坐标系四种坐标系，用户可根据作业要求选用不同的坐标系并进行坐标系之间的转换。

3）**与外围设备的联系功能**

机器人控制器设置有输入/输出接口、通信接口、网络接口和同步接口，并具有示教盒、操作面板及显示屏等人机接口。此外，还具有多种传感器接口，如视觉、触觉、接近觉、听觉、力觉（力矩）传感器等接口。

4）**位置伺服功能**

机器人控制系统可实现多轴联动、运动控制、速度和加速度控制、力控制及动态补偿等功能。在运动过程中，还可以实现状态监测、故障诊断下的安全保护和故障自诊断等功能。

5.1.4　机器人控制系统的分类与组成

1. 机器人控制系统的分类

机器人控制系统按照控制方式可分为集中控制系统（centralized control system）、主从控制系统、分散控制系统（distribute control system）。

1）**集中控制系统**

集中控制系统采用一台计算机实现全部控制功能，结构简单，成本低，但实时性差，难以扩展，在早期的机器人中常采用这种系统。其优点有：硬件成本较低，便于信息的采集和分析，易于实现系统的最优控制，整体性与协调性较好，基于 PC（个人计算机）的系统硬件扩展较为方便。缺点为：系统控制缺乏灵活性，控制危险容易集中，一旦出现故障影响面广，后果严重；由于工业机器人的实时性要求很高，当系统进行大量数据计算时，会降低实时性，系统对多任务的响应能力也会与系统的实时性相冲突；此外连线复杂，会降低系统的可靠性。

2）主从控制系统

采用主、从两级处理器实现系统的全部控制功能。主 CPU 实现管理、坐标变换、轨迹生成和系统自诊断等；从 CPU 实现所有关节的动作控制。主从控制系统实时性较好，适于高精度、高速度控制，但系统扩展性较差，维修困难。

3）分布式控制系统

分布式控制系统按性质和控制方式将系统分成几个模块，每一个模块各有不同的控制任务和控制策略，各模块之间可以是主从关系，也可以是平等关系。

其主要思想是"分散控制，集中管理"，即系统对其总体目标和任务可以进行综合协调和分配，并通过子系统的协调工作来完成控制任务。整个系统在功能、逻辑和物理等方面都是分散的，所以分布式控制系统又称为集散控制系统或分散控制系统。

分布式控制系统的优点为：系统灵活性好，控制系统的危险性较低；采用多处理器的分散控制，有利于系统功能的并行执行，提高系统的处理效率，缩短响应时间；实时性好，易于扩展，易于实现高速、高精度控制，以及智能控制。

2. 机器人控制系统的硬件组成

图 5-2 所示为常见的机器人控制系统的硬件组成。其一般由控制计算机、示教编程器、操作面板、磁盘数字量和模拟量输入/输出接口、打印机接口、传感器接口、轴控制器、辅助设备控制器、通信接口、网络接口组成。

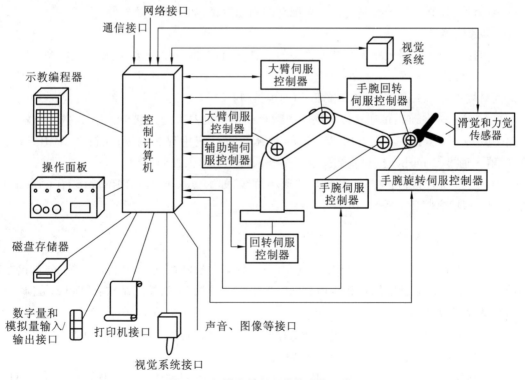

图 5-2　机器人控制系统的硬件组成

1）控制计算机

控制计算机是控制系统的调度指挥机构,一般为微型机,微处理器分为 32 位、64 位等规格的,如奔腾系列 CPU 等。

2）示教编程器

示教编程器用于示教机器人的工作轨迹、参数设定和所有人机交互操作。它拥有自己独立的 CPU 及存储单元,与主计算机之间以串行通信方式实现信息交互。

3）操作面板

操作面板由各种操作按键、状态指示灯构成,只用于完成基本功能操作。

4）磁盘

磁盘为外围存储器,用来存储程序。

5）数字量和模拟量输入/输出接口

数字量和模拟量输入/输出接口指各种状态和控制命令的输入或输出接口。

6）打印机接口

打印机接口用于输出需要记录的各种信息。

7）传感器接口

传感器接口用于信息的自动检测,实现机器人柔顺控制。一般为力觉、触觉和视觉传感器接口。

8）轴控制器

轴控制器用于完成机器人各关节位置、速度和加速度控制。

9）辅助设备控制器

辅助设备控制器用于控制与机器人配合的辅助设备,如手爪变位器等。

10）通信接口

通信接口用于实现机器人与其他设备的信息交换,一般有串行接口、并行接口等。

11）网络接口

网络接口包括 Ethernet 接口和 Field bus 接口。

（1）Ethernet 接口:可通过以太网实现数台或单台机器人的直接 PC 通信,数据传输速率高达 10Mb/s;可直接在 PC 上用 Windows 库函数进行应用程序编程;支持 TCP/IP 通信协议;机器人通过 Ethernet 接口将数据及程序装入各个机器人控制器。

（2）Field bus 接口:支持多种流行的现场总线,如 Device net、AB Remote I/O、Interbuss、profibus-DP、M-NET 等。

5.1.5　机器人控制系统的结构

如前文所述,工业机器人的控制系统有三种,即集中控制系统、主从控制系统、分布式控制系统。这三种控制系统的结构相应地分别为集中控制结构、主从控制结构和分布式结构。

1. 集中控制结构

集中控制是指用一台计算机实现全部控制功能,早期的机器人常采用这种控制方式。

图 5-3 所示为工业机器人集中控制结构框图。

集中控制结构充分利用了计算机资源开放性的特点,可以实现很好的开放性,多种控制卡、传感器设备等都可以通过标准 PCI(外围部件互连)插槽或标准串口、并口集成到控制系统中。

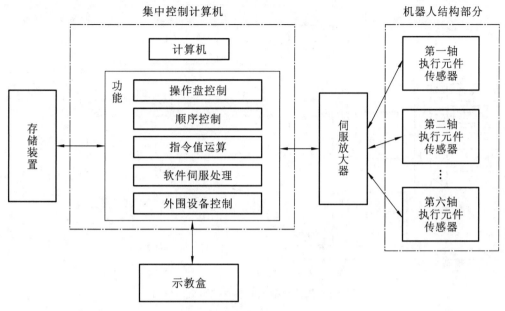

图 5-3　工业机器人集中控制结构框图

2. 主从控制结构

图 5-4 所示为工业机器人主从控制结构框图。

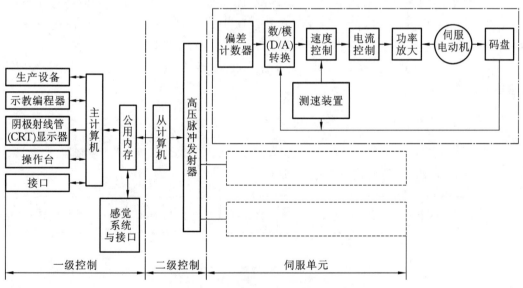

图 5-4　工业机器人主从控制结构框图

3. 分布式控制结构

图 5-5 所示为工业机器人分布式控制结构框图。在这种结构中,子系统由控制器、不同被控对象或设备构成,各个子系统之间通过网络等相互通信。分布控制结构提供了一种开放、实时、精确的机器人控制系统。

分布式控制系统常采用两级控制方式。两级分布式控制系统通常由上位机、下位机和网络组成。上位机可以进行不同的轨迹规划和算法控制,下位机用于进行插补细分、控制

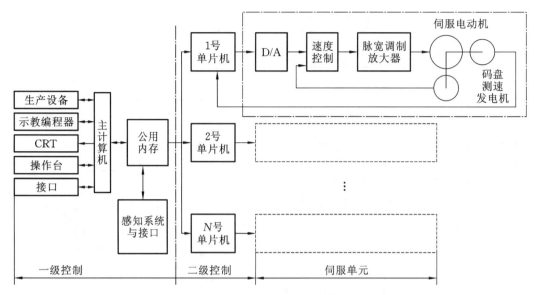

图 5-5　工业机器人分布式控制结构框图

优化等。上位机和下位机通过通信总线相互协调工作。这里的通信总线可以是 RS-232、RS-485、EEE-488 及 USB 总线等。以太网和现场总线为机器人提供了更快速、稳定、有效的通信服务，尤其是现场总线。现场总线应用于生产现场，在微机化测量控制设备之间实现双向多结点数字通信，从而形成了新型的网络集成式全分布控制系统——现场总线控制系统（fieldbus control system，FCS）。在工厂生产网络中，将可以通过现场总线连接的设备统称为现场设备/仪表。从系统论的角度来说，工业机器人作为工厂的生产设备之一，也可以归纳为现场设备。在机器人系统中引入现场总线技术，更有利于机器人在工业生产环境中的集成。

5.1.6　控制系统的构成方案

从基本结构上看，一个典型的机器人控制系统主要由上位计算机、运动控制器、驱动器、电动机、执行机构和反馈装置构成，如图 5-6 所示。

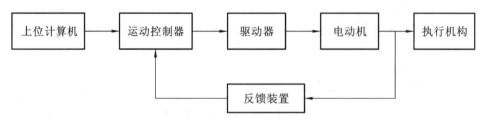

图 5-6　工业机器人控制系统结构

工业机器人控制系统的构成方案可分为三类。

1. 基于 PLC 的运动控制

（1）利用 PLC 的默认输出端口，使用脉冲输出指令来产生脉冲驱动电动机，同时使用通用 I/O 设备或者计数部件来实现电动机的闭环位置控制。

（2）使用 PLC 外部扩展的位置模块来进行电动机的闭环位置控制。

2. 基于 PC＋运动控制卡的运动控制

基于 PC＋运动控制卡的控制系统在硬件实现上显得更为简单,整个硬件系统具有紧凑性,同时又不失开放性与兼容性,如图 5-7 所示。

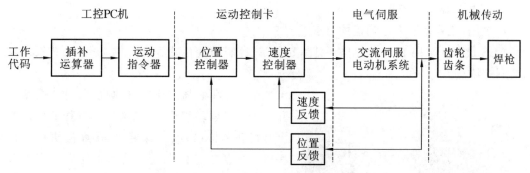

图 5-7　基于 PC＋运动控制卡的运动系统构成

同时,由于工控 PC 机运行于通用性的 Windows 操作系统上,因此满足软件的通用性要求。机器人轨迹规划、直线插补改进等许多优秀的算法可以在不同机器人上应用,促进了机器人行业的发展。目前基于 PC＋运动控制卡的运动控制是工业机器人的重要控制模式。

3. 纯 PC 机控制

纯 PC 机控制即完全采用 PC 机的全软件形式的控制模式。在高性能工业 PC 和嵌入式 PC(配备专为工业应用而开发的主板)的硬件平台上,可通过软件程序实现机器人需要的 PLC 逻辑控制和运动控制等功能。再通过高速的工业总线进行 PC 与驱动器的实时通信,显著提高机器人的生产效率和灵活性。不过,在提供灵活的应用平台的同时,也大大提高了开发难度并延长了开发周期。由于其先进性,这种控制系统结构代表了未来机器人控制系统结构的发展方向。

随着芯片集成技术和计算机总线技术的发展,专用运动控制芯片和运动控制卡越来越多地被用在机器人的伺服运动控制中。采用专用运动控制芯片和运动控制卡进行伺服运动控制的优点是控制方便灵活,成本低。它们都以通用 PC 为平台,借助 PC 的强大功能来实现机器人的运动控制。专用运动控制芯片与 PC 总线组成简单的电路来构成运动控制器;专用运动控制卡则可直接制成运动控制器。这两种运动控制器内部都集成了机器人运动控制所需的许多功能,有专用的开发指令,所有的控制参数都可由程序设定,从而使机器人的控制变得简单,易于实现。

运动控制器都从主机(PC)接收控制命令,从位移传感器接收位置信息,向伺服电动机功率驱动电路输出运动命令。对于伺服电动机位置闭环系统,运动控制器主要起位置环的作用,可称为数字伺服运动控制器,适用于包括机器人和数控机床在内的一切交、直流电动机和步进电动机伺服控制系统。

专用运动控制器的应用使原来由主机完成的大部分计算工作改由运动控制器内的芯片来完成,使控制系统硬件设计简单,与主机之间的数据通信量减少,解决了通信中的瓶颈问题,提高了系统效率。

5.1.7　机器人控制柜

机器人控制柜用于安装控制器，进行数据处理及存储，并执行程序。

1. ABB 机器人控制柜

1) ABB 工业机器人控制柜的特点

ABB 机器人采用 IRC5 控制柜（见图 5-8），该控制柜具有灵活性强、模块化、可扩展以及通信便利等特点。

图 5-8　ABB 工业机器人 IRC5 控制柜

（1）灵活性强。IRC5 控制柜由一个控制模块和一个驱动模块组成，可选增一个过程模块以容纳定制设备和接口，如点焊模块、弧焊模块和胶合模块等。配备这三种模块的灵活型控制器完全有能力控制一台六轴机器人，外加伺服驱动工件定位器及类似设备。若需增加机器人的数量，只需为每台新增机器人增装一个驱动模块，还可选择安装一个过程模块，最多可控制四台机器人在 MultiMove TM 模式下作业。各模块间只需要两根连接电缆，一根为安全信号传输电缆，另一根为以太网连接电缆，供模块间通信使用，模块连接简单易行。

（2）模块化。控制模块作为 IRC5 的"心脏"，自带主计算机，能够执行高级控制算法，为多达 36 个伺服轴进行 MultiMove 路径计算，并可指挥四个驱动模块。控制模块采用开放式系统架构，配备基于商用 Intel 主板、处理器的工业计算机及 PCI 总线。

（3）可扩展。由于采用标准组件，用户不必担心设备淘汰问题，随着计算机处理技术的进步，能随时进行设备升级。

（4）通信便利。完善的通信功能是 ABB 机器人控制系统的特点，其 IRC5 控制器的 PCI 扩展槽中可以安装几乎任何常见类型的现场总线板卡，符合 ODVA（开放式设备网络供货商协会）标准，可使用众多第三方装置的单信道设备网（DeviceNet），支持最高速率为 12 Mb/s 的双信道现场总线 Profitbus-DP，可使用铜线和光纤接口的双信道现场总线 InterBus 通信。

2) ABB 工业机器人的控制柜按键

（1）主电源开关。主电源开关是机器人系统的总开关。

（2）紧急停止按钮。在任何模式下，按下紧急停止按钮，机器人立即停止动作。要使机器人重新动作，必须使紧急停止按钮恢复至原来的位置。

（3）电动机上电/失电按钮。电动机上电/失电按钮表示机器人电动机的工作状态。当按键灯常亮时，表示上电状态，机器人的电动机被激活，准备好执行程序；当按键灯快闪时，表示机器人未同步（未标定或计数器未更新），但电动机已激活；当按键灯慢闪时，表示至少有一种安全停止功能生效，电动机未激活。

（4）模式选择开关。ABB 工业机器人模式选择开关分为两位选择开关和三位选择开关，如图 5-9 所示。

ABB 工业机器人的运行模式分为三种，即自动模式、手动差速模式、手动全速模式。自动模式用于在生产中运行机器人程序，在此模式下，操纵摇杆不能使用。在手动差速模式下，机器人只能以低速手动控制运行,必须按住使能器才能激活电动机。手动全速模式用于调试程序,在此模式下机器人以程序预设速度移动。

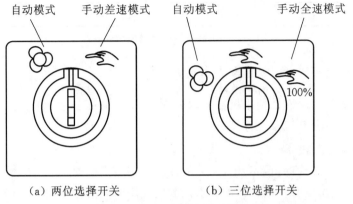

（a）两位选择开关　　　　　（b）三位选择开关

图 5-9　ABB 工业机器人模式选择按钮

2. KUKA 工业机器人控制系统

KUKA 工业机器人控制柜(见图 5-10)采用开放式体系结构,其主要特点如下:

（1）采用标准的工业控制计算机处理器。

（2）基于 Windows 平台的操作系统,可在线选择多种语言。

（3）支持多种标准工业控制总线。

（4）配有标准的各类插槽,方便扩展和实现远程监控与诊断。

（5）采用高级语言编程,程序可方便、快速地进行备份及恢复。

（6）集成了标准的控制软件功能包,可适应各种应用。

图 5-10　KUKA 工业机器人控制柜

5.2　机器人控制的示教再现

5.2.1　工业机器人示教概述

工业机器人有示教功能。示教人员将机械手的运动预先教给机器人,在示教的过程中,机器人控制系统将各关节运动状态参数保存在存储器中。当需要机器人工作时,机器人的控制系统就调用存储器中的各项数据来驱动关节运动,使机器人再现示教过的机械手的运动,由此完成要求的作业任务。

在示教的过程中,机器人关节运动状态的变化被传感器检测到后经过转换送入控制系统,控制系统就将这些数据保存在存储器中,作为机械手再现这些运动时所需要的关节运动数据,如图 5-11 所示。系统记忆这些数据的速度取决于传感器的检测速度、变换装置的转换速度和控制系统存储器的存储速度;记忆容量取决于控制系统存储器的容量。

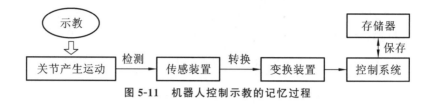

图 5-11　机器人控制示教的记忆过程

5.2.2　机器人示教方式及其基本特征

给机器人示教编程是有效使用机器人的前提。目前,在工业生产中应用的机器人的主要示教方式按示教途径分有以下几种。

1. 顺序控制的编程示教

在采用顺序控制方式的机器人中,所有的控制都是由机械的或电气的顺序控制器实现的。按照我们的定义,这里没有程序设计的要求。顺序控制的灵活性小,这是因为所有的工作过程都已确定,或由机械挡块,或由其他方法所控制。大量的自动机都是在顺序控制下操作的。这种方法的主要优点是成本低,机器人易于控制和操作。

2. 手把手编程示教

目前 90% 以上的机器人还是采用手把手编程示教方式。手把手编程示教是一项成熟的技术,易于被熟悉工作任务的人员所掌握,而且用简单的设备和控制装置即可进行。示教过程通常都很快速,示教过后机器人即可投入应用。在对机器人进行手把手编程示教时,机器人控制系统存入存储器的轨迹和各种操作。如果需要,示教过程还可以重复多次。在某些系统中,还可以用与示教时不同的速度再现操作。

如果能够从一个运输装置获得使机器人的操作与搬运装置同步的信号,就可以用手把手编程示教的方法来解决机器人与搬运装置配合的问题。

手把手编程示教也有一些缺点:①机器人只能以人所能达到的速度工作;②难以与传感器的信息相配合;③不能用于某些危险的情况;④在操作大型机器人时,这种方法不实用;⑤难以获得高速度和直线运动;⑥难以与其他操作同步。

使用示教盒可以克服其中的部分缺点。

3. 示教盒示教

利用装在控制盒上的按钮可以驱动机器人按需要的顺序进行操作。在示教盒中,每一个关节都有对应的一对按钮,用于控制该关节在两个方向上的运动。有时还提供附加的最大允许速度控制功能。虽然为了获得最高的运行效率,人们希望机器人能实现多关节合成运动,但在用示教盒示教的方式下,却难以同时移动多个关节。电视游戏机上的游戏杆虽可用来提供在几个方向上的关节速度,但它也有缺点。这种游戏杆通过移动控制盒中的编码器或电位器来控制各关节的速度和方向,但难以实现精确控制。

示教盒一般用于对大型机器人或在危险作业条件下工作的机器人示教。但这种方法仍然难以获得高的控制精度,也难以与其他设备同步和与传感器信息相配合。

4. 基于演示的机器人示教

基于演示的机器人示教就是通过人体的演示运动,基于传感器抽出演示运动的关键信息(如关键部位的位置、姿态等),将关键信息转换为机器人能够识别的信息,从而让机器人再现人体的演示运动。基于演示的机器人示教已经发展了三十多年,得到了机器人领域学者的广泛关注。让一台纯粹的预编程机器人变成一台基于用户的柔性机器人来完成一项任务,这是基于演示的机器人示教要实现的目标。一方面,我们希望机器人学习得更快;另一方面则希望机器人具有友好的人机交互功能,能够适应人类的日常生活。

　　早期的基于演示的机器人示教采用用户引导生成策略,只是简单地复制演示的动作。随着机器学习技术的发展,基于演示的机器人示教结合了很多学习方法(如人工神经网络、模糊逻辑和隐式马尔科夫模型等),这使演示示教方法能够适应新的状况。随着仿人机器人、仿生机器人的发展,基于演示的机器人示教也逐渐开始采用一些仿生学原理,如视觉运动模仿的原理和小孩模仿能力形成的机理。基于演示的机器人示教的难点在于如何让机器人的行为更加具有柔性与灵活性,如何提高机器人行为的可预见性与可接受性。

　　另外,工业机器人示教方式还可按示教内容分为集中示教、分离示教,或按示教时机器人的控制方式分为点位示教、连续轨迹示教。

　　将机器人手部在空间的位姿、速度、动作顺序等参数同时进行示教的方式称为集中示教。集中示教时,示教一次即可生成关节运动的伺服指令。

　　将机器人手部在空间的位姿、速度等参数分开单独进行示教的方式称为分离示教。分离示教效果要好于集中示教。

　　对采用点位控制方式的机器人进行的是点位示教,示教时可以分开编制程序,并且能在示教过程中随时进行程序编辑、修改等工作。但是机器人手部在做曲线运动且位置精度要求较高时,示教点数会较多,示教时间就会拉长。而且由于在每一个示教点处都要停止和启动,因此很难进行速度控制。

　　对采用连续轨迹控制方式的机器人进行的是连续轨迹示教,示教操作开始后不能中途停止,必须不间断地进行到底,且在示教途中很难进行局部的修改。示教时可以是手把手示教,也可通过示教编程器示教。

5.2.3　示教控制软件

　　机器人生产厂家有着自己开发的工业机器人示教控制软件,如 RobotStudio,它是由 ABB 集团研发生产的一款计算机仿真软件,它适用于机器人生命周期的各个阶段,可提高示教效率。在规划与定义阶段,即在实际构建机器人系统之前,可利用 RobotStudio 先进行系统设计和试运行。还可以利用该软件确认机器人是否能到达所有编程位置,并计算解决方案的工作周期。在设计阶段,可采用 ProgramMaker 来创建、编辑和修改机器人程序及各种数据文件,可用 ScreenMaker 来定制生产用的 ABB 示教悬臂程序画面。

　　以下就以 RobotStudio 为例来介绍示教控制软件。

1. RobotStudio 的界面

　　RobotStudio 软件拥有七个主功能选项卡,即"文件""基本""建模""仿真""控制器""RAPID""Add-Ins"选项卡。通过"文件"选项卡能打开 RobotStudio 后台视图。RobotStudio 后台视图会显示当前活动工作站的信息和元数据,列出最近打开的工作站并提供一系列用户选项(创建新工作站、连接到控制器等),如图 5-12 所示。

　　(1)参数设置:参数设置主要包括各关节的起始点、终止点位置设置,速度设置及加、减速度设置。

　　(2)状态显示:状态显示指各关节运行、停止、报警、左右限位信息及系统总的运行模式显示。

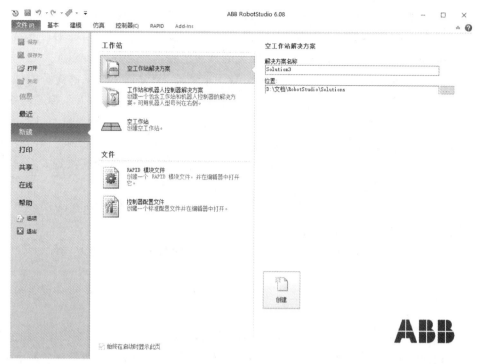

图 5-12 软件界面

（3）示教列表：在示教过程中，每保存一步，示教列表就会记录一次各个关节的坐标值。

（4）生成程序：对于一些机器人及其软件系统，在完成示教之后，除了形成坐标与速度序列数据之外，还会生成按照相应软件所采用的语言编制的程序。

2. 控制软件中的示教过程

1）信息显示

（1）关节显示：在示教过程中，实时显示机器人的各个关节所转过的角度值。

（2）状态信息：在示教过程中，显示各个关节信号状态，无效时软件中图标为绿色，有效时图标为红色。

（3）坐标信息：在示教过程中，实时显示机器人末端的坐标位置。

（4）速度控制：通过拖拉水平滚动条来调整示教的速度，由低至高共分为四挡。

2）示教编程器

在示教编程器上，对应每个关节都有两个按钮，即正向运动按钮"＋"，负向运动按钮"－"。

持续按下机器人某一关节的正向运动按钮或负向运动按钮时，机器人的该关节就会一直做正向或负向运动，松开按钮时，机器人关节运动即停止。单击手爪"闭合"按钮时，手爪会"闭合"；单击手爪"张开"按钮时，手爪会张开。

3）示教控制

（1）启动控制软件后，观察机器人的各个关节是否在零位，如果不在零位，需先操作复位机器人。

（2）利用关节运动的示教按钮对机器人的各个模块进行控制，待控制关节运动到指定位置后，单击"记录"按钮，记录下这个示教点，同时示教列表中也会相应地多出一条示教记录。

（3）当所有的操作均示教完毕时，就可以将本次示教的所有记录作为一个示教文件进行永久保存。单击"保存"按钮,可保存示教数据。

（4）需要时单击"打开"按钮,可以加载以前保存的示教文件,加载后示教列表中会显示示教数据的内容。

（5）加载后选择再现方式。如果选择"单次",只示教一次;如果选择"连续",机器人会不断地重复再现示教列表中的动作。

（6）对于示教和加载的示教数据,可以通过单击"清零"按钮将其清除。

（7）在机器人运动过程中,单击"急停"按钮机器人的运动就会停止。

5.2.4　示教器界面功能概述

常见的示教器有两种,一种是 RobotStudio 软件中的虚拟示教器,另一种是现实中的真实示教器(见图 5-13),它们界面基本一致,但考虑到 RobotStudio 软件的操作便利性,虚拟示教器进行了部分调整。图 5-14 所示为真实的示教器。在示教器上,绝大多数的操作都是在触摸屏上完成的,同时也保留了必要的按钮和操作装置。图 5-15 所示为虚拟示教器界面。现实中的示教器的界面如图 5-16 所示。

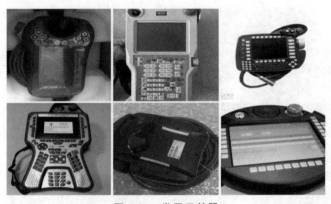

图 5-13　常用示教器

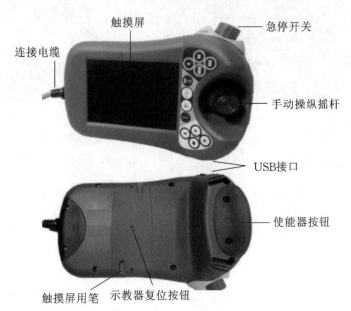

图 5-14　示教器

图 5-15　虚拟示教器界面

图 5-16　现实示教器界面

5.2.5　设定示教器语言

RobotStudio 软件提供了汉语、英语、德语等多种语言以便选择。出厂时通常默认采用英语,如果需要通过示教器设定语言(以英语更改为汉语为例),首先将机器人工作模式设置为手动模式,然后进行以下操作:单击主菜单栏→单击"控制面板"→单击"语言"→选中"中文"→单击"OK"→单击"Yes",结果如图 5-17 所示。

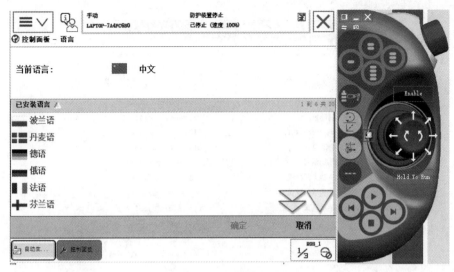

图 5-17　设定示教器语言

5.2.6　设定控制系统日期和时间

设定控制系统日期和时间的方法为：单击主菜单→单击"控制面板"→单击"设置网络、日期时间和 ID"→设定日期和时间→单击"确定"。图 5-18 所示为控制面板。

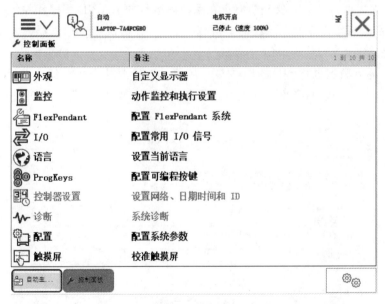

图 5-18　控制面板

注意：虚拟示教器无法设定控制系统的日期和时间，RobotStudio 软件会自动同步计算机系统时间，只能在现实中设定。

5.2.7　示教器事件日志查看

示教器提供了日志功能，可通过单击状态栏来查看操作过程中产生的运行日志，如图 5-19 所示。

图 5-19　日志查看

5.2.8　ABB 机器人数据的备份与恢复

定期对 ABB 机器人的数据进行备份,是保证 ABB 机器人正常工作的良好习惯。

ABB 机器人数据备份的对象是所有正在系统内运行的 RAPID 程序和系统参数。当机器人系统出现错乱或者重新安装新系统时,可以利用备份数据快速地把机器人恢复到备份时的状态。

对 ABB 机器人数据进行备份的操作方法为:单击左上角主菜单按钮→选择"备份与恢复"→选择备份当前系统→选择备份文件夹→选择备份路径→点击"备份",如图 5-20 所示。

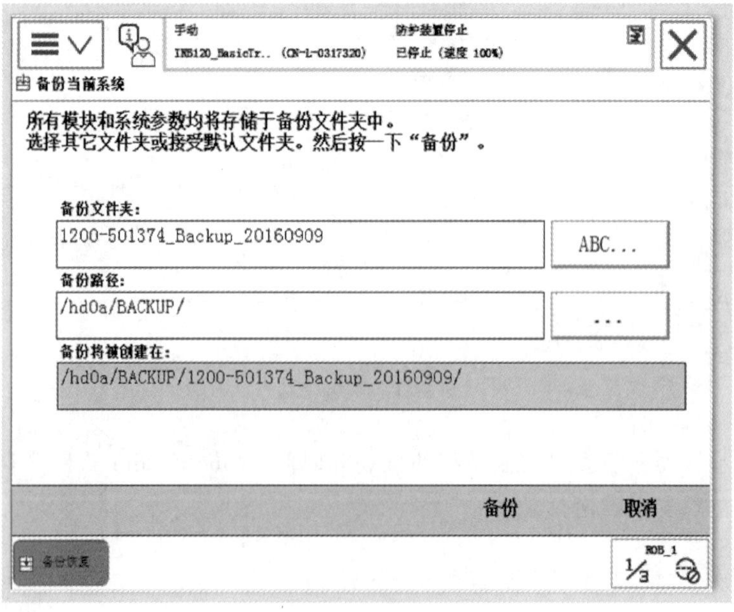

图 5-20　数据备份

对 ABB 机器人数据进行恢复的操作方法为:单击恢复系统→单击"…"选择备份文件夹→单击备份→单击"是",如图 5-21 所示。

图 5-21　数据恢复

在进行数据恢复时要注意:备份的数据具有唯一性,不能将一台机器人的备份数据恢复到另一台机器人中去,否则会造成系统故障。

5.2.9　示教操作实例

让机器人沿长 100 mm、宽 50 mm 的长方形路径运动,如图 5-22 所示。采用 offs 函数精确确定运动路径的准确数值。机器人从起始点 P_1,经过点 P_2、P_3、P_4,回到起始点 P_1。

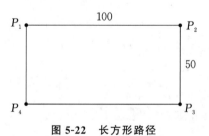

图 5-22　长方形路径

为了精确确定点 P_1、P_2、P_3、P_4,可以采用 offs 函数,通过确定参变量的方法进行点的精确定位。offs(P,x,y,z)代表一个相对 P_1 点 X 轴偏差量为 x,Y 轴偏差量为 y,Z 轴偏差量为 z 的点。将光标移至目标点,按"Enter"键,选择"Func",采用切换键选择所用函数,并输入数值。如点 P_3 程序语句为:

MoveL Offs(P1, 100, 50, 0), V100, fine, tool1

- └→ 与 Z 轴距离
- └→ 与 Y 轴距离
- └→ 与 X 轴距离
- └→ 起始点

机器人长方形路径的各点对应的程序如下：

- MoveL OffsP1,V100,fine,tool1 P_1
- MoveL Offs(P1,100,0,0),V100,fine,tool1 P_2
- MoveL Offs(P1,100,50,0),V100,fine,tool1 P_3
- MoveL Offs(P1,0,50,0),V100,fine,tool1 P_4
- MoveL OffsP1,V100,fine,tool1 P_1

按以上指导,创建示教文件"changfangxing",保存示教文件,再现回放示教动作。步骤如下：

(1) 在主菜单下,选择程序编辑器；

(2) 选择任务与程序；

(3) 若创建新程序,在主菜单中按"新建",然后给程序命名；

(4) 调节运行速度。

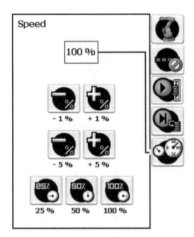

图 5-23 快捷速度调节

在开始运行程序前,为了保证操作人员和设备的安全,应将机器人的运动速度调整到75%。速度调节方法如下：

(1) 按速度快捷键；

(2) 按速度模式键,显示如图 5-23 所示的快捷速度调节按钮；

(3) 将速度调整为75%或50%；

(4) 按快捷菜单键关闭窗口。

运行刚才打开的程序,先以手动模式低速单步执行,再连续执行。

程序运行时从指针指向的程序语句开始,如图 5-24 所示。运行步骤如下：

(1) 将机器人工作模式切换至手动模式；

(2) 按住示教器上的使能键；

(3) 按单步向前或单步向后键,单步执行程序,执行完一句即停止单步执行。

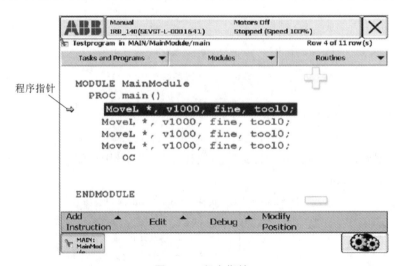

图 5-24 程序指针

5.3　工业机器人的运动控制

工业机器人控制方式的选择，是由工业机器人所执行的任务决定的。工业机器人控制方式可以按照不同的方式来分类：

（1）按运动坐标控制的方式，分为关节空间运动控制、直角坐标空间运动控制。

（2）按控制系统对工作环境变化的适应程度，分为程序控制、适应性控制、人工智能控制。

（3）按同时控制机器人的数目，分为单控和群控。

（4）按运动控制方式的不同，主要可分为位置控制、速度控制、力控制（包括力位混合控制）。

本节主要介绍工业机器人的运动控制。

5.3.1　工业机器人运动控制概述

机器人的运动控制是指在机器人手部从空间中一点移动到另一点的过程中或沿某一轨迹运动时，对其位姿、速度和加速度等运动参数的控制。在工业机器人控制系统中，控制方法往往取决定于机器人的运动轨迹。

机器人手部的运动路径是机器人位姿的一定序列。路径控制通常只给出机器人手部的动作起始点和终止点，有时也给出一些中间的经过点，这些点统称为路径点。要注意路径点信息不仅包括位置，还包括方向。

机器人手部运动轨迹包括在运动过程中的位移、速度和加速度。轨迹控制就是控制机器人手部沿着一定的目标轨迹运动。轨迹控制通常根据机器人完成的任务而定，但是必须按照一定的采样间隔，通过逆运动学计算，在关节空间中寻找光滑函数来拟合这些离散点。

总之，运动控制的任务就是根据给定的路径点，规划出通过这些点的光滑的运动轨迹。轨迹规划方法一般是在机器人手部初始位置和目标位置之间用多项式函数来"逼近"给定的路径，并产生一系列"控制设定点"。路径端点一般是在直角坐标系中给出的，如果需要某些位置的关节坐标，则可调用运动学的逆问题求解程序以进行必要的转换。因此，给定目标轨迹和控制机器人手臂使之高精度地跟踪目标是运动控制的两个主要内容。

根据机器人作业任务中要求的手部运动，先通过运动学逆解和数学插补运算得到机器人各个关节运动的位移、速度和加速度，再根据动力学正解得到各个关节的驱动力（矩）。机器人控制系统根据运算得到的关节运动状态参数控制驱动装置，驱动各个关节产生运动，从而合成工业机器人手部在空间的运动，由此完成要求的作业任务。

5.3.2　位置控制

1. 位置控制方式的分类

工业机器人的位置控制分为点位控制和连续轨迹控制两类，如图 5-25 所示。

1）点位控制

点位控制的特点是只控制工业机器人末端执行器在操作空间中某些规定的离散点上的位姿，控制时只要求工业机器人快速、准确地实现末端执行器在相邻点之间的运动，但对相邻点之间的运动轨迹一般不做具体规定。这种控制方式的主要技术指标是定位精度和运动所需的

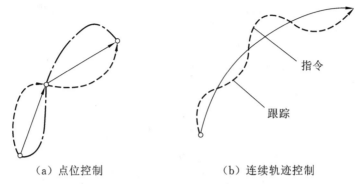

（a）点位控制　　　　　　　　（b）连续轨迹控制

图 5-25　位置控制方式

时间,控制方式比较简单,但要达到较高的定位精度则较难。

在采用机器人进行点焊、搬运、装配等作业时,应选用点位控制方式。

2）连续轨迹控制

连续轨迹控制方式用于确定点与点之间的运动轨迹,如直线或圆弧轨迹。这种控制方式的特点是连续地控制工业机器人末端执行器在操作空间中的位姿,使其严格按照预先设定的轨迹和速度在一定的精度要求内运动,速度可控,轨迹光滑,运动平稳,以完成作业任务。工业机器人各关节连续、同步地进行相应的运动,其末端执行器可形成连续的轨迹。这种控制方式的主要技术指标是机器人末端执行器的轨迹跟踪精度及平稳性。

在用机器人进行弧焊、喷漆、切割等作业时,应选用连续轨迹控制方式。

2. 位置控制的原理

工业机器人位置控制的目的就是要使机器人各关节实现预先所规划的运动,最终保证工业机器人末端执行器沿预定的轨迹运行。对于机器人的位置控制,可将关节位置给定值与当前值相比较得到的误差作为位置控制器的输入量,经过位置控制器的运算后,将输出作为关节速度控制的给定值,如图 5-26 所示。

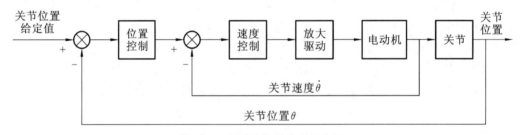

图 5-26　机器人位置控制示意图

因此,工业机器人每个关节的控制系统都是闭环控制系统。此外,对于工业机器人的位置控制,位置检测元件是必不可少的。关节位置控制器常采用 PID 算法,也可采用模糊控制算法等智能方法。

工业机器人的结构多为串接的连杆形式,其动态特性具有高度的非线性。但在其控制系统设计中,通常把机器人的每个关节当作独立的伺服机构来考虑。这是因为工业机器人运动速度不快(通常小于 1.5 m/s),由速度变化引起的非线性作用可以忽略。另外,由于交流伺服电动机都安装有减速器,其减速比往往接近 100,当负载变化时,折算到电动机轴上的负载变化值很小,因此可以忽略负载变化的影响,而且各关节之间的耦合作用也因减速器的存在而极大地削弱了。因此,工业机器人系统就变成了一个由多关节组成的各自独立的线性系统。

实际应用的工业机器人几乎都采用了反馈控制方式,利用各关节传感器得到的反馈信息,计算所需的力矩,发出相应的力矩指令,以实现所要求的运动。此时就要考虑各关节之间的相互影响而对每一个关节分别设计控制器,进行多关节位置控制。但是若多个关节同时运动,则各个运动关节之间的力或力矩会产生相互作用,因而又不能运用单个关节的位置控制原理。要克服这种多关节之间的相互作用,必须添加补偿环节,即在多关节控制器中,将机器人的机械惯性影响作为前馈项来进行考虑。

5.3.3 速度控制

在机器人运动过程中,不仅要进行位置控制,还要进行速度控制,即要求机器人的运动速度按确定的曲线变化。例如,在连续轨迹控制方式下,机器人按照预设的指令,控制运动部件的速度,实现加、减速,以满足运动平稳、定位精确的要求。由于工业机器人是一种工作情况(行程负载)多变、惯性负载大的运动机械,控制过程中必须处理好快速性与平稳性之间的矛盾,必须注意两个过渡运动阶段:启动后的加速阶段和停止前的减速阶段。

速度控制通常用于需要对目标进行跟踪的任务。

工业机器人速度控制也可分为关节空间速度控制和直角坐标速度控制。图 5-27 所示为机器人的关节空间速度控制框图。机器人直角坐标空间速度控制的基本原理与关节空间的速度控制类似。

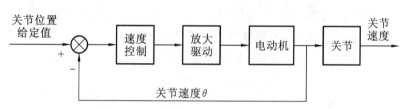

图 5-27 机器人的关节空间速度控制框图

5.3.4 力控制

与在自由空间运动的控制相比,机器人在受限空间运动的控制主要是增加了对其末端与外界接触作用力(包括力矩)的控制要求,因而受限运动的控制一般称为力控制。在实际应用中,如果对机器末端与外界接触作用力控制得不当,不仅可能达不到控制要求,还可能使工件间产生过强的碰撞,导致工件变形、损伤甚至报废,造成机器人的损伤,因此,这时对力的控制是至关重要的。

目前实现力控制的方法一般有直接控制和间接控制两种。

在有些作业(如装配等)中,可简单地采用轨迹控制的方法,间接地达到控制力的目的。但显而易见,此时将要求机器人的轨迹运行和加工工件的位置都有很高的精确度,特别是对精度要求较高(如允许配合公差小)的作业。要提高轨迹控制精度则是一个苛刻的要求,也是有一定限度的,且经济代价高。

直接控制方法是在轨迹控制的基础上给机器人提供力传感器或触觉传感器等,使机器人在受限方向上运动时能检测到与外界间的作用力,根据检测到的力信号按一定的控制规律对作用力进行控制,从而基于对作业施加的限制产生一种依从性运动,并保证作用力为恒值或在一定的范围内变化。依从性运动是从轨迹控制的角度而言的,控制器对外界施加的作用力干扰不是像常规位置控制器那样对其予以抵抗或消除,而是进行一定程度的"妥协",即顺应或依从,从而以一定的位置偏差为代价来满足力控制的要求。这种方法由于引入了力信号,因而提高了轨迹控制的精度和控制器对外界条件变化的适应能力。这种利用力反馈信息,主动采用一定的策略去控制作用力的方式,也称为主动柔顺控制。

图 5-28　主动柔顺控制

如图 5-28 所示,当操作机将一个柱销装进某个零件的圆孔时,由于柱销轴和孔轴未对准,无论机器人怎样用力也无法将柱销装入孔内。若采用力反馈或组合反馈控制系统,带动柱销转动至某个角度,使柱销轴和孔轴对准,这就是主动柔顺控制。

主动柔顺控制实际上是对力和位置的把握,力和位置是一对相互影响的因素,任何力控研究都要从这两点出发。

在机器人力控制中,可以采用的策略主要包括阻抗控制策略、力/位混合控制策略、智能控制策略等。

阻抗控制是对机器人末端执行机构位置和接触力平衡关系的控制,因为很多操作仅仅依靠位置控制很难满足要求,如打磨、装配等接触类作业,所以需要对工件表面有良好的力控制能力。

力/位混合控制,顾名思义是对力和位置同时控制,包括对机器人各关节进行位置协调控制和对各自受力进行平衡控制,利用关节位置关系代替空间位置关系,其中需要利用雅可比矩阵得到坐标系关系。力控制以达到精确控制为目的,机器人力控制从本质上来说是对位置的控制,在很多场合如零件装配需要准确的位置控制,这是目前需要突破的难点。机器人末端微小的位移量都会引起巨大的耦合。因此位置伺服单元的高精度是机器人力控制的必要条件。位置伺服技术经过几十年的发展已经达到一个很高的发展水平,但力位之间的耦合,依然是一个待解决的问题。

在不确定或未知条件下作业,机器人需要通过传感器获得周围环境的信息,根据自己内部的知识库做出决策,进而对各执行机构进行控制,自主完成给定任务。若采用智能控制技术,机器人会具有较强的环境适应性及自主学习能力。智能控制方法与人工神经网络、模糊算法、遗传算法、专家系统等人工智能技术的发展密切相关。

智能控制目前仍然处于起步阶段,无论是在理论研究还是在实际应用方面都有很多问题需要解决,但智能控制无疑是未来机器人力控制的必然趋势。

力控制的稳定性是不可忽略的问题。随着智能化发展,如何在未知环境下实现精确的力控制是机器人力控制研究的难点之一。传感器作为机器人末端感知外界环境的媒介,有着不可替代的作用,是保证机器人柔顺控制的基础元件。因此,传感器的稳定性和准确性是力控制的突破方向。

机器人智能化发展已然是大势所趋,面对复杂的接触环境和对操作水平的高要求,发展更加智能、完善的力控制系统是必然趋势。智能力控制中的对比、耦合、反馈和逻辑推理等方法必须融为一体,以实现理想的柔顺控制。随着机器人智能控制技术的进一步完善,机器人力控制最终将达到一个全新的高度。

5.4　工业机器人编程

5.4.1　编程方式

对机器人进行编程,实际是在编程环境中对机器人的动作、业务逻辑、输入输出、外围设备等进行控制,从而使机器人实现特定的动作或流程。在这一过程中所形成的程序,被下载到机器人控制柜,并在机器人自动工作时执行。

常用的机器人编程方式包括示教编程(在线编程)和离线编程两种。

示教编程是指操作者通过示教器手动调节机器人关节,控制机器人以一定的姿态运动到指定的位置,同时记录并上传此位置到机器人控制器中,使机器人能够自动重复此操作。

示教编程主要应用于码垛、搬运等轨迹简单的场合,具有编程简单的优点,但是存在操作精度不可控、编程效率低等问题。

随着机器人应用场合越来越复杂,很多场合下示教编程不再适用,离线编程逐渐成为主流编程方式。

离线编程是指利用计算机图形学和图形处理工具建立机器人工作场景的几何模型,操作者根据实际需求控制机器人模型完成操作,利用规划算法生成机器人运动轨迹,并转化为机器人程序用于控制机器人运动。与示教编程不同,离线编程的过程不与机器人发生关系,机器人可以照常工作。图 5-29 为常用机器人离线编程软件。

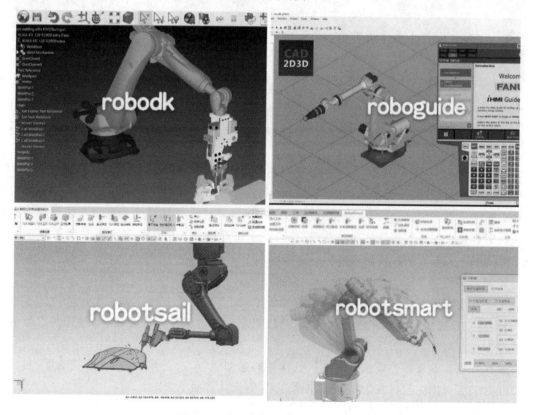

图 5-29　常用机器人离线编程软件

　　示教编程和离线编程既相互独立,又相互补充。离线编程更适合用于喷涂、焊接、打磨等轨迹复杂的应用场合,但对于点焊、搬运这些运动轨迹简单的场合,示教编程则更具优势。而且,离线编程的精度受模型误差、装配误差、机器人绝对定位误差的影响,可以将离线编程与示教编程相结合来减少或消除误差。

　　下面进一步详细介绍这两种编程方式。

1. 示教编程

　　示教编程通常由操作者通过示教盒控制机器人末端执行器以指定的姿态到达特定位置,同时记录机器人位姿数据并编写机器人运动指令,完成机器人的轨迹规划、关节数据采集记录等工作。

　　示教器示教具有在线示教的优势,操作简便直观。例如,在汽车车身焊接环节中,可采用示教器编程控制机器人进行点焊操作(见图 5-30)。首先,操作人员通过示教器控制机器人到达各个焊点完成示教工作,由系统存储各焊点的位置信息和轨迹,然后通过示教再现功能重复示教动作,完成车身的焊接工作。

图 5-30　示教编程在点焊中的应用

　　原则上,示教过的点焊机器人可以对同类型工件进行无限次循环操作。但是,并不能保证焊接工件的位置完全一致,所以在实际焊接工作中,通常需要增加激光传感器等来对焊接路径进行纠偏和校正。当工作环境恶劣时,操作人员不能直接进入其中进行示教,需要采用遥控示教结合辅助示教的方法操作机器人。

2. 离线编程

　　机器人离线编程是利用计算机图形学的成果,在仿真环境中建立真实工作环境的三维模型,利用规划算法控制和操作机器人模型,进而产生机器人程序。但是,整个过程并不影响实际机器人运行轨迹。

　　离线编程技术直接关系到机器人执行任务的运动轨迹、运行速度、动作的精确度,对生产制造起着关键作用。与在线示教编程相比,离线编程具有如下优点:

　　(1) 减少停机的时间,在对下一个任务进行编程时,机器人仍可在生产线上工作。

（2）使编程者远离危险的工作环境，改善了编程环境。

（3）使用范围广，可以对各种机器人进行编程，并能方便地实现优化编程。

（4）便于和 CAD/CAM 系统结合，做到 CAD/CAM/ROBOTICS 一体化。

（5）可使用高级计算机编程语言针对复杂任务进行编程。

（6）便于修改机器人程序。

进行离线编程时除了在计算机上建立机器人及工作环境的三维物理模型之外，还要根据机器人工作任务进行轨迹规划、编程和动画仿真，甚至还需要对编程结果做后置处理。

一般来说，典型的离线编程系统包括系统建模、离线编程和图形仿真等模块，其处理流程如图 5-31 所示。

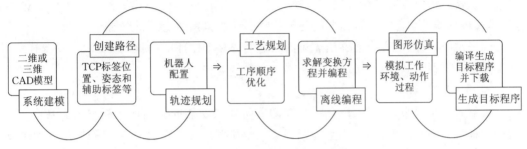

图 5-31　离线编程系统处理流程

1）系统建模

系统建模包括机器人、工作环境、零件的建模，以及模型的图形处理。一般情况下，根据机器人的理论参数所建立的模型与实际模型之间会存在一定的误差，所以应当对机器人进行标定，分析、校正模型误差，提高模型精度。同时，机器人的工作环境对机器人任务执行有着重要的影响，因此，应当及时更新工作环境模型，否则可能导致机器人不能正常执行任务。

2）离线编程

离线编程模块的功能包括对机器人作业任务的描述、轨迹规划、建立变换方程并求解、编程等。而且，在对机器人动作进行仿真之后，需根据仿真结构对程序中的不合理内容进行修正，以保证机器人能够正常作业，并且需要在线控制机器人完成操作任务。

3）图形仿真

离线编程方法与示教编程方法最大的区别是，离线编程时无法实时查看机器人的运动状态。而为了保证离线编程的准确性，必须根据离线程序进行仿真，即在不触发实际机器人的情况下，通过图形仿真技术模拟机器人工作环境，并模拟机器人动作过程，由得到的仿真数据分析验证离线编程的正确性。

4）后置处理

机器人离线编程中的后置处理是指当程序经仿真验证能够满足机器人作业要求时，将离线编制的源程序编译为机器人控制系统能够识别的目标程序，并通过通信接口下载到机器人控制柜中，驱动机器人完成操作任务。同时，也应该注意到，图形仿真和实际操作机器人所需的数据内容并不相同，所以，在后置处理过程中会生成两套数据分别用于仿真和控制柜操作。

随着感知技术的发展,传感器在机器人应用中发挥着越来越重要的作用,传感器仿真也成为离线编程的重要组成部分。传感器的测量信号易受环境因素干扰,因此对于安装了传感器的机器人系统,其操作精度和准确性受传感器的影响较大。而通过传感器仿真能够确定有效的传感器控制方法,减少实际应用中的误差,提高系统离线编程的准确性。

5.4.2　离线编程语言

随着机器人技术的不断发展,工业机器人的功能越来越复杂,对现场环境的适应性要求也越来越高。相应地,机器人语言也不断发展进步,成为机器人技术的重要组成部分。

机器人语言是一种程序描述语言,用以描述可被机器人执行的操作。目前已有多种机器人语言。机器人语言应既能精确描述机器人的动作,又能够准确描述机器人的现场工作环境(包括描述传感器的状态信息等),同时还要能够引入逻辑判断、决策、规划等功能。

总的来说,机器人语言应能够描述机器人的动作和工作环境,具有结构简单、易操作、扩展性好等特点。下面对其进行展开说明。

1. 机器人语言

自机器人诞生以来,机器人语言一直在随着机器人功能的拓展而不断发展。1973 年,世界上第一种机器人语言 WAVE 由美国斯坦福大学研发成功。WAVE 语言是机器人动作级语言的一种,主要用于描述机器人的动作,兼顾力和接触控制。此外,WAVE 语言还能够利用视觉传感器实现机器人的手眼协调控制。

在此基础上,1974 年斯坦福大学又开发出了 AL 语言。AL 是一种可编译语言,它的结构与 ALGOL 计算机语言相似。用户可以在指令编译器中编写好机器人控制的源程序,下载后控制机器人完成操作任务。除了机器人手爪的动作之外,AL 语言还能够用于描述机器人的工作环境,包括环境内物体间的相对位置等,而且能够实现多台机器人的协调控制。

1975 年,美国 IBM 公司开发出了一种主要用于机器人装配作业的 ML 语言,接着又研发出 AUTOPASS 机器人语言。AUTOPASS 语言是一种应用于装配的高级机器语言,能够对几何模型类的任务进行半自动编程。

1979 年,美国 Unimation 公司在 BASIC 语言的基础上开发出了一款机器人语言——VAL。VAL 具有与 BASIC 语言相同的内核和结构,并在此基础上增加了机器人编程指令和 VAL 监控操作系统,能够完成连续实时运算和复杂运动控制等任务。目前,VAL 主要用于 PUMA 机器人和 Unimate 机器人的控制。

除此之外,常用的机器人编程语言还包括 RAIL、MCL 等。由美国 Automatix 公司开发的 RAIL 可以利用传感器信息完成零件作业检测的任务。而由麦道公司开发的 MCL 则是一种主要用于数控机床、机器人等柔性加工单元的编程语言。

2. 机器人语言的分类

由于机器人语言种类繁多,通用性差,因此随着机器人功能的不断扩展,就需要不断开发新的语言来配合机器人的工作。尽管机器人有很多编程方法,但仍可根据对任务描述的水平高低,将机器人语言分为动作级、对象级和任务级三种类别。

1) 动作级编程语言

动作级编程语言是最低一级的机器人编程语言。VAL 就是典型的动作级编程语言。它主要描述机器人的运动,一条编程指令控制机器人执行一个动作,即表示机器人的一次位姿变换。动作级编程语言语句简单,编程易于实现,但是存在不能进行复杂的数学运算、不能处理复杂的传感器信息、通信能力差的缺陷,因而应用范围受限。

动作级编程语言可分为关节级编程语言和末端执行器级编程语言两种。

(1) 关节级编程语言　关节级编程语言用于以机器人关节为编程对象,在关节坐标系中根据机器人各关节的位置与时间关系进行编程。关节级编程语言特别适合用于直角关节和圆柱关节的机器人编程,对关节的编程既可以通过编程指令实现,也可以通过示教实现。

(2) 末端执行器级编程语言　末端执行器级编程语言用于根据末端执行器的位姿与时间的关系序列,以及力觉、视觉等传感器的时间关系序列在机器人的基坐标系中进行编程,进而统一协调控制机器人的动作。末端执行器级编程语言具有较强的实时数据处理能力,而且允许程序中包含简单的条件分支。

2) 对象级编程语言

对象级编程语言是比动作级编程语言高一级的编程语言。它并不直接描述机器人手爪的动作,而是以作业和作业对象本身为编程对象,通过编程的形式来描述机器人的作业过程和环境模型,最后通过编译程序控制机器人动作。

对象级编程语言用类似自然语言的方法来描述机器人对象的动作过程。它将机器人的尺寸参数、作业对象和工具等的一般参数存储到系统的知识库和数据库中,并用表达式的形式表示运算功能、位姿时序、作业量、作业对象承受的力和力矩等内容。在编译时调用所有信息对机器人的动作过程进行仿真,仿真完成后才控制作业对象动作,同时进行实时监控并完成传感器及其他通信设备信息处理等工作。

典型的对象级编程语言有 AML 及 AUTOPASS 语言,其特点为:

(1) 具有动作级编程语言的全部动作功能。

(2) 有较强的感知能力,能处理复杂的传感器信息,可以利用传感器信息来修改、更新环境的描述和模型,也可以利用传感器信息进行控制、测试和监督。

(3) 具有良好的开放性,语言系统提供开发平台,用户可以根据需要增加指令,扩展语言功能。

(4) 数字计算和数据处理能力强,可以处理浮点数,能与计算机进行即时通信。

3) 任务级编程语言

任务级编程语言是一种理想的机器人高级语言。它既不需要描述机器人的运动,也不需要描述机器人操作对象之间的关系,只需要按照预先定义好的规则描述机器人对象的初始状态和目标状态即可,而机器人语言系统可根据已有的环境信息、知识库、数据库进行推理计算,自主生成机器人详细的动作、姿态等数据,从而便于机器人完成指定任务。

例如,一装配机器人欲完成某一螺钉的装配,螺钉的初始位置和装配后的目标位置已知,当发出抓取螺钉的命令时,语言系统在初始位置处为机器人选择恰当的姿态并从初始位置到目标位置寻找路径,在复杂的作业环境中找出一条不会与周围障碍物产生碰撞的合适路径,使机器人能沿此路径运动到目标位置抓取螺钉。在此过程中的作业状态,即作业方案的设计、工序的选择、动作的前后安排等一系列问题都由计算机自动完成。

当然,要做到机器人自主规划运行轨迹,对编程语言的要求是极高的。目前,任务级编程语言尚未成熟,并非十分完善,还需要人工智能、大型知识库、数据库等技术的支持。但是,随着人工智能、数据库等相关技术的不断发展,任务级编程语言必然会得到长足发展,取代其他编程语言,极大地简化机器人编程。

在现实中,不同厂商的工业机器人控制系统通常会采用不同的编程语言,这些编程语言的软件通常内置于机器人控制器中。例如,ABB 机器人采用的 RAPID 编程语言,KUKA 机器人采用的 KRL 编程语言,FANUC 机器人采用的 Karel 编程语言等,这些编程语言的结构形式类似 C 语言或者 VB 语言这些高级编程语言,同时增强了对机器人运动的控制以及对外输入/输出点等的控制能力。

5.4.3　FANUC 机器人离线编程

ROBOGUIDE 是 FANUC 机器人公司提供的一个离线编程软件,用于 FANUC 机器人的仿真程序,它包含许多应用类型的模块,用于创建所需的机器人工作站和程序,实现三维模拟工业集成系统的运行,以可视化方式对单个或多个工业机器人进行仿真操作。它围绕一个离线的三维世界来对现实中的机器人和周边设备的布局进行模拟,并通过示教来进一步模拟机器人的运动轨迹。通过这样的模拟可以验证工作方案的可行性,同时获得准确的周期时间。ROBOGUIDE 是一款核心应用软件,具体包括搬运、弧焊、喷涂和点焊等其他模块。ROBOGUIDE 的仿真环境界面是传统的 Windows 界面,由菜单栏、工具栏、状态栏等组成。

1. 工作站建立

具体步骤如下:

(1) 打开 ROBOGUIDE,单击菜单栏上的"文件"→"新建",选择创建机器人工作站,如图 5-32 所示。

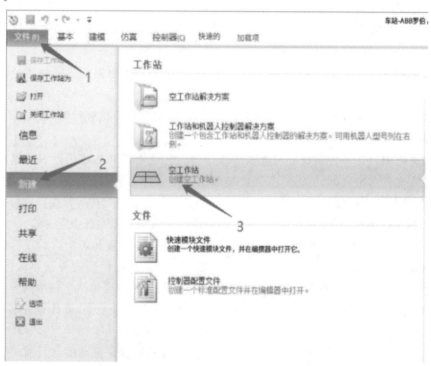

图 5-32　创建工作站界面

（2）在弹出的创建向导中，按照提示信息修改工作站的参数。最后单击"完成"按钮，开始创建。

2. 工具导入

具体步骤如下：

（1）在工作站浏览窗口中，依次单击"机器人控制器"→"C:1-Robot Controllerl"→"GP:1-LR Mate 200iD"→"Tooling"，出现工具目录"UT：1"到"UT：10"，点击即可安装 10 把工具，如图 5-33 所示。

（2）双击"UT：1"，在弹出的对话框中选择"常规"选项卡，其中的"CAD 文件"为工具的文件目录，其右边有两个按钮，分别用于打开 ROBOGUIDE 自带的工具模型库和打开文件浏览窗口。这里选择打开文件浏览窗口，加载"夹具.STL"。选好模型后单击"OK"按钮，即可将工具安装在机器人法兰盘上。

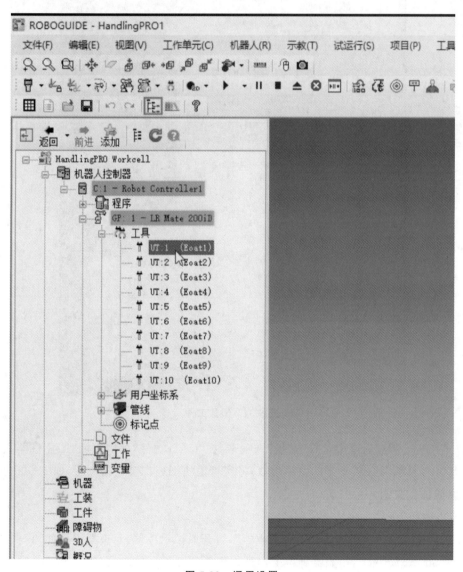

图 5-33　通用设置

3. 实训模块导入

具体步骤如下：

（1）右击"工件"，在右键菜单中选择"添加工件"→"长方体"，如图 5-34 所示。

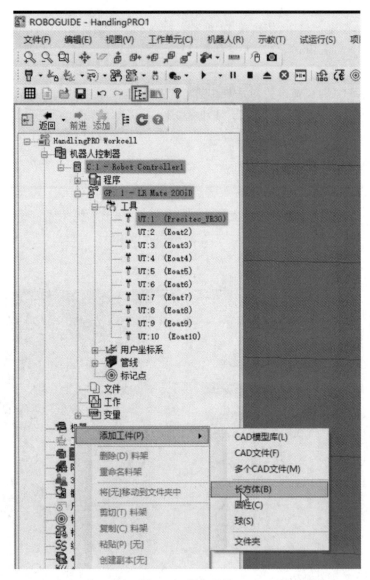

图 5-34　添加工件

（2）在"Part 1"对话框中选择"常规"选项卡，在"CAD 文件"框中添加"工业机器人基础实训模块.STL"，修改"比例"下方的坐标参数，将实训模块摆放在合适的位置，如图 5-35 所示。

4. 离线仿真实例

具体步骤如下：

（1）在菜单栏中单击"机器人"→"示教器"，打开模拟示教器，示教器界面如图 5-36 所示。

（2）单击"SELECT"，示教器屏幕上出现程序管理窗口。单击"创建"按钮，创建新程序并修改程序名称，如图 5-37 所示。完成后单击软键盘中的"ENTER"，进入程序编辑界面。

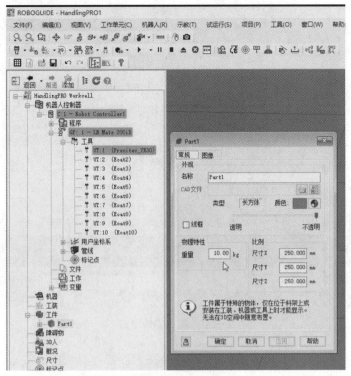

图 5-35　模块放置

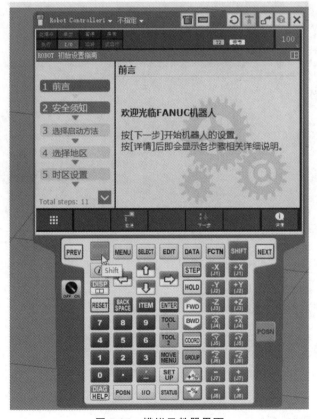

图 5-36　模拟示教器界面

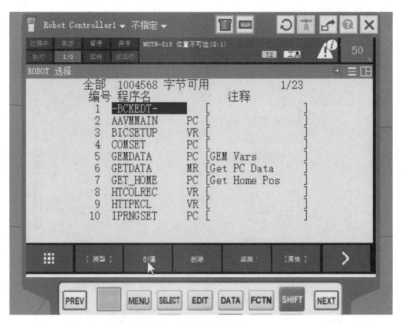

图 5-37 程序管理窗口

（3）通过示教器调整机器人工具姿态，使 Y 形夹具带标定模块的一端垂直朝下，如图 5-38 所示。

图 5-38 调整工具姿态

（4）通过示教器将机器人移动到实训模块上的矩形的第一个顶点，示教当前位置，作为运动路径的第一个点，如图 5-39 所示。

（5）通过示教器将机器人移动到实训模块上的矩形的第二个顶点，示教当前位置，作为运动路径的第二个点，如图 5-40 所示。

（6）通过示教器将机器人移动到实训模块上的矩形的第三个顶点，示教当前位置，作为运动路径的第三个点，如图 5-41 所示。

（7）通过示教器将机器人移动到实训模块上的矩形的第四个顶点，示教当前位置，作为运动路径的第四个点，如图 5-42 所示。

图 5-39　示教第一个点

图 5-40　示教第二个点

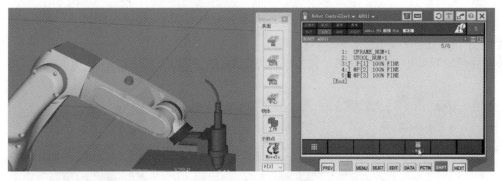

图 5-41　示教第三个点

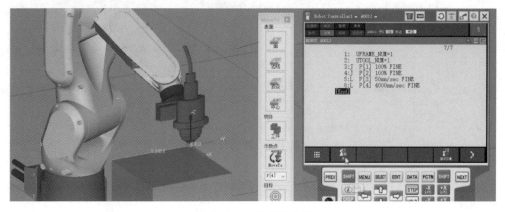

图 5-42　示教第四个点

（8）通过示教器将机器人移动到实训模块上的矩形的第一个顶点，示教当前位置，作为运动路径的第五个点，如图 5-43 所示。到此，一个简单矩形轨迹的示教完成。

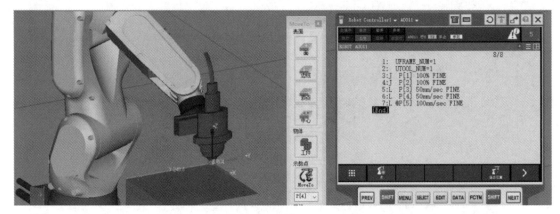

图 5-43　示教第五个点

5.4.4　ABB 机器人离线编程

1. 程序创建及编辑

ABB 机器人离线编程所采用的 RAPID 语言程序由程序模块与系统模块组成，而程序的运行从 main 程序开始。main 程序可保存在任意一个程序模块中。下面介绍如何创建和编辑程序。

1）创建程序

下面来创建一个程序模块，以及包含 main 程序的例行程序，具体步骤如下：

（1）启动 RobotStudio 示教器，在示教器操作界面上单击"程序编辑器"，打开程序编辑器。在弹出的界面中，单击"取消"，进入模块列表界面，如图 5-44 所示。

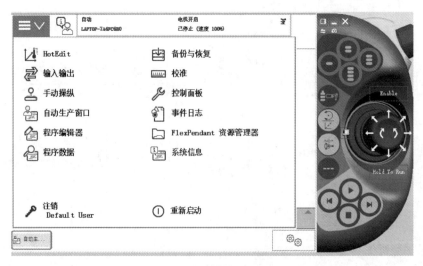

图 5-44　模块列表

单击主菜单按钮，在弹出的菜单项中选择"新建模块"。将模块名称修改为 TEST1，单击"确定"，如图 5-45 所示。

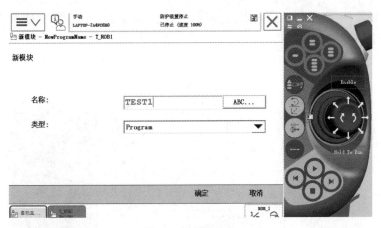

图 5-45　新建模块

（2）选中模块 TEST1，单击"显示模块"。在弹出的界面中单击"例行程序"，打开例行程序界面，如图 5-46 所示。

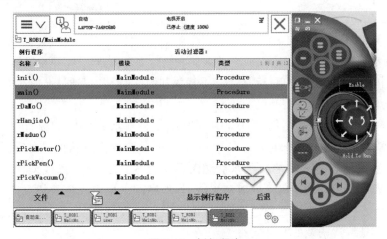

图 5-46　例行程序

在例行程序界面中，单击"文件"，选择"新建例行程序…"，打开新建例行程序界面，如图 5-47 所示。

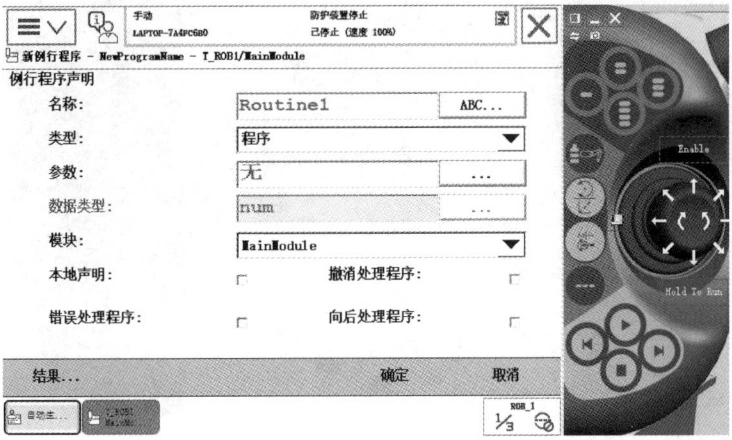

图 5-47　创建例行程序

如果无法新建例行程序(按钮显示为灰色,不可点击),则查看一下示教器的手动按钮,确认机器人处于手动模式。

在新建例行程序界面中,将例行程序更名为"main",单击"确定"创建主程序,如图 5-48 所示。

图 5-48 创建主程序

至此,即完成了程序模块和例行程序的创建。在一个完整的程序中,可能有多个程序模块,而一个程序模块中也可能包含多个例行程序。这些模块和例行程序均可通过上述方法进行创建。

2) **程序的编辑**

程序的编辑指的是编写程序代码,通常有两种方式,即在示教器中编写和在 Rapid 中编写。

(1) 在示教器中编写程序 在示教器中编写程序,最大的优点是可以自行添加各种指令,除此之外可以通过示教器手动控制示教机器人运动到达点位,这是离线编程所具备的优点。通过示教器手动控制示教调试机器人运动程序,若程序调试中出现危险情况则可以通过使能键的握紧或者张开快速停止机器人运动,从而极大地保障设备的安全。通过示教器手动控制示教调试机器人是编程调试的必经之路。

打开示教器的程序编辑器,进入程序编辑界面。点击左下角的"添加指令",即可进行程序的编写。图 5-49 显示的是常用的逻辑指令及机器人运动指令。还可以通过点击"Common"菜单,选择其他指令,如 I/O 指令等。

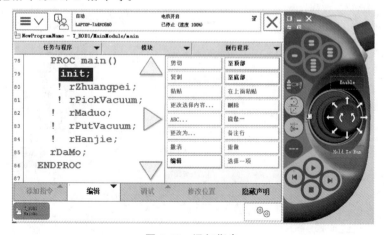

图 5-49 添加指令

同时在示教器中,还可以对例行程序进行复制、移动、重命名等操作,由于操作较为简单,此处不再赘述。

（2）在 Rapid 中编写程序　在 RobotStudio 软件的"Rapid"选项卡中打开 Rapid 程序进行编辑,这是一种常用的编辑方法。图 5-50 所示为 Rapid 程序目录。目前程序模块仅有一个,名为 Test1。在 Test1 模块之下有一个例行程序,名为 main,这是之前在示教器的程序编辑器中创建好的。

双击"main",打开例行程序,手动输入程序代码,编写程序。如果遇到语法错误,系统就会自动提示。

2. 机器人轨迹

下面继续在前面所创建程序的基础上进行修改,实现机器人沿着正方形轨迹运行的功能。

要实现此功能,需要先在示教器上示教正方形的四个点,然后使用线性运动指令 MoveL 控制机器人的动作。

在 RobotStudio 软件上实现此功能较为简单,具体步骤如下:

（1）打开 RobotStudio 软件,单击"基本"选项卡中的"手动线性",拖动机器人到达正方形轨迹的一个点（这里选择工件平台的左下角）,如图 5-51 所示。按住 Ctrl 键＋Shift 键＋鼠标左键转动机器人。保证在多个观看角度下,机器人指尖都与平台左下角接触,然后单击"示教目标点"按钮,如图 5-52 所示。

图 5-50　Rapid 程序目录

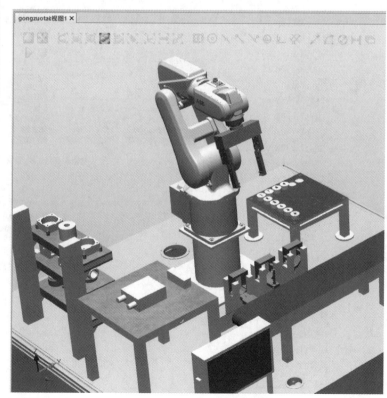

图 5-51　示教平台左下角目标点

图 5-52 "示教目标点"按钮位置

（2）移动机器人到平台的左上角，再次单击"示教目标点"。

用同样的方法，移动机器人至平台的右上角和右下角，并分别单击"示教目标点"。最后，移动机器人至平台左下角，即示教的第一个目标点，再次单击"示教目标点"。此时，机器人有五个示教点，如图 5-53 所示。

（3）选中五个示教点，单击鼠标右键，选择"添加新路径"，如图 5-54 所示。

新路径添加完成后，目录树中会出现一个新的路径，如图 5-55 所示。

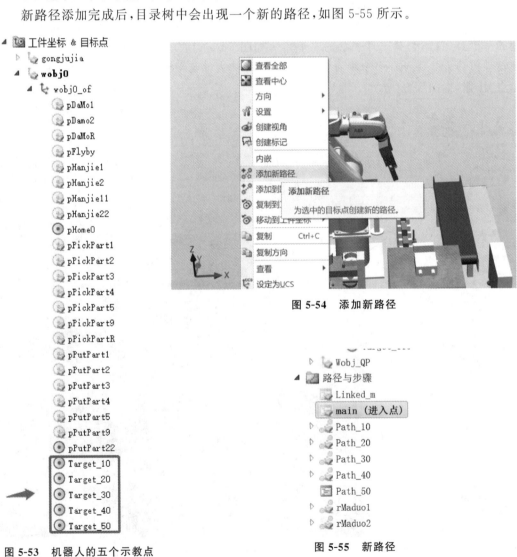

图 5-53 机器人的五个示教点

图 5-54 添加新路径

图 5-55 新路径

单击"同步"按钮下方的小三角,选择"同步到 RAPID...",确保选中的同步项中有 Path_ 10,如图 5-56 所示。

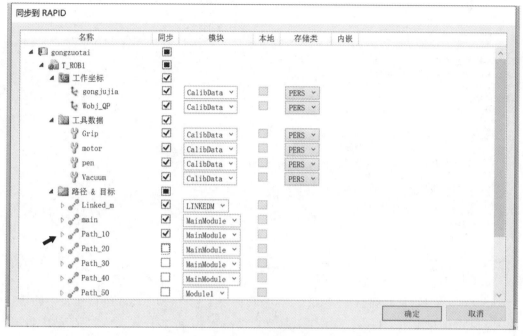

图 5-56　同步到 RAPID

（4）在图 5-56"路径 & 目标"节点下的"Path_10"上单击鼠标右键,在弹出的快捷菜单中单击"自动配置"→"线性/圆周移动指令",如图 5-57 所示。此时,机器人末端会按照设置的目标点画出正方形的轨迹。

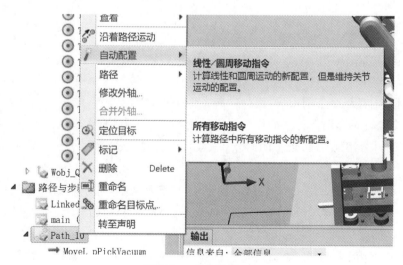

图 5-57　自动配置

（5）打开"RAPID"选项卡,打开例行程序 Path_10,如图 5-58 所示。可见,菜单 Rapid 会自动根据示教的目标点及运行的轨迹生成代码。

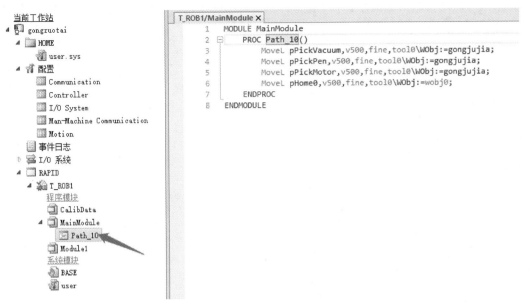

图 5-58　例行程序 Path_10

　　Rapid 程序在执行"添加路径"的指令时，自动创建了程序模块 module1，模块中创建了名为 Path_10 的例行程序。Target_10、Target_20、Target_30 和 Target_40 则是示教的目标点。在例行程序 Path_10 中，使用了机器人线性运动指令 MoveL，使机器人沿正方形轨迹运动。在之前的操作中，我们创建了一个例行程序，并通过参数配置的方式测试了机器人的正方形轨迹动作，如果要让机器人自动运行这个例行程序，还需要在 main 函数中调用它。

　　（6）在图 5-57 中打开程序模块 Test1 下面的例行程序 main，编写代码：

```
MODULE Testl
        PROC main(0)   ！例行程序 main
                Path_10;！调用例行程序 Path_10
        ENDPROC
ENDMODULE
```

　　可以通过例行程序名调用例行程序，如本例中的"Path_10;"语句。当机器人执行到这行语句时，就会执行对应例行程序的代码。通过例行程序的调用，实现了在主程序中调用子程序的功能。程序中指令或语句较多的时候，一般可以通过建立例行程序来简化代码，使逻辑更清晰。

　　（7）单击"同步到 RAPID…"，将代码同步。打开示教器（如示教器之前是打开的，则重新启动），进入"代码编辑器"，单击"PP 移至 Main"，在弹出的对话框中选择"是"，出现的界面如图 5-59 所示。

　　单击程序框内的三角形运行按钮，执行例行程序 Path_10，机器人将按照之前设定好的目标点沿着正方形轨迹运行。

3. 逻辑指令

　　下面将结合机器人逻辑指令，介绍如何实现机器人将两个运行轨迹（正方形和圆弧形）进行结合或是实现二者之间的切换。

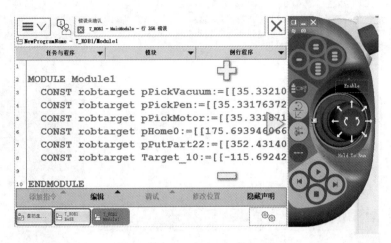

图 5-59　main 程序

1) 圆弧形轨迹

先创建两个例行程序,分别是机器人的正方形和圆弧形轨迹程序。编程的步骤如下:

(1) 创建一个例行程序 Path_10,使机器人可按正方形轨迹运行。

(2) 以同样的方式创建 Path_20(或者复制例行程序 Path_10,并将其重命名为 Path_20)。找到 MoveL 指令,单击鼠标右键,选择"编辑指令",如图 5-60 所示。

在弹出的窗口中将指令 MoveL 修改为 MoveJ。

(3) 选择"同步到 RAPID...",将新的路径 Path_20 同步到 Rapid,如图 5-61 所示。

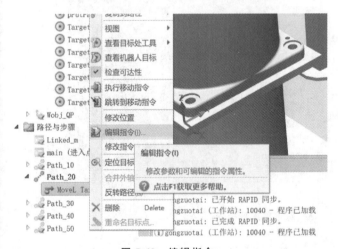

图 5-60　编辑指令

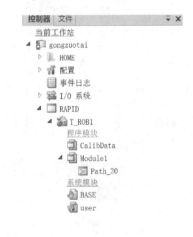

图 5-61　例行程序 Path_20 的路径

2) 交替执行

下面实现机器人对两个运行轨迹的交替执行。

之前我们在 Rapid 界面中直接编写代码时调用了例行程序 Path_10,这样虽然简单直观,但编写完成后还需要进行同步操作。下面我们直接使用示教器来编写程序。打开"示教器",调整机器人至手动限速模式。打开"程序编辑器",显示界面如图 5-62 所示。

(1) 选择一行代码,然后单击"添加指令",在弹出的窗口中选择"ProcCall"。PorcCall 是

图 5-62　程序编辑器

调用例行程序的指令,但并不直接显示在代码中。

需要注意的是,"添加指令"按钮仅在选择一行代码后才是可用的,这样做是为了确定插入新指令的位置。

在弹出的窗口中选择"Path_20"子程序,单击"确定",如图 5-63 所示。

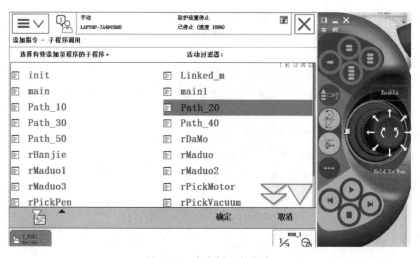

图 5-63　确定插入新指令

（2）单击"Path_10;"语句,然后单击"添加指令",在弹出的对话框中单击"Common",然后选择"Prog.Flow"。在弹出的界面中选择"Label",则将"Path_20"子程序插入项目上方,如图 5-64、图 5-65 所示。

单击"ENDPROC",在弹出的对话框中输入程序名 reg6。可用键盘直接输入;也可通过软键盘输入,如图 5-66 所示。输入完毕后,单击"确定"。

（3）选中语句"Path_20;",并单击"添加指令",在弹出的界面中单击"Common",选择"ProgFlow"。在弹出的界面中选择"Enable"键,如图 5-67 所示。

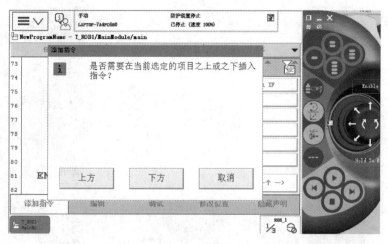

图 5-64　在选定项目上方插入指令

图 5-65　添加到项目上方

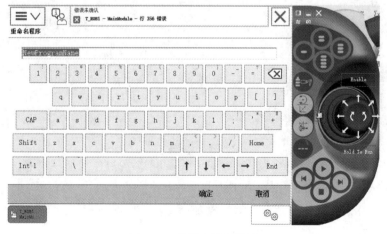

图 5-66　软键盘输入界面

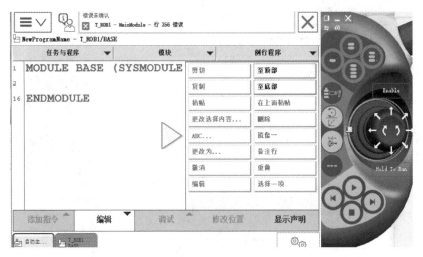

图 5-67　选择"Endble"界面

单击图 5-67 所示的语句中的"ENDMODULE"，修改为要跳转到的程序名称，即 reg6，如图 5-68 所示。

图 5-68　程序选择界面

当代码执行到 GOTO 语句时，就会跳转到 Path_10 子程序开始执行，从而实现两个例行程序的交替执行。

3）判断执行

下面介绍如何使机器人根据条件有选择性地运行两个轨迹。

（1）将前面添加的"ProgFlow"指令删除。删除方法为：选中要删除的指令，单击"编辑"，在弹出的界面中选择"删除"，如图 5-69 所示。

（2）选中"Path_10"这一行指令，单击"添加指令"，选择赋值指令"：＝"（见图 5-70）。在弹出的界面中选择"新建"，如图 5-71 所示。

在新弹出的界面中设置新建数据的名称、存储类型等，如图 5-72 所示。单击左下角的"初始值"，修改数据类型和初始值。因为默认数据类型是 num，初始值是 0，恰好是所需要的，所

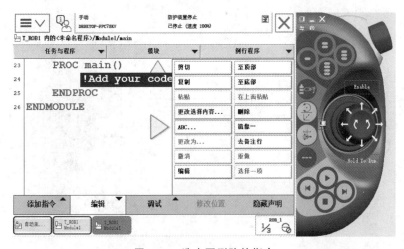

图 5-69　选中要删除的指令

图 5-70　添加赋值指令

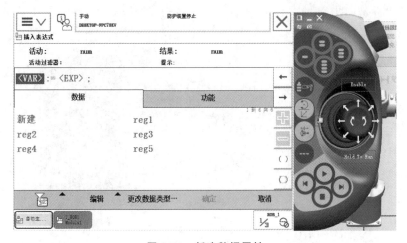

图 5-71　新建数据属性

以此处无须修改。设置完后的结果如图 5-73 所示。

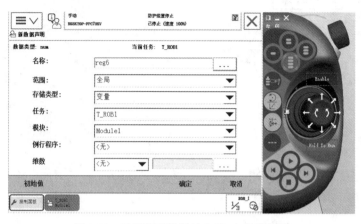

图 5-72　设置新建数据的名称、存储类型等

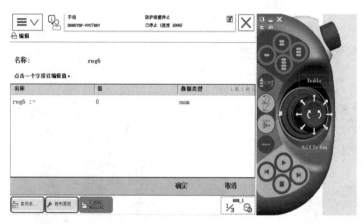

图 5-73　设置完后的结果

单击"确定",在下面的赋值界面中单击"取消"就不会对刚刚创建的变量进行赋值了。

（3）添加条件判断指令。选中"Path_10"这一行指令,在当前项目的上方添加 IF 指令,添加好后的界面如图 5-74 所示。

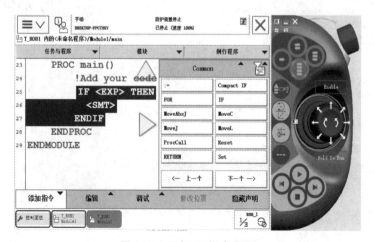

图 5-74　添加 IF 指令界面

单击阴影部分语句,打开新的对话界面(见图 5-75)。单击"添加 ELSE",然后单击"确定",弹出的界面如图 5-76 所示。

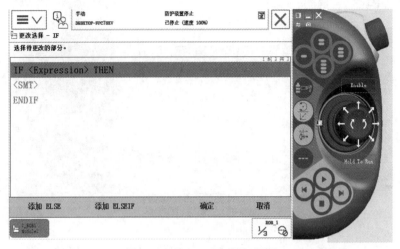

图 5-75　进入 ELSE 添加界面

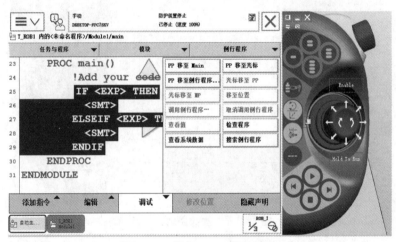

图 5-76　添加 ELSE 后的结果

(4) 单击"〈EXP〉"(见图 5-76),弹出"〈EXP〉"界面(见图 5-77)。在"〈EXP〉"界面中单击"〈EXP〉",修改判断条件,弹出的界面如图 5-78 所示。

判断条件如果为一个变量,那么一定是 bool 类型。当然也可以是一个表达式,通过表达式得到一个 bool 类型的值。比如我们要判断 Alter 变量的值是否等于 1,则单击右侧的加号"+",先将判断条件改为一个用于判断变量的值的表达式。

单击左侧的"〈EXP〉",并单击下方的"更改数据类型…"(见图 5-77),在弹出的界面中选择 num 类型(即 Alter 的数据类型),如图 5-78 所示。

单击图 5-78 所示界面右侧的三角形翻页按钮,选中"num",并单击"确定"。在弹出的界面中选择变量,如图 5-79 所示。

选择表达式右侧的"〈EXP〉",单击"编辑",在弹出的对话框中选择"仅限选中内容",弹出的界面如图 5-80 所示。

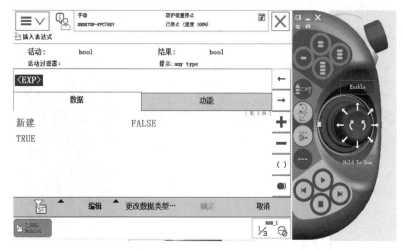

图 5-77　"〈EXP〉"界面

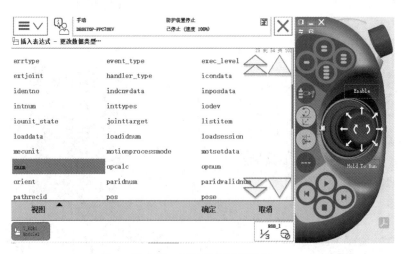

图 5-78　更改数据类型界面

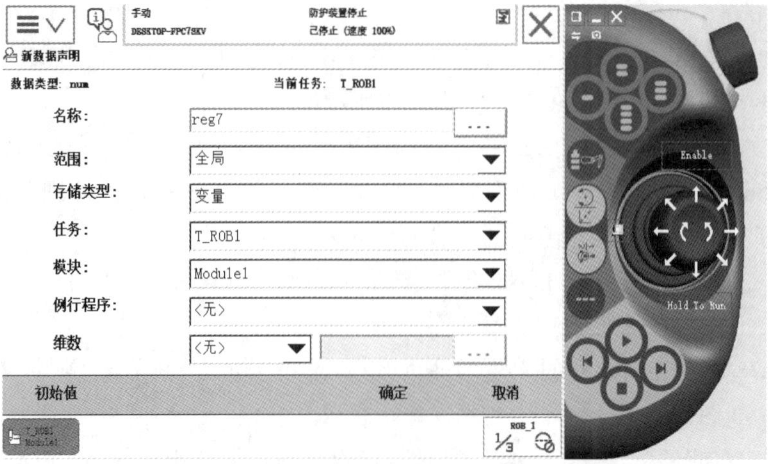

图 5-79　选择变量界面

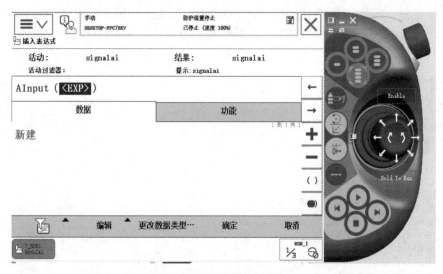

图 5-80　表达式编辑界面

在输入框中输入 1,单击"确定"。然后回到上层界面,再次单击"确定"退出。

（5）选中"Path_10;"语句,单击"编辑",选择"剪切"。选中"〈SMT〉",单击"粘贴",即可将"Path10"语句调整至第一个"〈SMT〉"处。同样将"Path_20;"语句通过剪切、粘贴操作调整至第二个"〈SMT〉"处。完成后的界面如图 5-81 所示。

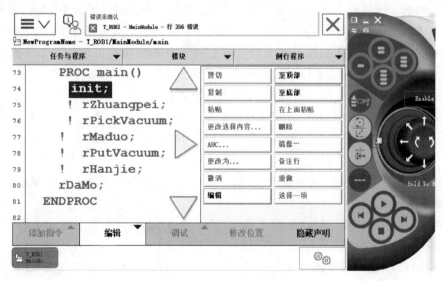

图 5-81　处理完成界面

上述编程即实现了根据 Alter 的值来选择机器人轨迹的功能:如果"Alter"的值是 1,那么选择正方形轨迹;否则,选择圆弧形轨迹。整个表达式添加操作较为烦琐,如果是在 Rapid 中编程,可能仅仅输入几行代码就可以完成。当然,以图形结合方式添加指令、语句更不容易出现语法错误。

4）循环执行

本例要求实现机器人循环交替按两种轨迹来运行,且按正方形轨迹运行四次后才按圆弧形轨迹运行一次。下面在"RAPID"选项卡的界面中直接输入代码来完成此功能。

(1) 在"RAPID"选项卡中,打开上一个例子创建完成的程序模块,如图 5-82 所示。

图 5-82　打开程序模块

(2) 在 main 函数中输入如下代码:

```
MODULE Test1
VAR num alter= 0;
PROC main()
Alter:
    FOR i FROM 1 TO 4 DO
            Path_10;
    END FOR
    Path_20;
    GOTO alter;
END PROC
ENDMODULE
```

上述代码使用标签 Alter 和 GOTO 语句,实现了程序的持续运行(可以无视机器人运行模式的设置)。同时,利用 FOR 语句,实现了按正方形轨迹运行四次的功能。代码编写成功后,单击"应用"进行保存,并将代码同步到工作站。此时,打开示教器的程序编辑器即可看到完整的代码。

4. I/O 编程

在工业机器人的应用中,I/O 通信是常用的通信方式。所谓的 I/O 通信,指的是利用 I/O 信号与机器人周边设备进行通信。ABB 机器人配备了一块 I/O 通信板(简称 I/O 板),以标准 I/O 板 DSQC651 为例,其主要提供 8 个数字输入信号、8 个数字输出信号和 2 个模拟输出信号的处理功能,每个信号对应 I/O 板上的一个端子位,可输入或输出两种状态:0 或者 1。

在 RobotStudio 软件中使用 I/O 信号,需要先将软件与 I/O 板连接起来。由于之前创建的机器人系统没有包含 I/O 板,因此需要给仿真机器人添加上 I/O 板。可以通过当前工作站更换机器人系统,或者创建一个全新的工作站来添加 I/O 板,之后再创建 I/O 信号。

1) 更换机器人系统

(1) 在"控制器"选项卡左侧导航栏"当前工作站"下的机器人系统上单击鼠标右键,选择"删除",如图 5-83 所示。

(2) 回到"基本"选项卡,单击"机器人系统"下的小三角,选择"新建系统...",弹出如图 5-84 所示的对话框。

(3) 选择"IRB 120"型号的机器人,并选中"自定义选项"选择框(这是添加 I/O 板的关键),然后单击"确定",弹出的窗口如图 5-85 所示。在该窗口中选中"709-1 DeviceNet Master/Slave"。

新的系统添加成功后,将工具 Pen 拖放到机器人上,即可将该工具自动安装到机器人法兰盘上。同时,旧系统的目标点、路径和代码,可以使用同步功能更新到新的系统中。

2) 创建全新工作站

由于之前的机器人 IRB 1200 工作空间较小,在设计机器人轨迹时很容易超出机器人的工作空间,因此我们新建工作站 robot-A12,并选择一个工作空间较大的机器人。

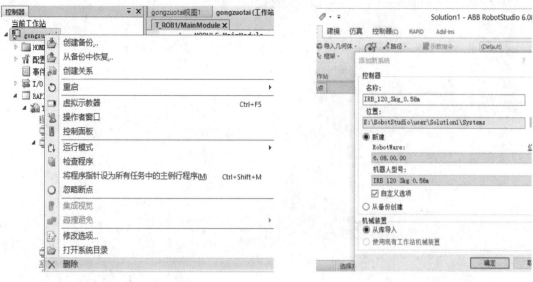

图 5-83　删除旧的系统　　　　　　　　　　图 5-84　新建系统

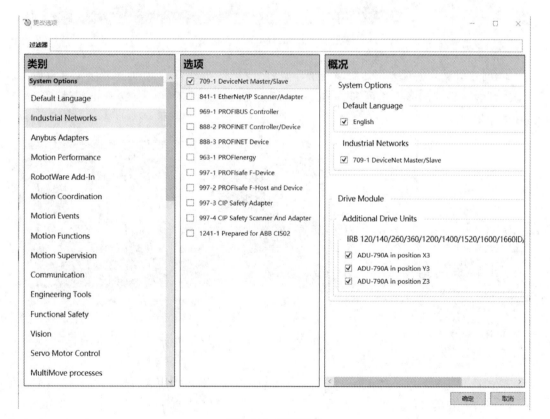

图 5-85　系统选项

（1）创建工作站，并选择机器人 IRB 2600，在进行到"从布局导入机器人系统"这一步骤时，在显示系统参数这一步单击"选项"，出现如图 5-85 所示界面，此时即可进行 I/O 板等设备的配置。

在机器人"IRB 2600"上单击鼠标右键，选择"显示机器人工作区域"，在上方小窗口中选择

"3D 体积"即可看到机器人 IRB 2600 的工作区域(见图 5-86)。

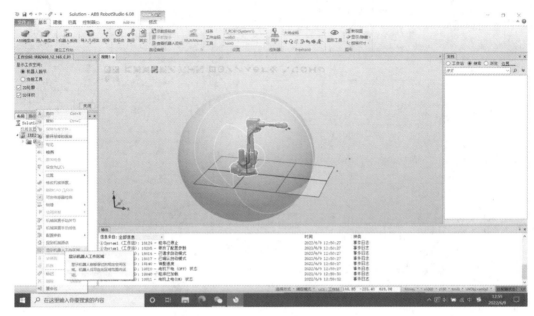

图 5-86　IRB 2600 的工作区域

(2) 创建机器人的正方形运行轨迹程序,即例行程序 Path_10。在此过程中需要重设示教目标点,注意一定要从多个角度和方向进行调整,使机器人的工具(笔尖)真正到达所需的点上,如图 5-87 所示。

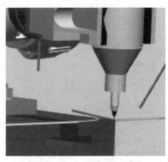

图 5-87　同一个点的多个角度显示

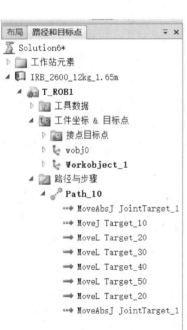

图 5-88　Path_10 的示教点和路径

程序 Path_10 创建成功后目标点和路径如图 5-88 所示。

(3) 创建新的例行程序 Path_30,使机器人按圆形轨迹运动。使用四个目标点画一个外接圆,如图 5-89 所示。

在示教点 Target_10 上单击鼠标右键,选择"添加新路径"。在新出现的路径"Path_20"上单击鼠标右键,选择"重命名",将路径名修改为 Path_30。使机器人先移动到目标点 Target_10,再选中示教点 Target_20 和 Target_30,单击鼠标右键,选择"添加到路径"→"Path_30",结果如图 5-90 所示。

图 5-89　圆形轨迹

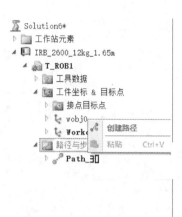

图 5-90　添加到路径 Path_30

同时选择刚才添加的两条指令,单击鼠标右键,选择"修改指令"→"转换为 MoveC",如图 5-91 所示。

图 5-91　转换为 MoveC 指令

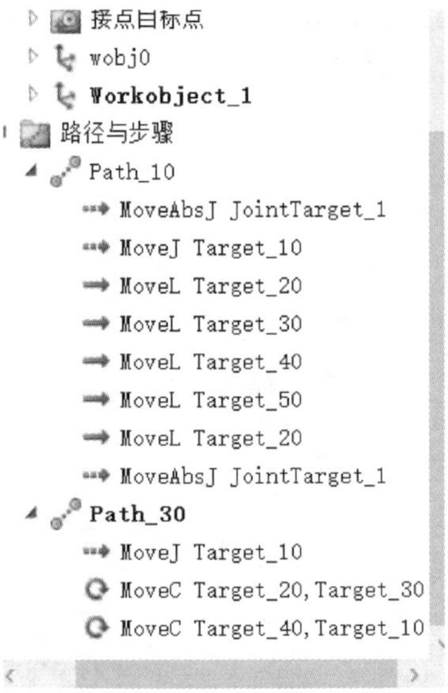

▷ 🔲 接点目标点
▷ 🔩 wobj0
▷ 🔩 **Workobject_1**
▏ 🔲 路径与步骤
　　◢ ⚙ Path_10
　　　　▪➡ MoveAbsJ JointTarget_1
　　　　▪➡ MoveJ Target_10
　　　　➡ MoveL Target_20
　　　　➡ MoveL Target_30
　　　　➡ MoveL Target_40
　　　　➡ MoveL Target_50
　　　　➡ MoveL Target_20
　　　　▪➡ MoveAbsJ JointTarget_1
　　◢ ⚙ **Path_30**
　　　　▪➡ MoveJ Target_10
　　　　⚪ MoveC Target_20, Target_30
　　　　⚪ MoveC Target_40, Target_10

‹　　　　　　　　　　　›
图 5-92　圆形轨迹的路径与指令

用同样的方法,选中示教点 Target_40 和 Target_10,添加到路径 Path_30,并将这两条 MoveL 指令转换为 MoveC。转换完成后的路径与指令如图 5-92 所示。

在 Path_30 上单击鼠标右键,选择"配置参数"→"自动配置",即可看到机器人自动沿着圆形轨迹运动。单击"同步到 Rapid...",将路径和示教点同步到示教器中。

这两个轨迹创建好后,示教器中即会出现两个例行程序 Path_10 和 Path_30。

3）创建 I/O 信号

（1）打开示教器,调整机器人至手动限速模式,单击示教器左上角的 ☰∨ 按钮,选择"控制面板",单击"配置"选项,如图 5-93 所示。

在弹出的界面中选择"DeviceNet Device",单击"显示全部",如图 5-94 所示。

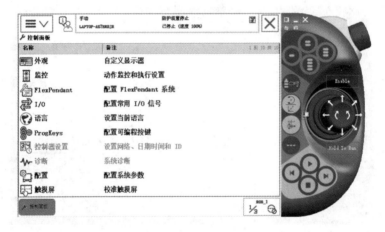

图 5-93　配置参数

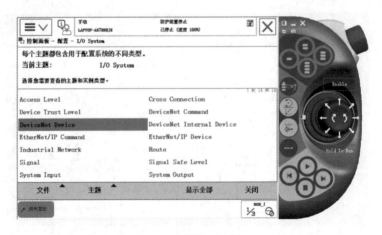

图 5-94　配置 I/O 板

在初始界面中单击"添加",进入如图 5-95 所示界面。将方框内的设备名称修改为"DSQC 651 Comb;I/O Device",此例中因机器人共有一块 I/O 板,因此其地址等参数使用默认值即可。

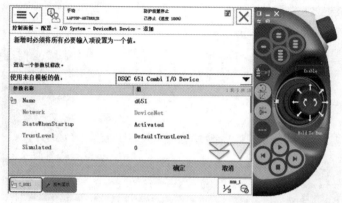

图 5-95　选择 I/O 板型号

设定好后单击"确定"并重启示教器。

(2) 再次打开示教器,将机器人运行模式调整为手动限速模式,在控制面板中选择"配置"项,然后单击"Signal",如图 5-96 所示。

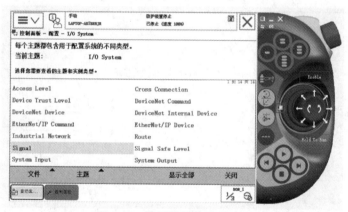

图 5-96　选择配置信号 Signal

单击"显示全部",在弹出的界面中单击"添加",增加新的信号,分别命名为 do1 和 di1。图 5-97 所示为添加信号界面。

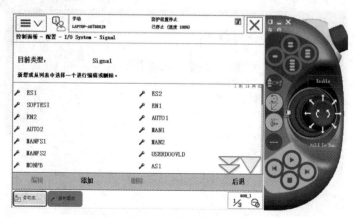

图 5-97　添加信号

为添加的信号设置参数,如图 5-98 所示。

图 5-98　修改信号参数

修改完成后单击"确定"。图 5-98 中信号参数的意义如表 5-1 所示。

表 5-1　信号参数的意义

参 数 名 称	意 　 义
Name	I/O 信号的名称
Type of Signal	I/O 信号的类型,如数字输入、数字输出、模拟输入、模拟输出、一组输入和一组输出
Assigned to Device	确定 I/O 信号所连接的 I/O 板
Device Mapping	确定信号在 I/O 板的哪一个端子位,由于 d651 有 8 个输出信号,故取值范围为 0～7,不可重复

(3) 将前面的步骤中创建的两个信号 do1 和 di1 应用到机器人上。打开"控制面板",单击"I/O"选项,如图 5-99 所示。

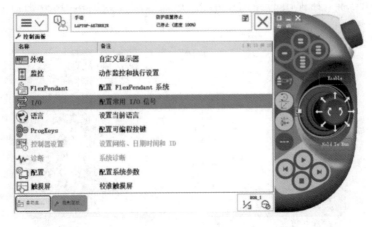

图 5-99　I/O 信号配置

选中之前创建的信号 do1 和 di1,单击"应用",如图 5-100 所示。

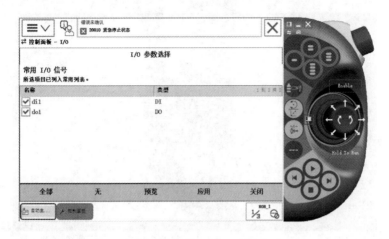

图 5-100　应用 I/O 信号

5. 仿真、程序调试和运行

在上述例子中,对程序进行了简单的仿真调试。这种不依赖实际的硬件,利用软件模拟产生信号,从而调试程序的方式称为软件仿真。软件仿真可以模拟部分硬件的功能,检查程序中的逻辑控制是否完善,从而排除程序中大多数的错误。下面介绍仿真与调试的方法。

检查程序是否存在逻辑问题,常用的手段是对 Rapid 程序进行调试,调试通常分为以下几步:

(1)检查程序语法错误。在程序编辑界面中单击"调试",在弹出的界面中选择"检查程序",如图 5-101 所示。

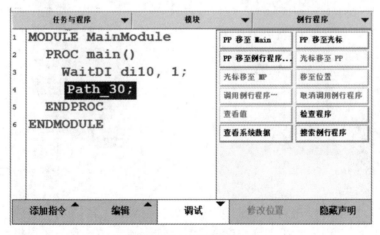

图 5-101　检查程序

(2)单击"调试",选择"PP 移至例行程序…",再选择需要调试的例行程序,单击"确定"。或者选择"PP 移至 Main"调试主程序。由于在调试主程序的过程中会调用例行程序,因此通常情况下直接采用调试主程序的方式即可。

当需要调试特定行的语句时,可以使用"PP 移至光标"。调试时经常用到的按钮如图5-102所示。

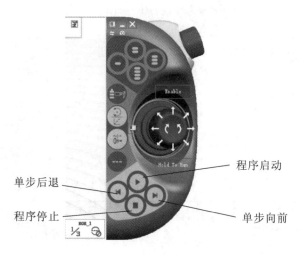

图 5-102　调试用按钮

单步后退

程序启动

程序停止

单步向前

　　通过调试和仿真,确认程序没有问题后,可以使用机器人的自动模式。将机器人的工作模式调整为自动模式,如图 5-103 所示。

　　单击电动机上电按钮"Enable"(见图 5-104),观察示教器上方的状态提示栏是否提示电动机上电。如果没有提示,可单击此按钮取消上电,然后再次单击按钮进行电动机上电。

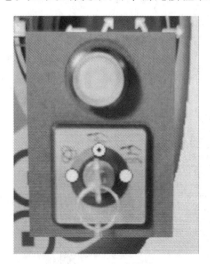

图 5-103　自动模式

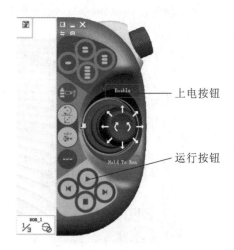

上电按钮

运行按钮

图 5-104　上电和运行按钮

　　确认电动机上电后,单击运行按钮(见图 5-104),使机器人自动运行程序。

　　在调试程序的过程中,如果遇到程序或机器人错误,提示栏会弹出错误提示。通常需要点击错误信息并进行确认才能继续进行调试。如果错误导致了机器人紧急停止,则需要重新给电动机上电后机器人才能动作。

　　通过理论学习和操作练习,可以掌握利用 Rapid 语言和 RobotStudio 软件进行编程的基本步骤和方法,但这只是最基础的部分。在实际应用中,ABB 机器人还有很多需要注意的地方,如多个运动指令的衔接、fine 命令的作用、奇异点规避等等。尤其重要的是,机器人是需要与周边设备配合来共同完成任务的高端装备,因此,如何与其他设备进行通信,如何设计末端执行器使其符合实际生产需要,都是需要在实践中慢慢学习和掌握的。

编程实例 1　编制程序,在 OXY 平面内画一个圆形轨迹。

程序如下:

```
1: PROC main()
2: MoveL p10,v1000,z50,too10;                        !确定参考点
3: MoveC offs(p10,150,150,0),offs(p10,300,0,0),v1000,z10,too10;
                                              !根据偏移量确定第二与第三个点
4: MoveC offs(p10,150,-150,0),p10,v1000,z10,too10;
                                        !根据偏移量确定第四个点并回到参考点
5: ENDPROC
```

编程实例 2　编制程序,画一个矩形,每圈向外移动 10。

程序如下:

```
1: MODULE Module1
2: CONST robtarget p10:=[[931.61,46.87,1472.75],[0.768115,0.0441544,0.636333,
0.0559423],[0,0,-1,0],[9E+09,9E+09,9E+0]];
3: VAR num K:=0;
4: VAR num i:=0;
5: PROC main()
6: i := 0;                               !循环标志位,i=0
7: FOR i FROM 1 TO 5 DO;                  !循环 5 圈
8: K := -i*10;                           !每圈向外移动 10
9: MoveL offs(p10,k,0,-500),v500,fine,tool0;
                                 !1xyz 分别是 k,0,-500;速度是 500
10: MoveL offs(p10,K,400,-500),v5001V:=1000,z40\Z:=45,too10;
11: MoveL offs(p10,K,400,150),v500,z40,too10;
12: MoveL offs(p10,K,0,150),v500,z40,too10;
13: MoveL offs(p10,K,0,-500),v500,z40,too10;
14: ENDFOR
15: ENDPROC
16: ENDMODULE
```

编程实例 3　编制程序,令机器人末端连续三次在 OXY 平面内以 300 mm/s 的速度走 40 mm×40 mm 的矩形。

程序如下:

```
1: J P[1] 100%CNT100;                    !定位到指定位置 1
2: PR[20]=LPOS;                          !当前位置的直角坐标值赋给 PR[20]
3: PR[21]=PR[20];                        !给位置寄存器 21、22、23 赋值
4: PR[21,2]=PR[20,2]+400
5: PR[22]=PR[20]
6: PR[22,1]=PR[20,1]+400
7: PR[22,2]=PR[20,2]+400
8: PR[23]=PR[20]
9: PR[23,1]=PR[20,1]+ 400
```

10： R[1]＝4;　　　　　　　　　　　!将 4 赋给寄存器 1

11： LBL[1];　　　　　　　　　　　!跳转标签 1

12： R[1]＝R[1]－1

13： L PR[20] 300 mm/s CNT100;　　!以 300 mm/s 的速度直线运行到 PR[20]指定位置

14： L PR[21] 300 mm/s CNT100

15： L PR[22] 300 mm/s CNT100

16： L PR[23] 300 mm/s CNT100

17： IF R[1]＞ 0 JMPLBL[1];　　　　!当 R[1]的值大于零时,程序跳转至标签 1

　　 [END];　　　　　　　　　　　!程序结束

习　　题

一、选择题

1. 以下选项中,属于在线(示教)编程特点的是(　　)

　　A. 编程时机器人停止工作

　　B. 在实际系统上测试程序

　　C. 编程的质量取决于编程者的经验

　　D. 易于实现复杂的机器人运行轨迹

2. 以下选项中,属于离线编程特点的是(　　)

　　A. 不需要机器人系统和工作环境的图形模型

　　B. 编程时不影响机器人工作

　　C. 通过仿真测试程序

　　D. 不可用 CAD 方法进行最佳轨迹规划

二、简答题

1. 机器人控制系统有哪些特点和基本功能?

2. 机器人控制系统有哪几种?

3. 简述机器人控制系统硬件组成。

4. 机器人控制系统有哪些结构? 各种结构分别有哪些特点?

5. 什么是工业机器人控制的示教再现? 其有哪几种方式?

6. 机器人示教方式有哪些类别?

7. 工业机器人的控制方式可以分为几类?

8. 机器人位置控制的目的是什么? 工业机器人的位置控制结构一般采用什么形式?

9. 什么是机器人的运动控制?

10. 机器人的运动控制的任务是什么? 简述运动轨迹规划的过程。

11. 为了精确地描述机器人的运动过程,控制系统需要达到哪几点要求?

12. 典型的 ABB 工业机器人控制柜有什么特点?

13. 常用的机器人编程方式有哪些? 分别适用于什么场合?

14. 什么是对象级编程语言? 这类语言有什么特点?

15. ABB 机器人控制流程基于哪五种原理?

第6章 工业机器人系统集成

工业机器人是一种通过编程实现自动化的机械。在实际应用中，单独一台工业机器人是不能完成应用现场工作任务的，需要根据具体的应用场景和用途，在其周边配合对应的辅助设备，构建工业机器人应用系统，通过系统集成之后组成机器人工作站或机器人自动化生产线，才能形成有效的工业自动化生产系统。

本章学习目标

1）知识目标

（1）了解工业机器人产业链。

（2）掌握机器人系统集成的概念和种类。

（3）掌握常用焊接机器人工作站、搬运机器人工作站、装配机器人工作站等的组成、工作原理及应用。

（4）掌握工业机器人工作站的仿真设计。

2）能力目标

（1）能够正确识别和分析具体应用场合中的工业机器人工作站的类型和特点。

（2）能够将工业机器人工作站的技术参数与应用场景需求相匹配。

（3）能够根据产品要求正确选择常用的工业机器人工作站，包括工业机器人和周边设备。

（4）能够根据产品特点设计或者选用合适的机器人末端执行器。

（5）能够根据生产要求进行工业机器人工作站的仿真布局设计和运动分析。

6.1 工业机器人系统集成概述

工业机器人被誉为"制造业皇冠顶端的明珠"，其研发、制造、应用是衡量一个国家科技创新和高端制造业水平的重要标志，是实现智能制造的基础，也是实现工业自动化、数字化、智能化的保障。工业机器人已成为智能制造中智能装备的代表。但无论是适应焊接、搬运、码垛、打磨还是喷涂、装配作业的要求，除了机器人本体以外，工业机器人都必须有特定的配套周边设备来辅助完成作业。如今，我国的机器人产业快速蓬勃发展，产业链日趋完善，产业链的一些薄弱环节问题正逐步得到解决。

6.1.1 工业机器人产业链

如图 6-1 所示，工业机器人产业链可以分为：上游——核心零部件产业；中游——机器人本体产业；下游——系统集成、机器人应用行业。从全产业链来看，机器人本体是行业发展的基础，系统集成则是行业商业化、规模化普及的关键。

上游主要是生产工业机器人的核心零部件，如伺服电动机、减速器、控制器、传感器、机器视觉系统、精密轴承等，它们为工业机器人的稳定工作提供了可靠的保证。从工业机器人的成本构成看，核心零部件成本大约占到工业机器人整机成本的 75%，其中技术难度最高的三大

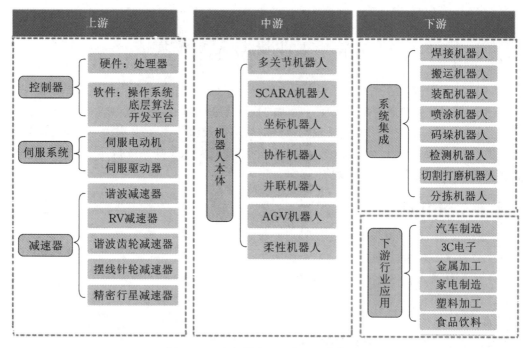

图 6-1　工业机器人行业产业链全景图

核心零部件分别是减速器、伺服系统、控制器,其成本分别约占工业机器人整机成本的 35%、25%、15%,如图 6-2 所示。

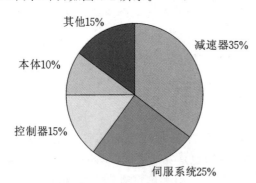

图 6-2　工业机器人成本构成

中游为工业机器人本体制造产业,主要是生产机器人,其中包括机器人关键零部件、控制程序等,以保证工业机器人的可靠运动。

下游为机器人系统集成产业。机器人本体只是单一的机械臂,要完成产品的生产,只有机械臂是不够的,还需要周边设备配合。此外,机器人在实际应用中还要进行针对现场的集成开发,包括系统的二次开发、工装夹具定制、专用系统开发等,最终构成满足终端行业特定需求的工业机器人集成系统。系统集成服务企业可根据不同行业或客户的需求,制定符合生产需求的解决方案,提供成套的机器人工作站或自动化生产线。此外,工业机器人的代理和销售以及负责机器人维护、教育培训的第三方服务产业也属于工业机器人产业链的下游。

下游的行业应用主要集中在汽车、3C 电子、金属加工、家电制造、锂电池、光伏以及食品、饮料等行业,这些终端行业有特定的生产工艺,具有自动化、智能化需求高的特点。

6.1.2　工业机器人系统集成的概念

工业机器人系统集成是指针对工业机器人的实际应用进行现场集成开发,根据不同行业或客户的实际需求情况、技术参数和工艺要求,利用机械、电子、传感器等技术,将工业机器人、工装夹具、周边自动化配套设备等集成为能够实现某一特定生产工序的工业机器人工作站(或机器人自动化生产线)。图 6-3 所示为一种用于数控加工中心的上下料搬运机器人工作站。

图 6-3　数控加工中心的上下料搬运机器人工作站

机器人通过系统集成之后才能为终端客户所用。工业机器人系统集成须根据特定的生产应用场景,进行工业机器人周边自动化配套设备的集成和应用软件二次开发,形成一个完整的作业系统,该系统应能提供针对特定应用场景的完整解决方案。

6.1.3　工业机器人系统集成的步骤和主要内容

工业机器人系统集成主要包括项目咨询、方案设计、设计制造(机械设计制造、电气设计)、样机试验、现场安装、调试生产等步骤,具体内容如下。

1) **项目咨询**

充分了解客户需求,掌握其对产品的材质、形状、尺寸、精度及产量节拍等的要求,并进行现场实地考察。

2) **方案设计**

方案设计是项目实施的前提,一般包括机器人及周边设备的配置、布局,周边设备、控制柜的设计等。

(1) 工业机器人选型:工业机器人主要的技术指标有自由度、工作精度、作业范围、额定负载、最大工作速度等。选择工业机器人时必须考虑其适用范围和工作性能,首先根据机器人的负载、作业范围、工作精度和工作速度确定型号、配置;其次根据性价比,选择合适的机器人品牌。

(2) 末端执行器设计:末端执行器是用来抓持工件(或工具)的部件,其根据被抓持物件的形状、尺寸、重量、材料和作业要求而有多种结构形式。

(3) 工装夹具设计:根据产品工艺需要,分别设计机器人上的夹具、产品的固定夹具以及其他需要的定位设备。

(4) 外设选型:选择机器人需配备的外部设备,例如传感器、机器视觉系统、输送带等。

(5) 周边设备的非标设计:由于不同的作业有着不同的工艺特点,通常工业机器人工作站或生产线中有大量非标设备需要设计,如控制柜设计等,通过控制系统使机器人与周边设备达到最优配合。

(6) 运动仿真、节拍分析:进行机器人三维模型运动仿真模拟,防止机器人和周边设备发生干涉。

3）设计制造

（1）电气、机械设计：细化设计方案，进行具体的结构设计，以及电气元件选型，绘制工程图样及确定外购件的采购。

（2）制造组装：制造加工或者采购零部件，包括末端执行器、夹具、上下料机构，以及总控制柜等周边设备的零部件，把零部件组装成成品。

（3）安装调试：按照三维仿真位置，布置机器人和周边设备，并进行模拟运行和调试检验，直至符合要求。

4）样机试验

进行样机试生产、运行，根据工艺要求制订合理的工艺方案，直至符合产品要求，并进行耐久性测试。

5）现场安装

全部设备运达客户生产现场后进行安装；布置与安装管路、线路，进行机器人 PLC 与总控制 PLC 的连接、机器人接口与控制柜接口的连接、周边设备接口与控制柜接口的连接等。

6）调试生产

进行现场示教、模拟运行、路径优化、机器人编程操作培训等。

6.1.4　工业机器人集成系统的应用

工业机器人集成系统可以应用于各种需要重复性操作和要求高精度的生产领域，以提高生产效率、降低成本、改善产品质量和工作环境。

从应用行业看：汽车、3C 电子等行业的自动化程度高、流程标准性强，是工业机器人集成系统应用较为成熟的行业；在新能源领域，锂电、光伏行业市场需求大，生产制造流程对工业机器人系统集成的需求高。

从应用场景看，工业机器人集成系统主要应用在搬运、上下料、焊接、装配、喷涂、抛光打磨等场合。目前，工业机器人集成系统在焊接、搬运、上下料等场合的应用已较为成熟，而其发展潜力主要集中在分拣、装配、包装、检测等需要和周边技术（如机器视觉技术）结合的场合。工业机器人集成系统常见的应用场合见表 6-1。随着物联网、机器视觉和人工智能技术的发展和应用，制造业生产模式逐步向智能制造模式迈进，智慧工厂的建设将加速机器人集成系统在制造业领域的应用与推广。

表 6-1　工业机器人集成系统的常见应用场合

应用	应用场景
搬运	铸件搬运、注塑件搬运、物料搬运、堆垛、包装、分拣
焊接	弧焊、点焊、激光焊、锡焊及其他焊接
上下料	机床上下料、冲压、锻造、折弯、测量、检查、测试
喷涂	喷漆、涂胶及其他喷涂
加工/处理	激光切割、水射流切割、抛光、打磨、去毛刺
装配/拆卸	固装、压装、组装、插拔、拆卸及其他装配

6.2　工业机器人工作站

工业机器人工作站是工业机器人集成系统的基本工作单元,也是系统集成的关键。通过系统集成,就构成了各种工业机器人工作站,也就是以工业机器人为主体的作业系统,从而完成各种生产作业,如机械制造行业的零件加工、装配、表面处理,电子制造行业的半导体加工、电路板组装、贴片,汽车制造行业的车身焊接、装配、涂装,包装物流行业的物料搬运、包装、分拣,以及食品加工行业的食品包装、分拣,等等。

6.2.1　工业机器人工作站

1. 工业机器人工作站的概念

工业机器人工作站是指使用一台或多台工业机器人,配以相应的周边设备,用于完成某一特定工序作业的独立生产系统或工作单元,也称为工业机器人工作单元。由于工业机器人工作站和工业机器人是通过编程控制的,因此,可以通过重新编程,完成不同的作业任务。图 6-4所示为工业机器人工作站。

图 6-4　工业机器人工作站

2. 工业机器人工作站的组成

工业机器人工作站一般由以下几部分构成:工业机器人、控制系统、工装夹具及其他周边设备等。机器人工作站的设备构成并不是一成不变的,其周边设备会随着应用场合和产品特点的不同而不同。

1) 工业机器人本体

工业机器人的系统组成概括为三大件:工业机器人本体、控制柜、机器人示教器。工业机器人本体是工作站的核心设备。控制柜是将驱动器和控制器等其他控制部件放到同一个柜子里而得到的。控制柜通常由主计算机控制模块、轴计算机板、轴伺服驱动、I/O 板,以及控制系统软件等构成。

工业机器人本体一般由手部(末端执行器)、腕部、臂部、腰部和基座构成,多采用关节式机械结构,通常具有六个自由度,其中三个用来确定末端执行器的位置,另外三个则用来确定末端执行装置的方向(姿态)。

末端执行器安装在手部前端,需要根据不同的操作对象进行专门设计,例如焊枪、吸盘、机械手爪等。图 6-5 所示为一种用于装配作业的机器人装配工作站,其核心设备是两台装配机器人,机器人配置了专用的机械手爪。

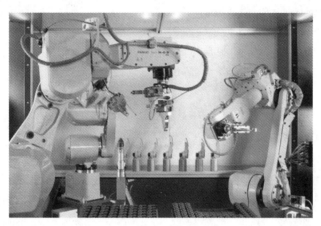

图 6-5　使用了两台机器人的装配工作站

2)控制系统

目前,工业机器人工作站控制系统使用最多的是 PLC 系统。借助于 PLC 控制系统,我们可结合工业生产的需求,建立软件系统和运动驱动系统等,通过输入程序代码的方式,有效控制机器人的操作,管理工作站,确保其正常运行。

3)工装夹具

工装夹具用来固定作业对象。

4)专用系统

在一些行业,工业机器人需要配置专用系统,以满足一些特定的工艺需求。如焊接机器人的焊接系统、喷涂机器人的喷涂系统等都属于专用系统。

5)其他周边设备

在作业过程中,一些作业对象有暂存、供料、移动或者翻转等动作,因此,需要配置存储交换台、供料器、移动小车或者翻转台等辅助设备。

变位机是专用焊接辅助设备,适用于回转工作的焊接变位,在生产时实现操作对象的精确位置变化,得到理想的加工位置和焊接速度。

安全装置如围栏、安全门等安全保护装置,走线走管保护装置等,是机器人工作站不可缺少的部分。

配套设备包括弧焊的焊丝切断设备和焊枪清理设备等。

机器人周边设备的动力源多为液压、气动设备,需要配置液压站、气压站以及控制阀、管路等。一些特殊的设备或仪表还需要配置专用的电源系统。

6.2.2　工业机器人工作站的设计

1. 机器人工作站一般设计原则

工作站的设计是工业机器人系统集成的关键。工业机器人工作站系统集成一般包括硬件集成和软件集成两个过程。硬件集成需要根据需求对各个设备接口进行统一定义,以满足通

信要求;软件集成则需要对整个系统的信息流进行综合,然后再控制各个设备按流程运转。工业机器人工作站的一般设计原则如下:

(1) 设计前必须充分分析作业对象,拟定最合理的作业工艺;

(2) 必须满足作业的功能要求和环境条件;

(3) 必须满足生产节拍要求;

(4) 整体及各组成部分必须全部满足安全规范及标准;

(5) 各设备及控制系统应具有故障显示及报警装置;

(6) 便于维护修理;

(7) 操作系统便于联网控制;

(8) 便于组线;

(9) 操作系统应简单明了,便于操作和人工干预;

(10) 经济实惠,能快速投产。

2. 机器人工作站设计内容

1) 规划及系统设计

包括设计单位内部的任务划分、机器人调研及询价、规划单编制、运行系统设计、周边设备(辅助设备、配套设备以及安全装置等)能力的详细计划、关键问题的解决等。

2) 布局设计

包括机器人选型(可选一到两种机型),人-机系统配置,作业对象的物流路线,电、液、气系统走线,操作箱、控制柜的位置安排以及维护修理和安全设施配置等内容。机器人及其控制系统应尽量选用标准装置;对于个别特殊的场合需设计专用机器人;机器人末端执行器的设计随着应用场合和工件特点的不同有着较大差异。

3) 扩大机器人应用范围的辅助设备的选用和设计

包括固定和改变作业对象位姿的夹具和变位机、改变机器人动作方向和范围的基座的选用和设计。

4) 配套和安全装置的选用和设计

包括配套设备、安全装置的选用和设计,以及现有设备的改造和追加等。

5) 控制系统设计

包括系统的标准控制类型选择、系统工作顺序与方法确定、互锁等安全设计、电气控制线路设计、机器人线路及整个系统线路的设计等。

6) 支持系统设计

包括故障排除与修复方法、停机时的对策与准备、备用机器的筹备以及意外情况下的救急措施等相关安排。

7) 工程施工设计

包括编写工作系统说明书、机器人详细性能和规格说明书、接收检查文本、标准件说明书,绘制工程图样,编制图纸清单,等等。

8) 编制采购资料

包括机器人、标准件采购清单,操作员培训计划,维护说明等的编制。

6.2.3　典型的工业机器人工作站

工业机器人工作站有着比机器人单机系统更多的优势:可实现完全自动化生产;可重复执

行完整的工序；能节省中间装载卸货等其他操作的时间，提高作业效率；能够灵活调整工位；使用带安全防护设施的封闭式单元结构，改善了作业环境。但工业机器人工作站系统一般更加复杂，成本较高。

工业机器人是实现智能制造最重要的设备，工业机器人工作站是推进智能制造持续发展的重要一环，下面列举一些典型的工业机器人工作站应用。图 6-6 所示为焊接机器人工作站，用于实现机器人自动化焊接作业。图 6-7 所示为一种用于锂电池的装配和搬运作业的装配搬运机器人工作站。图 6-8 所示为一种用于汽车车轮轮毂打磨抛光作业的打磨抛光机器人工作站。图 6-9 所示为一种用于检测机上下料作业的上下料机器人工作站。图 6-10 所示为一种用于产品分拣作业的分拣机器人工作站。图 6-11 所示为一种搬运/码垛机器人工作站。图 6-12 所示为用于高速装盒作业的包装机器人工作站。图 6-13 所示为喷涂机器人工作站。图 6-14 所示为一种去毛刺机器人工作站，其将工人从恶劣的高粉尘工作环境解放了出来。

图 6-6　焊接机器人工作站

图 6-7　装配搬运机器人工作站

图 6-8　轮毂打磨抛光机器人工作站

图 6-9　上下料机器人工作站

图 6-10　分拣机器人工作站

图 6-11　搬运/码垛机器人工作站

图 6-12　包装机器人工作站

图 6-13　喷涂机器人工作站

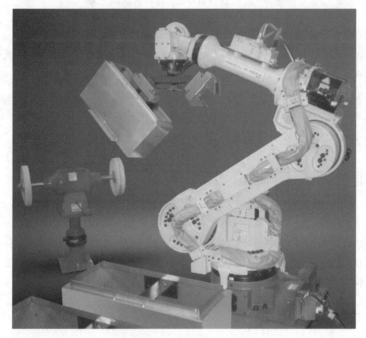

图 6-14　去毛刺机器人工作站

　　随着产业的结构调整、升级,智能制造将在各行各业得以广泛应用,工业机器人工作站和机器人自动化生产线成套设备已成为自动化装备的主流及未来的发展方向。

大国重器

"奋斗者"号万米水下作业的全海深机械手

　　2020 年 11 月 10 日上午,在全球最深的马里亚纳海沟,我国自主研制的"大国重器"——"奋斗者"号全海深载人潜水器(见图 6-15)成功下潜 10909 m,创造了新的载人深潜纪录,体现了严谨求实、团结协作、拼搏奉献、勇攀高峰的中国载人深潜精神,为科技创新树立了典范。

　　"奋斗者"号配置了两套全海深主从伺服液压机械手,是一个能胜任采样、测量等多任务的水下机器人工作站。其智能控制系统相当于人的大脑,两套全海深机械手相当于人的双手。每套机械手具有 7 个关节,可实现六自由度运动控制,包括肩部摆动、肩部俯仰、肘部俯仰、肘部摆动、腕部摆动、腕部转动,以及夹钳开合动作。机械手是"奋斗者"号的核心作业工具,其持

图 6-15　"奋斗者"号全海深载人潜水器

重达 65 kg，伸长范围为 1.9 m，作业范围覆盖采样篮及潜水器前部。

"奋斗者"号的全海深机械手由中科院沈阳自动化所自主研发。该机械手的面世，成功打破了国外垄断，解决了大深度液压机械手驱动、密封、伺服控制、结构件及电子元器件承压等关键技术难题，突破了超高压密封技术、超高压油液环境驱动与控制等全海深机械手关键技术。该机械手核心部件全部国产化，成功实现了对海底生物和海底岩石的抓取、沉积物取样器操作及科考设备布放与回收等精准作业，填补了我国机械手万米水下作业的空白。

6.3　工业机器人工作站的仿真设计

在进行工业机器人工作站的设计时，可以利用仿真设计软件进行工业机器人工作站的仿真设计和分析，包括工作站的基本布局设计、配置工业机器人及周边设备模型，模拟操作机器人，机器人运动仿真等。通过工业机器人工作站的仿真设计可以缩短生产的工期，及时发现存在的问题，避免不必要的返工，提高设计效率和生产效率。

6.3.1　RobotStudio 软件简介

目前，市场上常见的工业机器人离线编程与仿真软件有多种，国外产品主要有美国海宝公司的 Robotmaster、ABB 工业机器人仿真软件 RobotStudio、FANUC 公司的 RoboGuide、KUKA 机器人仿真软件 KUKASimPro、法国达索软件旗下的 DELMIA、西门子旗下的 ROBCAD 软件、加拿大 RoboDK 工业机器人仿真软件等，国内产品主要有北京华航唯实的 RobotArt。这些软件在功能上各有特点，或支持多台机器人同时模拟仿真，或支持单个机器人的工作站仿真，通用型软件如 Robotmaster 一般能支持主流的多品牌工业机器人的离线编程和仿真。

ABB 公司的 RobotStudio 于 2003 年发行，是一款强大的机器人离线编程仿真软件，它建立在 ABB VirtualController 基础上，与车间中实际使用的真实机器人程序和配置文件一致，可以模拟现场生产过程，让客户了解开发和组织生产过程的情况，不仅可以创建工作站，制作虚拟机器人，帮助用户进行离线编程，模拟真实场景，还具有碰撞监测、自动分析伸展能力。RobotStudio 软件界面友好，功能强大，可以在线作业，进行仿真设计编程工作，在不影响生产的前提下执行培训、编程和优化等任务，并支持二次开发。

RobotStudio 的主要功能特点如下：

（1）可方便地导入各种主流 CAD 格式的数据。

（2）通过使用待加工零件的 CAD 模型，可自动生成跟踪加工曲线所需要的机器人路径。

（3）程序编辑器（Program Maker）可生成机器人程序，使用户能够在 Windows 环境中离线开发或维护机器人程序，可显著缩短编程时间，改进程序结构。

（4）可实现路径优化。仿真监视器是一种用于机器人运动优化的可视工具，红色线条显示可改进之处，以使机器人按照最有效方式运行。

（5）具有自动分析伸展能力。用户可通过该功能任意移动机器人或工件，直到所有位置均可到达，快速完成工作单元平面布置验证和优化。

（6）具有碰撞检测功能，可避免设备碰撞，自动监测并显示程序执行时所选对象是否会发生碰撞。

（7）可进行在线作业。使用 RobotStudio 与实际机器人进行连接通信，对机器人进行便捷的监控、程序修改、参数设定、文件传送及备份恢复等。

6.3.2　RobotStudio 的软件界面

运行 RobotStudio 软件后，出现如图 6-16 所示的主界面，主菜单栏有"文件""基本""建模""仿真""控制器（C）""RAPID""Add-Ins"等菜单项。

图 6-16　RobotStudio 软件主界面

"文件"菜单提供了创建新工作站、新 RAPID 模块文件、控制器配置文件，以及打开旧的工作站、显示打开的工作站的信息等功能，如图 6-17 所示。

"基本"菜单提供了建立工作站、路径编程、设置、摆放物体位置的控件。

"建模"菜单提供了创建工作站和工作站分组组件，创建实体、CAD 操作控件，测量以及创建机械装置的控件。

"仿真"菜单提供了仿真配置、仿真控制、监控、信号分析器以及仿真录像的控件。

图 6-17　"文件"菜单

"控制器(C)"菜单提供了控制器工具及虚拟控制器的配置、操作、传送的控件。

"RAPID"菜单提供了 RAPID 编辑器及文件管理、编程控件等。

"Add-Ins"菜单提供了 PowerPass 控件。

6.3.3　工业机器人工作站的仿真设计

下面结合 ABB 的 RobotStudio 软件简要介绍工业机器人工作站的仿真设计,包括工作站的基本布局设计、工业机器人及周边设备模型配置、虚拟控制器创建、机器人模拟操作、机器人运动仿真等。

1. 建立一个新的空工作站

打开 RobotStudio 软件,单击主界面"文件"菜单下的"新建"→"工作站"图标,然后单击主界面右侧最下面的"创建"图标(见图 6-16),则新建一个临时的工作站项目,如图 6-18 所示。

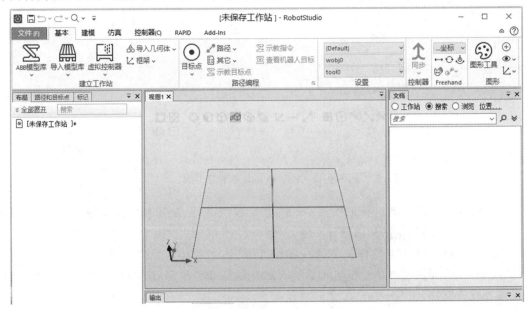

图 6-18　新建临时工作站项目

2. 工业机器人工作站的基本布局

1）导入机器人模型

（1）选择机器人。在"基本"选项卡中打开"ABB 模型库"，可显示多种型号的 ABB 机器人，包括关节式机器人、协作机器人、并联机器人、SCARA 机器人、喷涂机器人等。这里选择并单击关节式机器人 IRB2600，如图 6-19 所示。

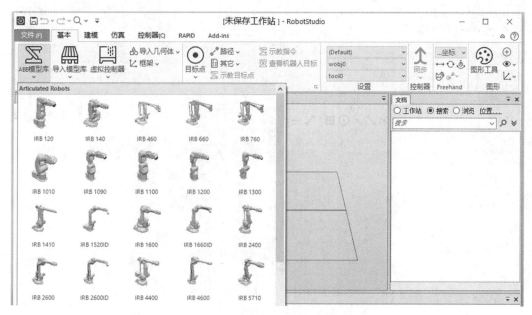

图 6-19　选择关节式机器人 IRB2600

（2）设定机器人参数。在弹窗中选择机器人的属性参数，这里要根据项目的实际要求选定具体的机器人型号、承重能力、到达距离等参数，如图 6-20 所示。然后单击弹窗中的"确定"按钮，完成机器人模型的导入。

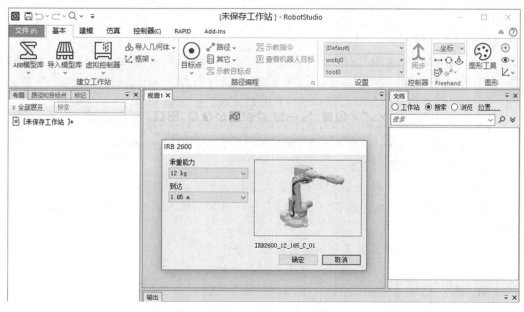

图 6-20　设定机器人 IRB2600 参数

（3）调整视图。导入机器人的结果如图 6-21 所示。为了将机器人放置到合适的位置,利用鼠标和功能键调整工作站视图:滚动鼠标滚轮来缩放视图;按 Ctrl＋鼠标左键来平移视图;按 Ctrl＋Shift＋鼠标左键来改变视图视角。

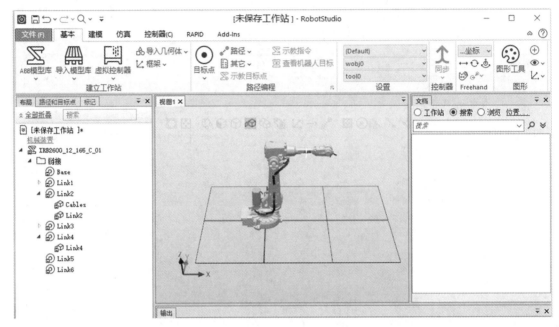

图 6-21　导入机器人 IRB2600

2）加载工具

机器人加载到 RobotStudio 里面后,还可以添加多个机器人和一些与机器人相关的配件及设备,如变位机、导轨、夹具、喷枪等。软件内置的变位机、导轨模型、控制柜、示教器的型号等设备如图 6-22 所示,可根据需要导入。对于软件中没有的非标设备,如末端执行器、工件、工作台等,用户还可以使用其他三维软件进行自定义,然后导入软件。RobotStudio 主要支持 STP 文件。

加载工具的步骤如下:

（1）在"基本"选项卡中打开"导入模型库",可见有弧焊设备、焊枪、输送链、力传感器、IRC5 控制器、各种工具、围栏、OmniCore 控制器、培训对象等。这里选择"培训对象",然后单击"Mytool"工具,即导入 Mytool,其初始位置与机器人的底部重合,如图 6-23 所示。

（2）把工具安装到机器人手部上。在侧边栏中选择"布局",将光标移动到"MyTool"上,按住鼠标左键,将"MyTool"向上拖到"IRB2600_12_165_C_01"上,然后松开左键,此时弹出"更新位置"对话框,如图 6-24 所示。

（3）单击"是(Y)",工具就安装到了机器人法兰盘上面,如图 6-25 所示。

如果想将工具从法兰盘上拆下,则可以在"MyTool"上单击右键,在弹出的下拉菜单中选择"拆除"。

3）在 RobotStudio 中放置工业机器人周边设备

（1）先放置一个工作台,后面将用它来固定工作对象。

① 在"基本"选项卡中打开"导入模型库",在"培训对象"列表中选择一个桌子型设备"propellertable",单击后完成导入,如图 6-26 所示。

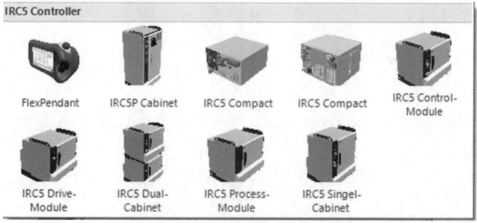

图 6-22　软件自带的一些设备

② 在侧边栏中选择"布局",然后选中机器人,单击右键,选择"显示机器人工作空间"。如图 6-27 所示,图中白色曲线限定的区域为机器人工作空间,即机器人可到达的范围。

③ 将工作对象调整到机器人的最佳工作区域,以提高工作节拍和方便进行轨迹规划。将工作台移到机器人的工作区域,选中工作台,然后在 Freehand 工具栏中,选择"大地坐标"→"移动"按钮。拖动箭头到达合适大地坐标位置,结果如图 6-28 所示。

(2) 在工作台桌子上面安放一个工作对象"Curve Thing"。

① 导入工作对象(工件)"Curve Thing"。在"基本"选项卡中选择"导入模型库"→"培训对象",在"Components"列表中选择"Curve Thing"(见图 6-29),单击完成导入。

图 6-23　导入工具 Mytool

图 6-24　安装机器人手部的工具

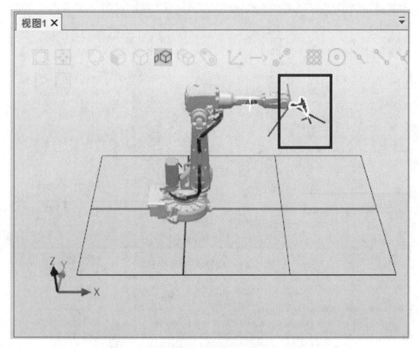

图 6-25　机器人手部的工具安装完成

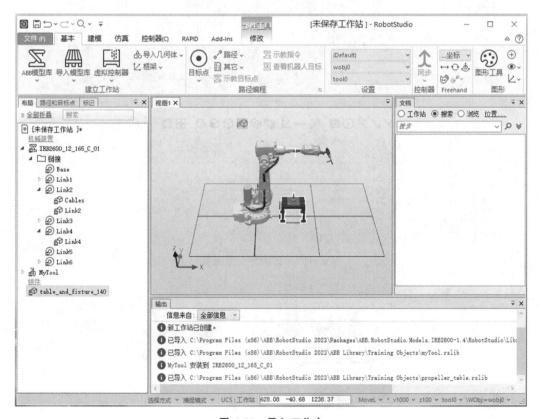

图 6-26　导入工作台

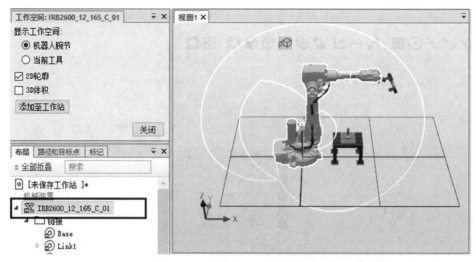

图 6-27　机器人工作空间

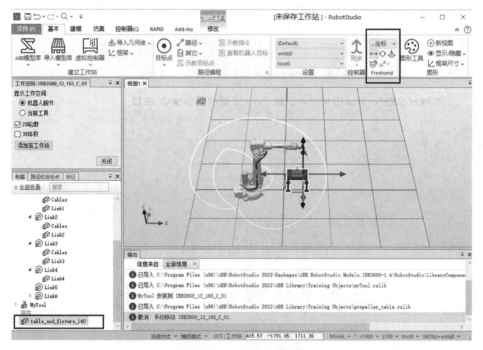

图 6-28　工作对象位置调整

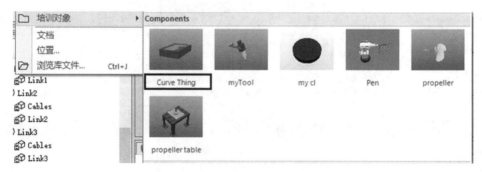

图 6-29　导入工作对象 Curve Thing

② 正确选择合适的捕捉工具，以便准确地捕捉工作对象的特征。单击"捕捉工具"工具条中的"选择部件"和"捕捉末端"图标，使这两个图标清晰显示出来，如图 6-30 所示。"捕捉工具"工具条中的工具图标较多，将鼠标移动到某个工具图标上，就会自动显示该图标的详细说明。

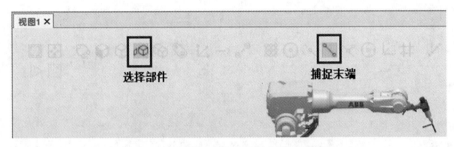

图 6-30　"捕捉工具"工具条中的工具选择

③ 用鼠标右键单击工作对象"Curve Thing"，然后在弹出的菜单中单击"位置"→"放置"→"两点"，如图 6-31 所示。

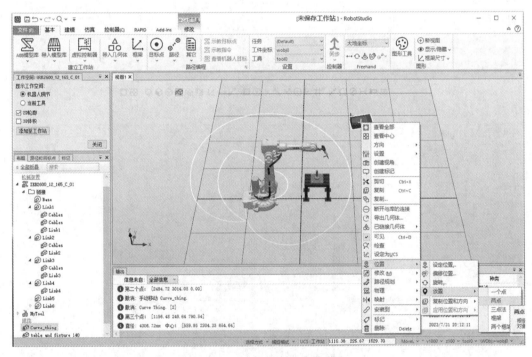

图 6-31　选择"两点"放置方法

④ 在侧边栏中单击"主点-从"的第一个坐标框，然后按照下面的顺序连续单击两个物体的基准线，进行点位对齐操作：点 1 和点 2 对齐；点 3 和点 4 对齐。点位对齐时要连续按点 1→点 4 的顺序点击，对象点位的坐标值已自动显示在侧边栏中，如图 6-32 所示。

⑤ 单击侧边栏"放置对象"信息框中的"应用"按钮，则工作对象就准确对齐，被放置到了工作台桌子上。结果如图 6-33 所示。

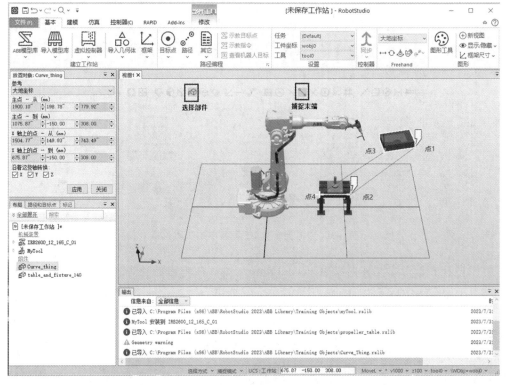

图 6-32   放置基准线的对应

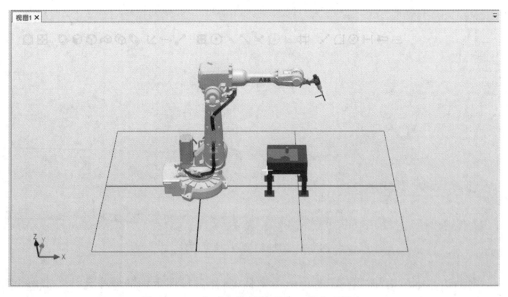

图 6-33   工作对象被放置到了工作台桌子上

4）导入控制器

从"导入模型库"菜单中选取"ICR5"控制器,单击后完成导入,如图 6-34 所示。

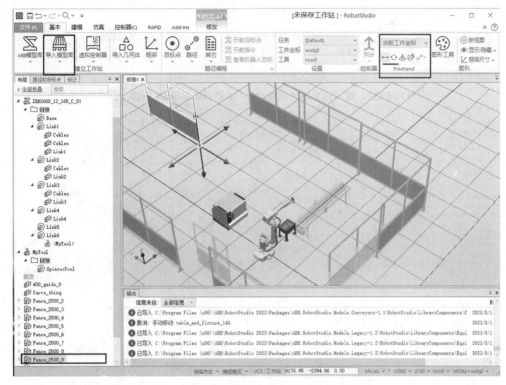

图 6-34　导入控制器 ICR5、输送链、围栏等

5）导入输送装置

从"导入模型库"菜单中选取"输送链",单击后完成导入,如图 6-34 所示。

6）导入围栏和门等保护装置

配套设备也需要逐项逐步导入,如围栏就需要一片片地分别导入。从"导入模型库"菜单中选取所需要导入的围栏类型,单击后该围栏就出现在虚拟场景中。在"Freehand"工具栏中选择"当前工件坐标"(见图 6-34),就可以选取和使用"移动"或"旋转"命令,从而方便地移动或旋转围栏的位置,将围栏放置到任何需要的位置。这里待移动的围栏是"Fence_2500_9"(在导入围栏时系统将自动为其命名,其中"9"表示导入的第 9 个同型号和尺寸的围栏,见图 6-34),图中显示了移动箭头,在某一个箭头上,按住鼠标左键就可以拖动工件。当然,需要移动或者旋转工作站内的任意设备或物体时,要先在侧边栏中选择"布局",然后单击选定这个物体。虚拟工作站的布局如图 6-35 所示。

7）添加虚拟控制器

（1）在"基本"菜单中,选择"虚拟控制器"→"从布局",弹出"从布局创建控制器"对话框,如图 6-36 所示。

（2）创建控制器,建立控制器名称和选择文件存储位置。在弹出的"从布局创建控制器"对话框中,进行命名和选择存储位置,然后单击"下一步"按钮。可以通过观察软件最下面输出窗口,查看机器人启动的过程,如果机器人出现故障也可以观察到。单击"控制器（C）"菜单选项,可以看到侧边栏"控制器"下面当前工作站已经出现了刚才创建的机器人工作站,说明已经成功生成并加载了系统。

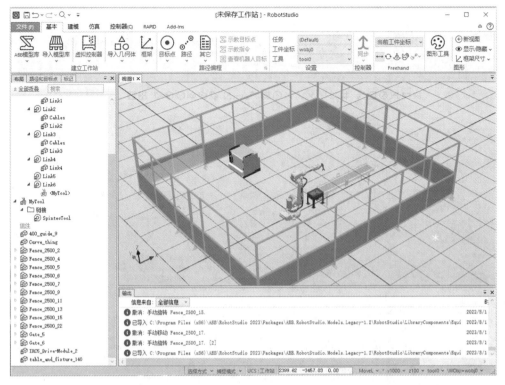

图 6-35　虚拟工作站的布局

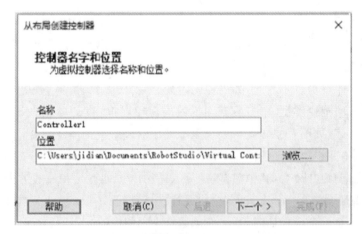

图 6-36　虚拟控制器的命名和存储位置

3. 在 RobotStudio 中对机器人进行控制和编程

RobotStudio 软件提供了四种机器人的运动仿真方式,以改变机器人的位姿。

(1) 单轴的运动。选择"建模"菜单,在侧边栏"布局"信息框中的"机械装置"节点下面选择机器人"IRB2600_12_165_C_01",单击鼠标右键,在弹出的菜单里面选择"机械装置手动关节",执行后侧边栏上部显示机器人手动关节运动的信息,如图 6-37 所示。图中共有 6 个滑动条,从上到下分别对应机器人的六个轴的位置,现在机器人六个轴的姿态可以表示为[0,0,30.54,−116,−116,139],机器人的 CFG(轴配置)参数是[0,−2,1,1],TCP 的坐标是(1201.59,0,1075.15)(表示 Tool0 在 Base 坐标系的位置)。Step 表示移动的最小单位,可以改变其数值。

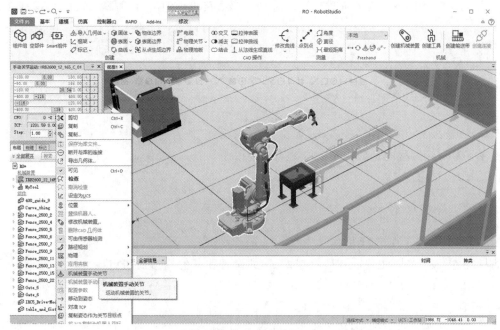

图 6-37　机器人单轴的运动

对于每个轴,可以通过滑动对应的滚动条,或通过单击选中滑块来设定位置。还可通过单击侧边栏机器人手动关节运动信息框右边的"〈"和"〉"来实现比较精细的移动。

(2)机器人的线性移动。选择"建模"菜单选项,在侧边栏"布局"信息框的"机械装置"节点下面,选择机器人"IRB2600_12_165_C_01",单击鼠标右键,在弹出的菜单里面选择"机械装置手动线性"。

(3)手动拖动机器人。选择"建模"→"Freehand"→"手动关节",就可以通过操作鼠标来使机器人关节或者工具运动,如图 6-38 所示。

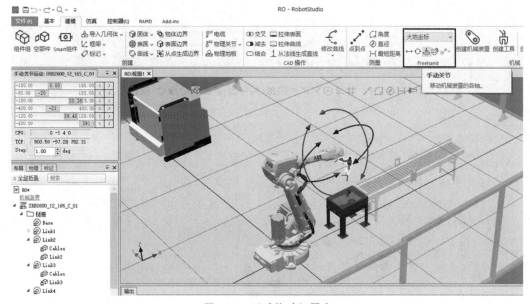

图 6-38　手动拖动机器人

（4）利用示教器控制机器人进行运动仿真。单击菜单栏中的"控制器"选项，显示有"IRC5 FlexPandant"和"OmniCore FlexPendant"两种示教器可以选择，如选择"IRC5 FlexPandant"，则出现经典 IRC5 示教器，通过对示教器的编程，就可以进行机器人的运动仿真。

6.4 焊接机器人工作站

焊接机器人工作站用来完成各种焊接作业，集成了焊接机器人系统、焊接周边辅助设备等，实现了对焊接过程的自动控制。机器人焊接由于具有高效、稳定和精确的特点，在制造业中获得了广泛应用。

6.4.1 焊接机器人工作站的组成及工作原理

1. 焊接机器人工作站的组成

焊接机器人工作站主要由焊接机器人、辅助设备和其他周边设备组成。通过预设的程序和控制系统，焊接机器人工作站各部分协调配合，实现了焊接作业的自动化。焊接机器人是工作站的核心设备，由机器人本体、控制柜、示教器及焊接系统组成。焊接系统因焊接种类的不同而不同，以点焊为例，点焊焊接系统由焊钳、焊接电源、线缆以及点焊控制器等组成。周边辅助设备包括焊接变位机、工装夹具、清枪器、焊缝跟踪系统、地轨、安全围栏、焊接烟尘净化器等。图 6-39 所示为焊接（点焊）机器人工作站示意图。

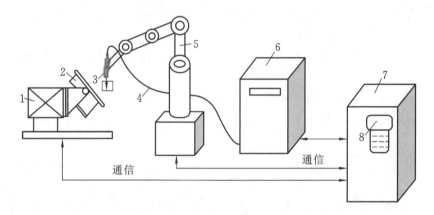

图 6-39 焊接机器人工作站（点焊）示意图

1—变位机；2—工装夹具；3—焊钳；4—线缆；5—机器人本体；6—焊接电源；7—控制柜；8—示教器

1）焊接机器人

焊接机器人是目前应用最广泛的自动化焊接设备之一，具有高精度、高速度和高重复性的特点，能够在不同的焊接位置、以不同的角度进行焊接作业。

（1）机器人本体 焊接机器人本体常采用关节式，其位置和姿态均由旋转运动实现。其能接收控制柜的信号，使焊钳（枪）到达焊接位置，精确地保证焊钳（枪）所要求的姿态和运动轨迹。焊枪与机器人本体可通过法兰连接。

（2）焊接系统 对于不同的焊接任务，可以使用不同的焊接系统，如弧焊、点焊、摩擦焊、激光焊、电阻焊焊接系统等。

（3）控制柜 控制柜是整个系统的神经中枢，由计算机硬件、软件和专用电路组成，可以处理机器人焊接过程中的所有信息和动作。机器人本体控制部分主要实现示教再现、焊点位置、焊钳(枪)姿态及精度控制;焊接控制部分主要指的是焊接系统中的焊接控制器。

（4）示教器　示教器是对机器人示教的人机交互接口,焊接机器人编程可以通过示教编程或者离线编程方式完成。常通过示教编程来完成路径规划,方便快捷。

2）焊接变位机

焊接加工一般需要对工件的多个面进行焊接,因此,需要配置变位机等设备,以完成指定的焊接任务。焊接变位机由外部控制柜控制,采用伺服电动机或者普通电动机驱动,通过电动机带动焊件旋转、停止,能够改变待焊工件的方位,精确地调整焊缝的位置和角度,从而实现最佳的焊接效果。

焊接变位机实现了焊接工件的位置和角度调整的自动化,它和焊接机器人协调运动,使机器人获得理想的焊接位置和工作速度,保证了焊接质量,提高了焊接效率,已经成为机器人焊接系统不可缺少的焊接辅助设备。

焊接变位机的种类很多,如单轴变位机、双轴变位机、三轴变位机等,分别适用于不同焊缝分布特征的构件焊接。一般变位机的翻转速度是可调的。图 6-40 所示的焊接变位机中:单轴框架式变位机的工作台(框架)具有整体翻转的自由度;双轴旋转变位机的工作台具有整体翻转自由度,以及一个绕工作台轴线旋转的自由度,适用于工件的结构较复杂的情况。

（a）单轴框架式变位机　　　　　　　　（b）双轴旋转变位机

图 6-40　焊接变位机

3）焊枪(钳)

焊枪通过将由焊机的高电流、高电压产生的热量聚集在焊枪终端来熔化焊丝,熔化的焊丝渗透到需焊接的部位,冷却后,被焊接的物体牢固地连接成一体。

4）送丝机

送丝机是一种根据设定的参数将焊丝修整平直,能够连续平稳送出焊丝的自动化送丝装置,使进入焊枪的焊丝在焊接过程中不会出现卡丝现象。

5）清枪器

焊枪工作一段时间后,焊枪中经常会出现杂质或焊丝,可以使用清枪器自动清理焊枪里的焊渣等杂质。

6）焊接烟尘净化器

焊接烟尘净化器用于清除在焊接、切割、打磨等工序中产生的烟尘和粉尘。在焊接生产过程中会产生大量的焊接烟尘,焊接烟尘通过吸气罩、除尘管道,再经过焊接烟净化器净化至达标后由高压离心风机排放。

2. 焊接机器人工作站的工作原理与工作过程

焊接机器人工作站目前使用较多的仍然是示教机器人,其基本工作原理是示教再现。操作人员可以手持示教器进行操作,通过示教再现的方式,对机器人进行引导,一步步按实际任务操作一遍,机器人在导引过程中自动记忆示教的每个动作的位置、姿态、运动参数、工艺参数等,并自动生成一个连续执行全部操作的程序。完成示教后,只需给一个启动命令,机器人即可精确地按示教动作,实现自动焊接。焊接机器人工作站的工作原理如图 6-41 所示。

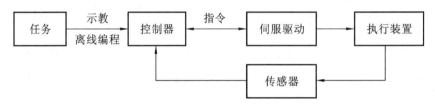

图 6-41　焊接机器人工作站的工作原理框图

焊接机器人工作站的工作流程为:焊接任务编程;机器人接受并执行命令;机器人带动焊接装置实现焊接动作;焊接过程检测与焊缝跟踪。

(1)焊接任务编程。操作人员采用示教或离线仿真编程方法,给机器人下达焊接命令,其中包含焊接轨迹和焊接姿态、焊接参数等。

如采用示教编程方式,需要利用示教盒将机器人移动到作业位置,然后用机器人语言记录这些位置的信息、运动形式、作业内容、焊枪姿态以及焊接参数等。一般需要多个示教点。

如采用离线编程方式,则需使用独立的计算机,完成机器人程序的编辑、修改以及仿真调试,不需机器人本身以及相关辅助设备的参与。机器人离线编程是在一个虚拟的环境中对机器人进行编程,在计算机内建立机器人及其工作环境的模型,再利用一些规划算法,通过对图形的控制和操作在离线的情况下进行编程。

(2)机器人接受并执行命令。机器人接受程序控制命令,通过信息提取及处理,制定控制策略,进行机器人行走轨迹的规划、焊接参数规划等。

(3)电动机驱动机器人执行机构,带动焊接装置实现焊接动作。机器人控制器将控制策略转化为驱动信号,驱动机器人的伺服电动机,实现机器人高速度、高精度运动。同时,控制焊接电源输出所需要的焊接电流、电压等,以使机器人完成指定的焊接任务。

(4)焊接过程检测与焊缝跟踪。传感器将各种姿态反馈到控制器中,保证机器人正确完成焊接作业。机器人焊缝跟踪系统使用激光 3D 跟踪传感器或 3D 摄像机实现复杂焊缝特征提取、轨迹寻位、工件找正定位等功能,实现智能自动化焊接。

6.4.2　焊接机器人工作站的种类及特点

为适用不同的生产需求和工作场景,焊接机器人工作站有多种类型。需要根据应用环境、焊接技术参数要求选择合适的焊接机器人工作站。

焊接机器人工作站按能够完成的焊接工艺可分为以下几种。

1)弧焊机器人工作站

弧焊机器人工作站一般包括机器人本体、控制柜、示教器、焊接电源、焊枪、焊接变位机、工装夹具等,适用于多品种中小批量的柔性化生产。图 6-42 所示为两个焊接机器人协同工作的弧焊机器人工作站。弧焊机器人是弧焊机器人工作站的核心设备,采用连续轨迹控制方式。此外,工作站还有一些不可缺少的辅助装置,如送丝机、安全防护装置、焊接保护气体等,系统通过控制各部分配合焊接机器人完成焊接工作任务。

图 6-42　弧焊机器人工作站及其组成

1—固定焊接工作台;2—夹具;3—焊接机器人;4—送丝机;5—焊枪;6—送丝盘与焊丝;7—控制柜;8—焊接电源;9—变位机

在弧焊机器人本体的选型方面,由于弧焊过程比点焊过程要复杂得多,弧焊机器人的工具中心点(即焊丝端头)的运动轨迹、焊枪姿态、焊接参数都要求精确控制,因此一般要选用六轴机器人。对于特别简单焊缝,可以选择五轴机器人。图 6-43 所示为一种六轴弧焊机器人。

2) 点焊机器人工作站

点焊机器人工作站(见图 6-44)作为一个灵活、可靠、通用的点焊柔性加工单元,只需通过简单的机器人程序调整及工作参数、焊枪的更改就可以应用于不同的焊装线体。它能够根据制造任务和生产环境的变化迅速进行调整,适应中小批量、多品种的生产任务。其典型应用领域是汽车行业。

图 6-43　六轴弧焊机器人　　　　　　　**图 6-44　点焊机器人工作站**

点焊机器人工作站由机器人本体、控制柜、示教器以及点焊焊接系统组成,其中点焊焊接系统由阻焊变压器、焊接控制器、焊接电源、焊钳等构成,主要的辅助周边设备有焊接变位机、工作台、触摸屏、时间继电器、异常电流检测装置、工具修整装置、工件夹具、传送带、夹紧装置、电缆、安全保护装置等。

点焊机器人采用的是点位控制方式,因此,点和工件的准确定位是非常重要的,焊钳在点与点之间的移动轨迹则没有严格要求。点焊机器人要有足够的负载能力,而且在点与点之间移位时速度要快,动作要平稳,定位要准确,以减少移位的时间,提高工作效率。

点焊机器人的负载能力取决于所用的焊钳形式。对于与变压器分离的焊钳,30~45 kg负载的机器人可以满足要求。对于目前采用较多的一体式焊钳,焊钳连同变压器质量在70 kg左右,需要选用100~150 kg负载的重型机器人,以使机器人有足够的负载能力,能以较大的加速度将焊钳送到空间位置进行焊接,适应连续点焊时焊钳短距离快速移位的要求。

3) 摩擦焊机器人工作站

摩擦焊是以机械能为能源的固相焊接,它是通过在两表面间施加压力,并利用两表面间相互运动、机械摩擦所产生的热,使接触处达到热塑性状态,然后迅速顶锻,实现金属焊接的。摩擦焊的热量集中在接合面处,因此热影响区窄。摩擦焊可以方便地连接同种或异种材料,包括金属、部分金属基复合材料、陶瓷及塑料。近年来,搅拌摩擦焊技术得到了飞速发展。

图6-45所示为一种搅拌摩擦焊机器人工作站及其应用。搅拌摩擦焊是一种新型的高效环保固相焊接工艺,相比传统的熔化焊接技术,具有热输入小、变形小、焊接强度高、无裂纹气孔等特点,在焊接过程中无烟尘、弧光及飞溅等,也不需要保护气体和焊丝,是一种绿色环保的焊接工艺,满足了快速发展的产品制造轻量化的焊接需求。

图6-45　搅拌摩擦焊机器人工作站及应用

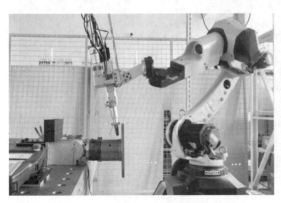

图6-46　激光焊接机器人工作站

4) 激光焊接机器人工作站

激光焊接机器人工作站(见图6-46)采用激光对焊接材料进行熔化和连接,机器人作为运动系统完成焊接作业。激光焊接具有高能量密度、焊接速度快和热影响区小的特点,完成焊接后接缝光滑,无须打磨。激光焊接机器人工作站一般配备高精度的工业机器人,适合焊接工艺要求高的场合,如复杂轨迹焊缝、曲面或者异形工件焊接,广泛应用于汽车、电子、航空航天和医疗器械等领域。

根据焊接工件的类型,激光焊接机器人工作站可分为以下两种。

1) **轴类焊接机器人工作站**

轴类焊接机器人工作站(见图 6-47)主要由焊接机器人、焊枪、焊接电源、多轴焊接变位机、工装夹具、清枪站、控制柜等组成,通常用在需要高精度转轴来带动工件的焊接中。此类工作站灵活性较好,焊接精度高,广泛应用于机械制造、汽车制造、电子产品制造、船舶制造等领域。

轴类焊接机器人工作站根据轴结构的焊缝轨迹进行编程,使用工装夹具对工件进行夹紧,根据焊件的复杂程度不同,可以使用不同轴数的焊接机器人。焊接动作由控制柜控制,通过焊接变位机与轴类焊接机器人的灵活配合,将复杂的焊缝呈现在理想的焊接位置。

2) **箱体焊接机器人工作站**

箱体焊接机器人工作站(见图 6-48)主要由弧焊机器人、焊接电源、焊接变位机、工装夹具、清枪站、控制柜组成,主要是针对箱柜行业中生产量大、对质量尺寸要求高的大型箱体的自动化焊接,如大型集装箱焊接。箱体焊接机器人工作站可以减轻工人的劳动强度,实现不间断的焊接作业。

图 6-47　轴类焊接机器人工作站

图 6-48　箱体焊接机器人工作站

焊接机器人工作站具有焊接精度高、焊接效率高、能实现连续批量高质量焊接生产等特点,并且有较好的通用性,能够进行不同工件的焊接作业。工作站自动化程度高,实现了焊接作业的自动化。

6.4.3　主要技术参数

焊接机器人工作站能实现高效率、高质量的焊接作业,焊接速度、焊接设备在轨迹控制上的高精度是高速焊接的可靠保证。焊接机器人是焊接机器人工作站的核心设备,实现焊接最佳工艺运动和参数控制,能高精度地移动焊枪沿着焊缝运动并保证焊枪的姿态,在运动中不断调整焊接工艺参数(如焊接电流、电压、速度、气体流量等)。

1. 焊接机器人的主要技术指标

(1)自由度数:反映了机器人动作灵活的程度。焊接不仅要达到空间某位置,而且要保证焊枪(焊钳)的空间姿态。一般的焊接机器人具有 4~6 个自由度。弧焊机器人至少需要 5 个自由度,点焊机器人则需要 6 个自由度,其中第 1、2、3 轴可将末端执行器送到不同的空间位置,第 4、5、6 轴用于实现工具的姿态调整。

（2）负载能力：即持重、有效负载，指在作业范围内，机器人末端能够承受的额定载荷，如焊枪及其电缆、切割工具、气管、焊钳等都属于负载范畴。通常点焊机器人负载能力为 50～200 kg，弧焊机器人负载能力为 5～20 kg。

（3）工作空间：机器人在未装任何末端操作器情况下的最大可达空间。机器人装上焊枪等后，实际的可达空间发生变化，要重新计算来确定工作空间。

（4）焊接速度（welding speed）：机器人焊接时，焊枪单位时间内移动的距离或转动的角度。在各轴联动情况下，机器人手腕末端所能达到的最大线速度称为最大速度。最大速度只影响焊枪（或焊钳）的到位、空行程和结束返回时间。

（5）定位精度：机器人所持焊枪实际到达位置与目标位置之差。点焊机器人定位精度应达到 ±1 mm，弧焊机器人定位精度应达到 ±0.5 mm，其参数控制精度应达到 1%。

2. 机器人工作站的主要技术指标

（1）重复定位精度：重复定位精度是指焊接机器人轨迹点的重复精度，反映了机器人重复执行位置指令而引起的位置偏差大小。弧焊机器人的重复定位精度应小于焊丝直径的 1/2，即 0.2～0.4 mm。点焊机器人的重复定位精度应达到焊钳电极直径的 1/2 以下，即 1～2 mm。

（2）轨迹重复精度：沿同一轨迹跟随若干次，所测得的轨迹之间的一致程度。对于弧焊机器人，轨迹重复精度应小于焊丝直径的 1/2。

3. 机器人的焊接程序参数

在弧焊的连续工艺过程中，需要根据材质或焊缝的特性来调整焊接电压或电流的大小、焊枪摆动的形式和幅度大小等参数。

（1）焊接参数：焊接速度（mm/s）、焊机的焊接电压（V）和焊接电流（A）对焊接效果起决定性作用，只要给定焊接参数和运动轨迹，机器人就会准确地重复这个动作，因此，焊接质量稳定，保证了产品质量。

（2）起弧/收弧参数：包括焊接前吹走焊枪里面的空气所需的时间、对工件表面进行预吹气的时间、尾气吹气时间、对焊缝进行保护的时间，用来保证焊接时的稳定性和焊缝的完整性。

（3）摆弧参数：用于控制机器人在焊接过程中焊枪的摆动，包括摆弧宽度、摆弧高度、摆弧次数等，通常在焊缝的宽度超过焊丝直径较多的时候才通过焊枪的摆动去填充焊缝。

6.5　搬运机器人工作站

搬运机器人工作站用于自动化搬运作业，使用搬运机器人将工件（或其他物体）从某一位置移动到另外一个位置，大大减轻了工人的体力劳动，提高了生产效率，提高了产品质量，已经在多个行业得到了广泛应用。

1. 搬运机器人工作站组成及工作原理

搬运机器人工作站是使用搬运机器人及其周边辅助设备实现自动搬运作业的工作单元，搬运机器人可安装不同的末端执行器以完成各种不同形状和状态工件的搬运工作。搬运工作站通常由以下几个部分组成：搬运机器人、工件输送装置、存放工件的仓储库、安全围栏、安全门等辅助设备和其他周边设备，对于机床上下料、冲压件的搬运，周边设备还需要配备机器人行走导轨及行走驱动装置。图 6-49 所示为搬运机器人工作站及其组成。

图 6-49　搬运机器人工作站及其组成

1—输送装置；2—机器人本体；3—吸盘手爪；4—箱形件；5—控制柜；6—储物托盘

2. 搬运机器人

搬运机器人的系统组成主要有机器人本体、控制柜、示教器。示教器通过示教器线缆与机器人控制器连接，机器人本体通过供电电缆和控制线缆与机器人控制器连接。常用的搬运机器人主要有关节式搬运机器人、龙门式搬运机器人、移动式搬运机器人等。搬运机器人的选型主要考虑机器人的负载能力、工作空间、精度、自由度、速度和防护等级等。

3. 末端执行器

搬运机器人末端执行器是搬运机器人中非常重要的部件，用于夹持（或吸附）各种不同类型的工件，常用类型有：机械手爪、真空吸盘、磁力吸盘。机械手爪有夹爪式机械手爪、夹板式机械手爪，产生夹紧力的动力源可以为电动、气动或液动设备。夹爪式机械手爪主要用于袋装物的高速搬运码垛，夹板式机械手爪主要用于整箱或规则盒装包装物品的码放。图 6-50 所示为采用夹爪式机械手爪的搬运机器人工作站。真空吸盘的末端执行器主要应用于搬运码垛可吸附的物体，与真空发生装置配合，实现对各种物料的吸附、搬运、码垛，如包装盒、塑料箱、纸箱等。图 6-51 所示为采用真空吸盘手爪的搬运机器人工作站。

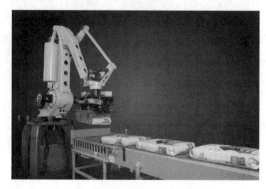

图 6-50　采用夹爪式机械手爪的搬运机器人工作站

图 6-51　采用真空吸盘手爪的搬运机器人工作站

图 6-52 为一种采用电永磁铁手爪搬运钢圈的搬运机器人工作站。电永磁铁手爪外形小巧,可利用超强磁力吸附工件而不会损坏工件,充磁、消磁快,可使生产效率提高一倍以上。

图 6-52　采用电永磁铁手爪搬运钢圈的搬运机器人工作站

因真空吸盘在搬运机器人工作站中应用较多,以下将详细介绍真空吸盘气动控制系统的组成、工作原理及主要元件选型。

1) 真空吸盘气动控制系统的组成

真空吸盘气动控制系统通常由真空发生装置、电磁阀组、真空吸盘等组成,通过机械结构安装在机器人手腕上。吸盘以真空压力为动力吸取物体,根据吸取物体需求可以使用一个真空吸盘或组合吸盘。真空发生装置有真空泵和真空发生器两种。图 6-53 所示为采用真空发生器的真空吸盘气动系统,其由气源、真空调压阀、压力表、电磁阀、节流阀、真空发生器、消声器、真空开关、过滤器、吸盘等组成。

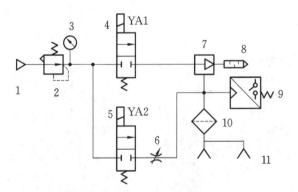

图 6-53　使用真空发生器的真空吸盘气动系统

1—气源;2—真空调压阀;3—压力表;4、5—电磁阀;6—节流阀;7—真空发生器;
8—消声器;9—真空开关;10—过滤器;11—真空吸盘

2）真空吸盘气动系统工作原理

气源 1 产生的压缩空气，由真空调压阀 2 减压稳压。当电磁换向阀 4 的电磁铁 YA1 通电时，压缩空气通过真空发生器 7 并经过消声器 8 排入大气。根据文丘里管原理，由于气流的高速运动使真空发生器腔内产生真空，并通过管路连通真空吸盘，吸盘内就会形成真空，吸盘 11靠真空压力将工件吸起；真空开关 9 检测真空度，当真空度达到调定值时，就使电磁阀 4 断电，关闭真空发生器进气，其腔内保持一定的真空度，吸盘保持吸紧状态，机器人即可执行搬运动作；反之，当一次搬运动作到位后，电磁换向阀 5 的电磁铁 YA2 通电，真空消失，压缩空气进入真空吸盘 11，真空吸盘则释放工件。

3）真空吸盘气动系统主要元件选型

（1）电磁阀选型　电磁阀选型要考虑阀的结构形式、操纵控制方式、型号等，主要根据系统的具体控制和工作要求来确定。可按工作要求选择两位换向阀或三位阀，以及两通、三通、四通或五通阀；根据系统的控制要求，选择电控阀、气控阀、机动阀或手控阀；根据系统压力、流量大小选择阀的型号、规格；根据阀的安装要求选择阀的连接方式如管式、板式或集成式；根据实际使用要求选择阀的电气参数如电压、功率等。

（2）真空吸盘的选型　真空吸盘的选型比较复杂，涉及吸附力的计算、真空吸盘面积及吸盘数量的确定等内容。

① 真空吸盘面积的确定　根据所吸工件，分析工件的重力和所需提升力，确定吸盘面积：

$$S = \frac{mg}{p} \tag{6-1}$$

式中：S 为吸盘面积，cm^2；m 为工件的质量，kg；p 为真空压力，MPa。

② 吸附力的计算　根据真空吸盘面积 S 和真空压力 p 求出理论吸附力。考虑真空吸盘的布置方式（见图 6-54）和移动条件、安全系数，计算出吸附力：

$$W = \frac{pS}{t} \tag{6-2}$$

式中：W 为真空吸盘吸附力，N；S 为吸盘面积，m^2；p 为真空压力，MPa；t 为安全系数，吸盘水平吸取时取 2 以上，垂直吸取时取 4 以上。

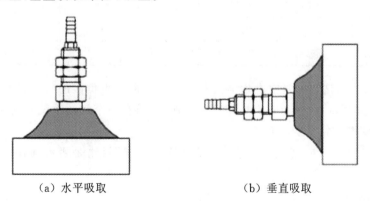

（a）水平吸取　　　　　　　　　（b）垂直吸取

图 6-54　真空吸盘的布置方式

③ 真空吸盘数量确定　根据所吸工件，确定真空吸盘的数量 n 及分布。

④ 真空吸盘直径的确定　根据实际所需的吸附力，计算真空吸盘的直径：

$$D = \sqrt{\frac{4Wt}{\pi pn}} \tag{6-3}$$

式中：D 为吸盘直径，mm；W 为总的吸附力，N；t 为安全系数，p 为吸盘真空压力，MPa；n 为吸盘数量。

⑤ 吸盘形状和材质的选择　根据工件的特征、形状、材质，以及使用环境等要求，可以确定吸盘形状和材质。

此外，除了使用计算方法外，选型时还可以按照厂家给出的吸附力-吸盘直径关系表来选择吸盘直径，表 6-2 为一种圆形吸盘的吸附力-吸盘直径关系表。

表 6-2　一种圆形吸盘的吸附力-吸盘直径关系表

吸盘直径 /mm	吸附面积 /cm²	吸附力/N					
		$p=-40$ kPa	$p=-50$ kPa	$p=-60$ kPa	$p=-70$ kPa	$p=-80$ kPa	$p=-90$ kPa
2	0.0314	0.126	0.157	0.188	−0.220	0.251	0.283
3.5	0.962	0.385	0.480	0.577	0.673	0.770	0.865
5	0.196	0.785	0.982	1.178	1.374	1.570	1.767
6	0.282	1.130	1.414	1.695	1.979	2.260	2.545
8	0.503	2.010	2.513	3.016	3.519	4.020	4.528
10	0.785	3.142	3.927	4.712	5.498	6.283	7.069
15	1.77	7.069	8.836	10.60	12.37	14.14	15.91
20	3.14	12.57	15.70	18.85	21.99	25.13	28.27
25	4.906	19.63	24.54	29.45	34.36	39.27	44.18
30	7.07	28.27	35.34	42.41	49.48	56.55	63.6
35	9.61	38.50	48.10	57.73	67.35	76.97	86.59
40	12.56	50.27	62.83	75.41	87.96	100.5	113
50	19.63	78.54	98.17	117.8	137.4	157.5	176.7
60	28.27	113	141.5	169.5	198	226.2	254.5
80	50.27	201	251.3	301.5	352	402.1	452.4

（3）真空发生器选型　真空发生器是利用正压气源产生负压的一种新型、高效、清洁、经济、小型的真空元器件，这使得在有压缩空气的地方，或在一个气动系统中同时需要正负压的地方获得负压变得十分容易和方便。

选择真空发生器时应从吸盘的直径、吸盘的个数、吸附物是否有泄漏性等几个方面来考虑。

4. 系统控制柜

控制柜集成了机器人的控制系统，是整个机器人系统的神经中枢。它由计算机硬件、软件和一些专用电路构成。

硬件包括控制器、驱动器等，其中控制器负责处理机器人工作过程中的全部信息和控制其全部动作。

软件包括控制器系统软件、机器人专用语言软件、机器人运动学及动力学软件、机器人控制软件、机器人自诊断及保护软件等。

5. 工件输送装置

工件输送装置把上料位置处的工件传送到输送线的末端落料台上,以便于机器人搬运。上料位置处装有光电传感器,用于检测是否有工件,若有工件,将启动输送线,输送工件。输送线的末端落料台也装有光电传感器,用于检测落料台上是否有工件,若有工件,将启动机器人来搬运。输送线由三相交流电动机拖动,由变频器进行调速控制。

6. 存放工件的仓储库

仓储系统用于产品的存储,分为平面仓储库和立体仓储库。平面仓储库由检测满料传感器和料盘等组成。立体仓储库由若干个仓储位组成,每个仓储位都装有检测传感器实时监控货物的有无。立体仓储库包含原材料区、成品区和废品区,用户可以使用程序进行控制,也可通过用户的需求自己编写程序以实现对货物在立体仓储库内的自由存取。平面仓库用于存储工件。平面仓库装有一个反射式光纤传感器用于检测仓库是否已满,若仓库已满将不允许机器人向仓库中搬运工件。

6.6　装配机器人工作站

装配机器人工作站可将工人从枯燥、繁重的工作中解放出来,具有操作速度快、生产效率高、装配精度高、稳定性好、柔顺性好等优点,广泛应用在工业生产中的各个领域。

6.6.1　装配机器人工作站的组成和工作原理

装配机器人工作站是指使用一台或多台装配机器人,配有控制系统、辅助装置及周边设备,进行装配生产作业,从而完成特定工作任务的生产单元。工作站主要由机器人、控制柜、搬运辅助系统(包括气体发生装置、真空发生装置等)等组成,如图 6-55 所示。此外工作站还需要配置安全保护装置。

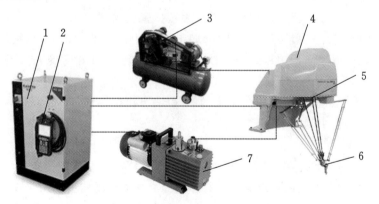

图 6-55　装配机器人工作站的组成

1—控制柜;2—示教器;3—气体发生装置;4—机器人本体;5—机器视觉系统;6—气动手爪;7—真空发生装置

图 6-56 所示为一个柔性装配机器人工作站。

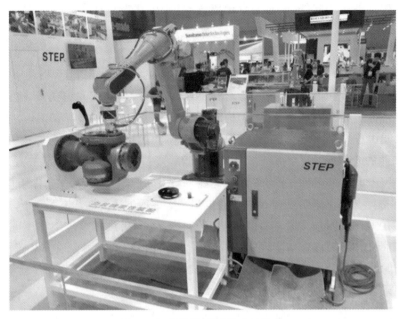

图 6-56　柔性装配机器人工作站

1. 装配机器人

装配机器人系统由机器人本体、控制柜、示教器、传感器等组成。装配机器人本体的结构类型有水平关节型、直角坐标型、多关节型和圆柱坐标型等。机器人本体有不同组成方式和尺寸，其各关节根据装配任务需要来确定，完成复杂的装配往往需要机器人具有较多的自由度数。

装配机器人主要有电动、液动、气动三种驱动方式，一般是直接或经电缆、齿轮箱或其他方法驱动关节，具体选择以能完成装配任务要求为准。关节型装配机器人多采取电动机驱动方式，又以伺服电动机驱动为主，少部分机器人采用步进电动机，以节约成本。

末端执行器为适应不同的装配对象而设计成各种手爪形式。手爪安装在手部前端，担负抓握对象物的任务。手爪主要采用气压驱动，例如：使用压缩空气吸取装配对象的方式实现平面类零件的抓取；使用空气驱动机械机构模拟人手抓紧或松开以抓取零件。电动机驱动也是手爪驱动的主要模式之一，可通过电动机驱动、电磁吸引来抓取零件。手爪根据装配任务不同需要专门设计，如抓取大面积的板类零件时可使用真空吸盘或电磁吸盘，抓取特殊结构零件时则需要特制对应的手爪。

装配机器人常用于轴与孔的装配作业，为了在轴与孔存在误差的情况下顺利完成装配作业，机器人手腕应具有柔顺性。

2. 传感器

装配机器人的内部和外部传感器用来获取机器人与环境和装配对象之间相互作用的信息，常用的有听觉、视觉、触觉、接近觉和力传感器等。视觉传感器主要用于零件或工件位置补偿，零件的判别、确认等。触觉和接近觉传感器一般固定在指端，用来补偿零件或工件的位置误差，防止碰撞等。力传感器一般装在腕部，用来检测腕部受力情况。

3. 周边设备

机器人进行装配作业时，零件供给装置和工件输送装置等也至关重要。装配机器人周边设备包括零件供给器、工件输送装置（负责把工件送到各作业地点，以传送带居多）、台架和安全栏等。周边设备常由 PLC 控制。

1）零件供给器

零件供给器是装配时为机器人不断提供所需要用到的零件的装置,作用是保证机器人能逐个正确地抓拿待装配零件,保证装配作业正常进行。一般由给料器、托盘等组成,根据机器人装配的性质进行设计。

2）工件输送装置

在机器人装配线上,输送装置承担把工件搬运到各作业地点的任务。输送装置以输送带式居多,其他形式如圆盘回转式也较为常见。输送装置也需要根据装配情况来进行灵活设计,针对不同装配要求就有不同的输送装置,比如,装置的零件大而且复杂,就可能用输送带式;零件较小,工序不多,可能用圆盘回转式。原则上,作业时工件都处于静止状态,所以最常采用的输送带为游离式,这样,装载工件的托盘容易同步停止。

6.6.2　装配工作站机器人的结构形式

常用的装配机器人主要有可编程通用装配操作手(PUMA 机器人)和平面双关节型机器人(SCARA 机器人)两种类型。

PUMA 机器人是一种多关节装配机器人,如图 6-57 所示。一般有五个或六个自由度,可实现腰、肩、肘的回转以及手腕的弯曲、旋转和扭转等。其采用 VAL II 作为编程语言。

SCARA 机器人是目前应用较多的类型之一,如图 6-58 所示。SCARA 机器人大量的装配作业是垂直向下进行的,它要求手爪的水平 X 轴和 Y 轴移动有较大的柔顺性,以补偿位置误差。而沿 Z 轴的移动以及绕水平轴的转动则有较大的刚性,以便准确有力地进行装配。另外还要求绕 Z 轴的转动有较大的柔顺性。SCARA 机器人编程语言采用与 BASIC 相近的 SERF。

图 6-57　PUMA 机器人

图 6-58　SCARA 机器人

装配机器人的结构与装配的种类与性质有关。当被装配的机器及零件可以通过输送带或转盘输送时,多采用机器人不移动,零件与被装配的机器或部件通过输送带移动的形式;但当被装配的机器或部件体积或重量特别大,或因其他客观原因不能移动时,可以采用被装配的机器或部件不动,而装配机器人移动的方式。

6.6.3　装配机器人工作站的应用

目前,装配机器人工作站主要用于家用电器、小型电机、汽车及其部件、计算机、玩具、机电产品及其组件等的制造。在汽车装配行业中,人工装配已基本上被自动化生产线所取代,不仅节约了劳动成本,降低了劳动强度,还提高了装配质量并保证了装配安全。未来,装配机器人将向智能化、多机协调、微型化方向发展。

习　　题

一、选择题

1. 工业机器人系统集成产业处于工业机器人产业链的(　　　)。

　　A. 上游　　　　　　　B. 中游　　　　　　　C. 下游　　　　　　　D. 应用端

2. 变位机是工业机器人(　　　)工作站的主要辅助设备。

　　A. 搬运码垛　　　　　B. 焊接　　　　　　　C. 装配　　　　　　　D. 喷涂

3. 下列不能用作搬运机器人工作站的机器人末端执行器的是(　　　)。

　　A. 机械手爪　　　　　B. 真空吸盘　　　　　C. 磁力吸盘　　　　　D. 焊枪

二、判断题

1. 在机器人工作站中,焊接机器人的自由度数表示了机器人的负载能力。 (　　　)

2. 机器人工作站的重复定位精度表示多次测得的轨迹之间的一致程度。 (　　　)

3. 焊接机器人工作站的分类方法多样,根据能够完成的焊接工艺可分为点焊机器人工作站、弧焊机器人工作站、摩擦焊机器人工作站和激光焊接机器人工作站。 (　　　)

4. 弧焊机器人的负载包括焊枪及其电缆、切割工具、气管、焊钳。 (　　　)

三、简答题

1. 简述工业机器人系统集成的概念及其主要内容。

2. 工业机器人系统集成的工作步骤有哪些?

3. 说明工业机器人工作站的概念及其构成。

4. 工业机器人工作站具有哪些特点?

5. 简述焊接机器人工作站的工作原理。

6. 简述焊接变位机的作用。

7. 焊接机器人工作站的组成部分有哪些? 各有什么作用?

8. 简述搬运工业机器人工作站的工作原理。

9. 搬运工业机器人工作站的组成部分有哪些? 各有什么作用?

10. 装配机器人工作站的组成部分有哪些?

11. 国家《"十四五"机器人产业发展规划》实施"机器人＋"应用行动,组织产需精准对接,推进机器人典型应用场景开发,着力开发和推广机器人新产品,开拓高端应用市场。机器人在汽车、电子、机械、仓储物流等行业已实现较大规模应用。在矿山、农业、电力、应急救援等初步应用和潜在需求比较旺盛的领域,开发机器人产品和解决方案,开展试点示范,拓展应用空间。在卫浴、陶瓷、五金、家具等特定细分场景、环节及领域,形成专业化、定制化解决方案并复制推广,打造特色服务品牌。你认为应如何提升我国机器人产业创新能力?

12. 工业机器人工作站应用正处在快速发展中,举例说明你认为工业机器人工作站在除目前的机器人工作站应用场景之外的哪一个场景中有应用潜力。为什么?

第 7 章　工业机器人的维护与保养

工业机器人适应在恶劣条件下工作,已经成为现代工业生产中不可或缺的一部分。但是,即使设计时遵循完善的设计规范,制造时执行严格的行业标准,仍必须定期对工业机器人进行常规检查和预防性维护保养。做好工业机器人维护与保养工作,将有效延长机器人的使用寿命、降低故障概率。

本章学习目标

1) 知识目标
(1) 了解工业机器人维护与保养的主要内容。
(2) 掌握工业机器人控制系统的维护保养知识。
(3) 掌握工业机器人本体的维护保养知识。

2) 能力目标
(1) 能够准确解读工业机器人维护与保养文件中的内容。
(2) 能够根据工业机器人维护和保养要求,完成维护和保养工作。

7.1　工业机器人维护与保养指南

工业机器人主要包括控制系统、机器人本体、驱动部分。驱动部分分布在控制柜和机器人本体当中,采用了相对封闭的形式,因此,平时主要维护保养的是机器人的控制系统和机器人本体两大部分。在维护保养中一定要按维护手册要求,定期查看维护信息系统,根据系统提示做好保养预备工作;维护后,要正确地列出新的维护信息。为了保证不出现重大事故,必须重点检查刹车机构、限位开关及平衡装置,确保机械安全;检查动力和接地电缆,确保用电安全;检查机械臂信号灯,确保标示安全。

工业机器人的控制系统有数字控制器和 PC 机、PLC 等设备。因此,首先应做好控制系统参数、PLC 参数、PLC 程序的备份工作,以防参数丢失;其次要保持控制器的使用温度和湿度,防止外部电磁干扰,以满足其使用环境要求。

工业机器人本体结构为多自由度的空间运动结构,要求运动平稳、快速、定位准确,有一定的负载能力。长期频繁工作后各运动副的润滑条件破坏,会加快磨损,使得运动副间隙加大,附加动载荷增加,并使工业机器人定位精度丧失。机构的构件受到交变应力的作用,使得构件发生疲劳裂纹,最终失效断裂。因此,在日常维护工作中,应保证运动副润滑良好,定期检查裂纹情况,该换的零件就一定要换。

工业机器人的驱动方式有步进电动机、伺服电动机驱动两种。每一种方式下驱动系统都由驱动器和驱动电动机两个部分组成。驱动器一般部署在控制柜当中,驱动电动机一般安装在机器人本体当中。平时的机器人维护过程当中,应做好伺服系统原始参数的备份工作,经常查看报警信息,定期对电动机和控制元件进行保养。

除此之外,工业机器人一般还有液气动力驱动系统,需要定期对泵、阀、管线进行保养,查看压力、流量参数信息。

表 7-1 至表 7-3 分别为工业机器人的每日检查表、季度检查表和年度检查表,维护人员必须定期按表中内容进行维护,并做好相应记录。

表 7-1 每日检查表

序号	检查项目			检查点
1	操作人员	开机点检	泄漏检查	检查三联件、气管、接头等元件有无泄漏
2			异响检查	检查各传动机构是否有异常噪声
3			干涉检查	检查各传动机构是否运转平稳,有无异常抖动
4			风冷检查	检查控制柜后风扇是否通风顺畅
5			外围波纹管附件检查	检查附件是否完整齐全,有无磨损,有无锈蚀
6			外围电气附件检查	检查机器人外部线路连接是否正常,有无破损,按钮是否正常

表 7-2 季度检查表

序号	检查项目	检查点
1	控制单元电缆检查	检查示教器电缆是否存在不恰当扭曲、破损
2	控制单元的通风单元检查	检查通风单元是否有脏污,如果有脏污,则应先切断电源,再清理通风单元
3	机器人本体中的电缆检查	检查机器人本体插座是否损坏、弯曲,是否异常,检查电动机插头是否连接可靠
4	部件检查	清理每一个部件,检查部位是否存在问题
5	螺钉检查	上紧末端执行器螺钉以及外部主要螺钉

表 7-3 年度检查表

序号	检查内容	检查点
1	电池	更换机械单元中的电池
2	润滑脂	按照润滑要求更换减速器、齿轮箱的润滑脂

工业机器人管理与维护保养是一个新兴的技术工种,其不仅要求管理维护人员掌握工业机器人技术的基本原理,还要求其掌握机器人的安装、调试、系统编程、维修维护等技能。工业机器人管理维修人员需要不断提高自身综合素质和技能水平,以满足工业机器人维护保养需求。

7.2 工业机器人控制系统维护与保养

工业机器人控制系统是一个与运动学和动力学密切相关的、紧耦合的、非线性的多变量控制系统,是工业机器人不可或缺的一部分。合理维护控制系统,保障控制系统的正常运行,对延长机器人使用寿命有着重要意义。在维护保养控制系统时,应加强与控制器专业生产厂家沟通,最好在专业人员的指导下进行维修维护,以避免发生非正常故障。机器人控制系统的载体主要是控制柜、示教器及其组件,控制系统的维护主要针对这些装置进行。

7.2.1　机器人控制系统的维护保养周期

机器人控制系统维护保养周期主要取决于环境条件,同时要兼顾机器人运行时数和温度,并考虑近期机器的运行是否顺畅。一般工业机器人控制系统的维护周期如表 7-4 所示。

表 7-4　工业机器人控制系统的维护周期

维护内容	维护项目	维护周期	备注
控制柜柜体	检查柜门是否完全关闭	每天	
	检查密封内部构造的间隙有无损伤	每月	
	控制柜清洁	定期	半年~1 年
柜内风扇和背面风扇管道热交换器	确认动作	定期	接通电源时
急停按钮	确认动作	定期	接通伺服装置时
启动开关	确认动作	定期	示教模式时
电池	确认有无显示信息	定期	每隔 7000 小时更换 1 次
供电电源	确认供电电源的电压是否正常	定期	
断路器导线	确认导线是否脱落、松开、断掉　确认电压	定期	
滤布	清洗/更换	每季度	
冷却器	常规检查	每月	

原则上每天要对控制系统进行常规维护,比如清洁、清扫,保持机器人控制系统工作环境干净整洁,便于系统工作并及时发现问题。

7.2.2　机器人控制系统的维护保养内容

下面以 ABB 机器人控制系统为例,说明工业机器人控制系统通常的维护保养内容。

1. 控制柜的清洁

定期用真空吸尘器清洁控制柜内部,用抹布沾酒精清洁外部柜体。清洗控制柜前的注意事项有:

（1）尽量使用上面介绍的工具清洗,否则容易造成一些额外的问题;

（2）清洁前检查保护盖或者其他保护层是否完好;

（3）在清洗前,不要移开任何盖子或保护装置;

（4）不要使用指定以外的清洁用品,如压缩空气及溶剂等;

（5）不要用高压的清洁器喷射。

2. 检查控制柜散热

经常性检查控制柜散热情况,确保以下影响散热的情况不要出现:

(1) 控制柜覆盖了塑料或其他材料；

(2) 控制柜后面和侧面没有留出足够间隔(应大于 120 mm)；

(3) 控制柜的位置靠近热源；

(4) 控制柜顶部放有杂物；

(5) 一台或多台冷却风扇不工作，风扇进口或出口堵塞；

(6) 空气滤布过脏。

注意：控制柜内不执行作业时，其前门必须保持关闭。

3. 示教器清洁

应从实际需要出发按适当的频率清洁示教器，尽管其面板漆膜能耐受大部分溶剂的腐蚀，但仍应避免使其接触丙酮等强溶剂。若有条件，示教器不使用时应拆下并放置在干净的场所。

4. 清洁控制柜内部

应根据环境条件按适当间隔清洁控制柜内部，如每年清洁一次。须特别注意冷却风扇和进风口/出风口的清洁。清洁时使用除尘刷，并用吸尘器吸去刷下的灰尘。不能用吸尘器直接清洁各部件，否则会导致静电放电，进而损坏部件。

注意：清洁控制柜内部前，一定要切断电源。

5. 清洗/更换滤布

驱动系统冷却单元更换滤布的步骤如下：

(1) 找到控制柜背部的滤布；

(2) 提起并去除滤布架；

(3) 取下滤布架上的旧滤布；

(4) 将新滤布插入滤布架；

(5) 将装有新滤布的滤布架滑就位。

除更换滤布外，也可选择清洗滤布，详细步骤如下：在加有清洁剂的 30～40 ℃的水中，清洗滤布 3～4 次。不得拧干滤布，可放置在平坦表面晾干，还可以用洁净的压缩空气将滤布吹干。

6. 更换电池

机器人控制系统电池一般为一次性电池(非充电电池)，电池需要更换时，消息日志会出现一条信息。ABB 机器人 IRC5 系列控制柜在该信息出现后，电池电量仍可维持约 1800 h，但建议在上述信息出现时即更换电池。ABB 机器人 IRC5 系列控制柜电池的使用寿命约 7000 h，一般可以使用 2～3 年。如果控制柜除控制机器外还控制 CBS 单元，或在使用 7～8 轴机器人的情况下，电池的使用寿命约为 3500 h。但不同的工业机器人控制系统电池的使用寿命不一样，并且每个机器人的作业情况不一样，需要根据具体情况确定更换电池的时间。

更换电池时，务必断开控制柜电源及外部电源。设置一个"检查及维护中"的醒目标志牌，将外部电源开关锁住以防止作业人员或其他人意外地打开电源，发生不可预测的触电等事故。

7. 检查冷却器

冷却回路采用免维护密闭系统设计，需按要求定期检查和清洁外部空气回路的各个部件，环境湿度较大时，需检查排水口是否定期排水。

冷却器检查具体操作程序：

(1) 拆下冷却器外壳的百叶窗，断开显示器接头；

（2）从百叶窗上取下滤布（若有），用吸尘器清洁滤布，或视需要予以更换；

（3）拧下螺钉，卸下外部回路风扇；

（4）卸下风扇，拔下风扇接头，拧下螺钉，取下盖板；

（5）将显示器电缆向后推，穿过电缆接头，拆下冷却器外壳的盖板；

（6）拆下冷却器外壳的盖板以及盖板与外壳间的接地电缆；

（7）用吸尘器或压缩空气清理百叶窗、盖板、风扇、热交换器盘管和压缩机室。也可使用去油剂等不易燃洗涤剂去除顽固油污。

7.3　工业机器人本体的维护与保养

7.3.1　机器人本体的维护保养周期

对于不同的工业机器人，保养工作是有差异的。一般设备交付后，要按照规定的保养期限或者每 5 年一次进行润滑。例如，保养期限为 1 万运行小时（运行时间）时，要在 1 万运行小时或者于设备交付 3～5 年（视哪个时间首先达到）后进行首次保养（换油）。当然，不同的工业机器人有不同的保养期限。如果机器人配有拖链系统、地柜系统等，则还要进行附加的保养工作。如果运行中油温超过 60 ℃，则要相应缩短保养期限。表 7-5 所示为 ABB 机器人 IRB 6600/6650 本体的维护保养周期。

表 7-5　机器人本体的维护保养周期（IRB 6600/6650）

维护类型	设备	周期	注意	关键词
检查	轴 1 的齿轮，油位	12 个月	环境温度＜50 ℃	检查，油位
检查	轴 2 的齿轮，油位	12 个月	环境温度＜50 ℃	检查，油位
检查	轴 3 的齿轮，油位	12 个月	环境温度＜50 ℃	检查，油位
检查	轴 4 的齿轮，油位	12 个月	环境温度＜50 ℃	检查，油位
检查	轴 5 的齿轮，油位	12 个月	环境温度＜50 ℃	检查，油位
检查	轴 6 的齿轮，油位	12 个月	环境温度＜50 ℃	检查，油位
检查	平衡设备	12 个月		检查，平衡设备
检查	机械手电缆	12 个月		检查动力电缆
检查	轴 2～5 的节气闸	12 个月		检查轴 2～5 的节气闸
检查	轴 1 的机械制动装置	12 个月		检查轴 1 的机械制动装置
更换	轴 1 的齿轮油	48 个月	环境温度＜50 ℃	更换，变速箱 1
更换	轴 2 的齿轮油	48 个月	环境温度＜50 ℃	更换，变速箱 2
更换	轴 3 的齿轮油	48 个月	环境温度＜50 ℃	更换，变速箱 3
更换	轴 4 的齿轮油	48 个月	环境温度＜50 ℃	更换，变速箱 4
更换	轴 5 的齿轮油	48 个月	环境温度＜50 ℃	更换，变速箱 5
更换	轴 6 的齿轮油	48 个月	环境温度＜50 ℃	更换，变速箱 6

维护类型	设备	周期	注意	关键词
更换	轴 1 的齿轮	96 个月		方法在维修手册中有说明
更换	轴 2 的齿轮	96 个月		方法在维修手册中有说明
更换	轴 3 的齿轮	96 个月		方法在维修手册中有说明
更换	轴 4 的齿轮	96 个月		方法在维修手册中有说明
更换	轴 5 的齿轮	96 个月		方法在维修手册中有说明
更换	轴 6 的齿轮	96 个月		方法在维修手册中有说明
更换	机械手动力电缆		检测到破损或使用寿命到的时候更换	
更换	SMB 电池	36 个月		
润滑	平衡设备轴承	48 个月		
检查	UL 灯	无		检查 UL 灯
检查	第 1～3 轴的机械制动装置	12 个月		检查第 1～3 轴的机械制动装置
检查	第 1～3 轴的限位开关	12 个月		检查第 1～3 轴的限位开关

7.3.2　机器人本体的维护保养内容

必须定期对机器人本体进行维护，以确保其功能正常发挥。

1. 检查工业机器人本体布线

机器人本体布线包含机器人与控制柜之间的布线。检查工业机器人本体布线只需通过目视即可，不需工具。如果要更换备件，则需要采用其他工具和步骤。

检查机器人本体布线操作步骤如下：

（1）进入机器人工作区域之前关闭连接到机器人上的所有电源、液压源、气压源；

（2）目视检查机器人本体与控制柜之间的控制布线，查找是否有被磨损、切断或挤压损坏的线缆；

（3）如果检测到磨损或损坏，则根据机器人维修指南更换线缆。

2. 检查工业机器人的机械停止装置

工业机器人本体各轴的机械停止装置非常重要，需要定期检查其准确性和可靠性。

检查机器人机械停止装置的操作步骤如下：

（1）关闭连接到机器人上的所有电源、液压源、气压源，再进入机器人工作区域；

（2）检查各轴机械停止装置；

（3）当机械停止装置出现弯曲、松动、损坏等情况时，则进行更换。

3. 检查工业机器人阻尼器

阻尼器是用于减缓工业机器人在工作过程中的振动的一种装置，是机器人本体的重要组成部分。

检查机器人阻尼器的操作步骤如下：

（1）关闭机器人的所有电源、液压源和气压源；

（2）检查阻尼器上是否出现裂纹或尺寸超过 1 mm 的印痕；如果检测到，则更换新的阻尼器；

（3）检查连接螺钉是否变形，检查到螺钉变形则更换螺钉；

4.检查工业机器人同步带传动装置

同步带传动装置用于实现准确的位移传递和动力传输，一般安装在机械臂内部第 3 轴到第 5 轴之间。

检查机器人同步带的操作步骤如下：

（1）关闭连接到机器人上的所有电源、液压源、气压源，再进入机器人工作区域；

（2）卸除机械臂盖子，以接近同步带；

（3）检查同步带是否损坏或磨损，如果检测到，则更换该部件；

（4）检查同步带轮是否损坏，如果检测到，则更换该部件；

（5）根据系统说明检查每条同步带的张力，如果张力不正确，则进行调整。

5.检查工业机器人塑料盖

工业机器人机械臂的下臂盖、腕侧盖、护腕、壳盖一般为塑料盖，用来保护机械臂内部结构。检查机器人塑料盖的操作步骤如下：

（1）关闭机器人的所有电源、液压源和气压源；

（2）检查塑料盖是否存在裂纹或其他类型的损坏，如果检测到裂纹或损坏，则更换塑料盖；

（3）检查连接螺钉是否变形，如果检测到螺钉变形，则更换螺钉。

6.各轴齿轮箱内油位检查与润滑剂更换

对工业机器人每个轴的齿轮箱需要定期进行润滑油油位检查，一般每年检查一次，3～5年更换一次润滑油。一般只允许使用工业机器人生产公司许可的润滑油，未经批准的润滑材料可能会导致组件提前出现磨损和发生故障。需要注意的是，如果要在机器人停止运行后立即换油，则必须戴上防护手套，因此时油温和设备表面温度可能较高，会导致烫伤。另外，机器人意外运动可能会导致人员受伤及设备损坏，如果在可运行的机器人上作业，则必须通过触发紧急停止装置锁定机器人，并应在机器人重新运行前向参与工作的相关人员发出警示。

7.轴制动测试

在机器人操作过程中，每个轴电动机制动器都会正常磨损。为确定制动器是否正常工作，必须定期对机械臂各轴的制动进行测试，以检验机器是否维持着原来的制动能力。测试方法如下：

（1）运行机械手轴至相应位置，该位置机械手臂总重及所有负载量达到最大值（最大静态负载）。

（2）马达断电。

（3）检查所有轴是否维持在原位。如马达断电时机械手仍没有改变位置，则制动力矩足够。还可手动移动机械手，检查是否还需要进一步采用保护措施。

8.清洁工业机器人本体

工业机器人本体需要定期进行清洁，在一般环境下，可使用真空吸尘器或使用抹布蘸取少量清洁剂对机器人本体进行清洁。若机器人工作间对清洁程度要求较高，可使用真空吸尘器或使用抹布蘸取少量清洁剂、酒精或异丙醇酒精对机器人本体进行清洁。工业机器人本体不可直接用水进行清洗，也不可以用高压水枪或者蒸汽进行清洁。机械臂中空手腕需要经常清洗,以避免灰尘和颗粒物堆积;可用不起毛的布料进行清洁。清洗手腕后,可在其表面涂抹少量凡士林或类似物质,以后清洗时将更加方便。

9. 机器人基础检查与清洁

一般机器人安装时通过固定螺钉将机械臂固定于基座之上,因此,需要定期检查机器人基座,使其保持清洁。特别是基座上的紧固螺钉和固定夹必须保持清洁,不可接触水、酸碱溶液等腐蚀性液体,以避免被腐蚀。如果镀锌层或涂料等防腐蚀保护层受损,需清洁相关零件并涂以防腐蚀涂料。

习　　题

1. 工业机器人哪些部分需要日常的维护与保养?
2. 工业机器人控制系统维护与保养的主要内容有哪些?
3. 工业机器人本体维护与保养的主要内容有哪些?
4. 影响工业机器人维护和保养周期的主要因素有哪些?

参 考 文 献

[1] 中国电子学会. 中国机器人产业发展报告[R].北京:中国电子学会,2022.

[2] 郭洪红. 工业机器人技术[M].3 版.西安:西安电子科技大学出版社,2016.

[3] 龚仲华. 工业机器人从入门到应用[M].北京:机械工业出版社,2016.

[4] 李慧,马正先,马辰硕. 工业机器人集成系统与模块化[M].北京:化学工业出版社,2018.

[5] 北京华航唯实机器人科技股份有限公司. 工业机器人集成应用(ABB)[M].北京:高等教育出版社,2020.

[6] 兰虎. 工业机器人技术及应用[M].北京:机械工业出版社,2014.

[7] 戴凤智,乔栋. 工业机器人技术基础及其应用[M].北京:机械工业出版社,2020.

[8] SICILIANO B,KHATIB O. 机器人手册[M].《机器人手册》翻译委员会,译.北京:机械工业出版社,2013.

[9] 郭彤颖,张辉. 机器人传感器及其信息融合技术[M].北京:化学工业出版社,2017.

[10] 刘小波. 工业机器人技术基础[M].北京:机械工业出版社,2017.

[11] 张明文. 工业机器人技术基础及应用[M].哈尔滨:哈尔滨工业大学出版社,2017.

[12] 青岛英谷教育科技股份有限公司. 机器人控制与应用编程[M].西安:西安电子科技大学出版社,2018.

[13] 张宪民,杨丽新,黄沿江. 工业机器人应用基础[M].北京:机械工业出版社,2015.

[14] 龚仲华,龚晓雯. ABB 工业机器人编程全集[M].北京:人民邮电出版社,2018.

[15] 智通教育教材编写组. ABB 工业机器人基础操作与编程[M].北京:机械工业出版社,2019.

[16] 叶晖. 工业机器人实操与应用技巧[M].2 版.北京:机械工业出版社,2017.

[17] 张宪民. 机器人技术及其应用[M].2 版.北京:机械工业出版社,2017.

[18] 韩鸿鸾,宁爽,董海萍. 工业机器人操作[M].北京:化学工业出版社. 2018.

[19] 双元教育.工业机器人工作站系统集成[M].北京:高等教育出版社,2021.

[20] 胡金华,孟庆波,程文峰.FANUC 工业机器人工程系统集成与应用[M].北京:机械工业出版社,2021.

[21] 叶晖.工业机器人工程应用虚拟仿真教程[M].北京:机械工业出版社,2019.

[22] 陈绪林,鲁鹏,艾存金.工业机器人操作编程及调试维护[M].成都:西南交通大学出版社,2018.

[23] 孙洪雁,徐天元,崔艳梅. 工业机器人维护与保养[M].北京:北京理工大学出版社,2019.

[24] 阙正湘,陈巍.工业机器人安装、调试与维护[M].北京:北京理工大学出版社,2017.